科学环境友好的包装,是农产品内在品质的外延彰显与功能拓展

清晰透彻亲和的标识,是农产品商品价值的内涵表达与文化升华

农产品包装标识典范

(第二集)

农业农村部农产品质量安全中心 编

中国农业科学技术出版社

图书在版编目（CIP）数据

农产品包装标识典范.第二集/农业农村部农产品质量安全中心编.-- 北京：中国农业科学技术出版社，2022.8
ISBN 978-7-5116-5894-4

Ⅰ.①农… Ⅱ.①农… Ⅲ.①农产品－包装－产品标识 Ⅳ.① F762.03

中国版本图书馆 CIP 数据核字（2022）第 157657 号

责任编辑　周　朋
责任校对　王　彦
责任印制　姜义伟　王思文

出 版 者　中国农业科学技术出版社
　　　　　北京市中关村南大街 12 号　邮编：100081
电　　话　（010）82106631（编辑室）　（010）82109702（发行部）
　　　　　（010）82109709（读者服务部）
传　　真　（010）82106631
网　　址　http:// castp.caas.cn
经 销 者　各地新华书店
印 刷 者　中煤（北京）印务有限公司
开　　本　210 mm×290 mm　1/16
印　　张　25
字　　数　670 千字
版　　次　2022 年 8 月第 1 版　2022 年 8 月第 1 次印刷
定　　价　298.00 元

◀版权所有·侵权必究▶

《农产品包装标识典范（第二集）》
编委会名单

总 主 编 金发忠

统筹主编 王为民　王　艳　范　蓓　袁广义　杨　玲　温少辉
　　　　　　刘　斌　陈国南　于培杰　云岩春　廖家富　陈　伟

技术主编 孔　巍　高　芳　陆友龙　徐东辉　吴文晶　李　进
　　　　　　许丽萍　李晓飞　杜先云　姜　鹏　金　诺　张　井
　　　　　　郭　萍　陈　磊

副 主 编 黎　畅　胡桂仙　张卫星　钱琳刚　王　超　王炳琳
　　　　　　李世轩　魏　钢　王雁楠　王玉涛　刘　廷　卢海燕
　　　　　　王　冠

主要编写人员
　　　　　　王　芳　王　琦　王冬懿　王国庆　王思翌　王爱华
　　　　　　毋昊泽　石　聪　田晓龙　代旭光　朱加虹　任　玲
　　　　　　刘　聘　刘申平　刘苗苗　李　密　吴　多　吴志超
　　　　　　吴宝霞　张　鑫　张云清　陈　曦　陈云霞　陈秀祥
　　　　　　陈佳序　林曼曼　岳一兵　孟庆庆　贺　剑　秦培伦
　　　　　　袁少锋　徐一诺　席　静　黄建轶　谢晴晴　黎玉林

（按姓氏笔画排序，排名不分先后）

目 录 CONTENTS

Design 设计篇

北京王红卫平面设计有限公司…………………002
谷仓新国货研究院………………………………004
智远创意（北京）文化发展有限公司…………006
一根火柴（北京）文化传播有限公司…………008
阿莱故里（北京）产业发展咨询有限公司……010
北京鲁工建设工程有限公司设计研发中心……012
北京盛和创亿文化发展有限公司………………013
续航力（天津）文化发展有限公司……………015
内蒙古先行品牌形象策划有限公司……………016
金炉品牌创意设计集团…………………………017
深圳市潘虎包装设计有限公司…………………018
广西广播电视台、大新县农业农村局、贺州市
　　平桂区农业农村局…………………………021
广西三知文化传媒有限公司……………………023
天生云阳（重庆）品牌管理有限公司…………024
陇南艺禾产品包装设计有限公司………………025
南京几何艺术包装有限公司……………………027
杭州华言广告有限公司…………………………029
百漠设计（宁波）有限公司……………………031
湖北农谷品牌经营管理股份有限公司…………032
浙江天下网商网络传媒有限公司………………033
杭州热浪创新控股有限公司……………………034
浙江禾瑞文化传媒有限公司……………………035
江西省犹江红网络科技有限公司………………036
浙江芒种品牌管理有限公司……………………037
嘉兴乐合品牌策划有限公司……………………039

Production 生产篇

晋中金城新型保温材料有限责任公司…………042
东莞市精丽制罐有限公司………………………043
苏州华源控股股份有限公司……………………044
上海顺农科技有限公司…………………………045
浙江晴耕雨读实业有限公司……………………046
希悦尔（中国）有限公司………………………047
升辉新材料股份有限公司………………………048
南通环球塑料工程有限公司……………………049
江苏大江智能装备有限公司……………………050
浙江佑天元包装机械制造有限公司……………051
宁波霖华塑胶有限公司…………………………052

Application 应用篇

北京大道农业有限公司…………………………054

北京万德园农业科技发展有限公司……………055
北京绿富隆农业科技发展有限公司……………056
天津市农业发展服务中心………………………057
天津芦台春酿造有限公司………………………058
天津劝宝农副产品有限公司……………………059
天津茶淀葡萄产销公司…………………………060
寿阳县智惠农业科技有限公司…………………061
吉县吉昌镇绿之源苹果专业合作社……………062
山西玉露香梨运营中心有限公司………………064
山西隰州野里垣土特产品开发有限公司………066
山西雁门山酒业有限公司………………………067
山西隆立康鹿业科技有限公司…………………068
山西圣波醋业有限公司…………………………069
山西鑫霏农业科技股份有限公司………………070
怀仁新龍羔羊食品有限责任公司………………071
林西县恒丰粮油加工有限责任公司……………072
内蒙古富碳农业开发有限公司…………………073
克什克腾旗达里湖渔业有限责任公司…………074
克什克腾旗呼德艾勒农牧业农民专业合作社…075
喀喇沁旗红利丰农业专业合作社………………076
通辽市广发草原食品有限责任公司……………077
通辽市塞外天润食品有限公司…………………078
内蒙古农乡丰工贸有限公司……………………079
内蒙古盛健生物科技有限责任公司……………080
内蒙古壹蒙壹牧电子商务有限公司……………081
内蒙古吉奥尼葡萄酒业有限责任公司…………082
乌海市云飞农业种养科技有限责任公司………083
赤峰东黎羊绒股份有限公司……………………084
内蒙古兰格格乳业有限责任公司………………085
内蒙古蒙特农牧业发展有限公司………………086
内蒙古薯元康生物科技有限公司………………087
锡林郭勒盟羊羊牧业股份有限公司……………088
内蒙古伊利实业集团股份有限公司冷饮
　事业部…………………………………………089
东港市丹港农夫电子商务有限公司……………090
辽宁鹿滋堂生物科技有限公司…………………091
绥中县富见果业专业合作社……………………092
大连同健健康咨询有限公司……………………093
大安市信达农业发展有限公司…………………094
黑龙江秋然米业有限公司………………………095
黑龙江和美泰富农业发展股份有限公司………096
黑龙江绿丰生态面业有限公司…………………097
北大荒完达山乳业股份有限公司………………098
黑龙江北大仓集团有限公司……………………099
黑龙江省富裕老窖酒业有限公司………………100
黑龙江珍爱生物科技有限公司…………………101
黑龙江北货郎森林食品有限公司………………102
伊春市忠芝大山王酒业有限公司………………103
大兴安岭绿健现代农业科技有限公司…………104
安徽芈八子食品科技有限公司…………………105
安徽龙眠山健康产业股份有限公司……………106
安徽华粮液国粹生物药业科技有限公司………107
六安市金安区华山生态有机茶农民专业
　合作社…………………………………………108
安徽舒州生态农业科技股份有限公司…………109
安徽省霍山县缘圆缘工贸有限公司……………110
江西东坚米业有限公司…………………………111
江西青龙高科油脂有限公司……………………112
九江天兴农业发展有限公司……………………113
江西农信乐农业发展有限公司…………………114

江西三山实业有限公司……116
好想你健康食品股份有限公司……117
郑州市鑫益丰生态农业科技有限公司……118
河南中农华盛农业科技有限公司……119
杞县诚乘农业种植专业合作社……121
杞县康丰家庭农场……122
洛阳众森农业有限公司……123
孟津县琪琪种植专业合作社……124
平顶山市彩虹星球绿舟鸣农牧发展有限公司……125
卢氏县杨献民茶业有限公司……126
河南旺晟食品股份有限公司……127
渑池县南村花椒种植专业合作社……128
湖北驹龙园茶业有限公司……129
宜昌市龙江农业科技开发有限公司……131
邵东市映日红农业开发有限公司……132
湖南满师傅食品有限公司……133
湖南云中君茶业有限公司……134
广东千庭茶业投资有限公司……135
广西宏元茶业有限公司……136
横县南方茶厂……137
广西螺霸王食品科技有限公司……139
广西融安蚂蚁农业发展有限公司……140
广西融水县天珍大苗山生态农业有限公司……141
龙胜县脊地绿色农业有限公司……142
广西善元食品有限公司……143
融安县悠悠桔香金桔种植专业合作社……144
忻城县宏宇商贸有限公司……145
广西立腾农牧发展有限公司……146
广西螺状元食品科技股份有限公司……147
横县清雷茶业有限公司……148

广西桂平市金田一宝生态农业发展有限责任公司……149
广西福民食品有限责任公司融安分公司……150
融水苗族自治县农业农村局……151
广西瑶老同酒业有限公司……152
广西一起同柑科技农业发展有限公司……153
广西钨龟三农业科技有限公司……154
桂林鱼伯伯生态农业科技有限公司……155
尚南堂海南生态农业有限公司……156
重庆巨地农业发展有限公司……158
重庆阳春巴人农业开发有限公司……159
重庆农升隆农业专业合作社……160
重庆市骑乡枇杷种植股份合作社……161
重庆新太祥合农业发展有限公司……162
重庆市江津区轩宸柠檬股份合作社……163
重庆果珍友民农业发展有限公司……164
重庆市江津区照杰黄豆专业合作社……165
重庆尚果农业科技有限公司……166
重庆市开州区金满甜农业科技开发有限公司……167
重庆市钱江食品（集团）有限公司……168
重庆兆宏农业开发有限公司……169
重庆艾迪食品有限公司……170
巫山县果品产业发展中心……171
云阳县南山峡黑木耳种植专业合作社……172
重庆捷鑫生态农业发展有限公司……173
云阳县果品产业发展中心……174
蒲江县三湖丑柑专业合作社……175
成都升悦农业科技有限公司……176
成都鲜农纷享有机农业发展有限公司……177
蒲江县叶彩家庭农场……179

四川善品公社农业科技有限公司……180	延安延农金色记忆农产品有限公司……212
四川省荥经县塔山有限责任公司……182	陕西顶端果业科技有限公司……213
雅安市一民农业科技有限公司……183	山阳县金桥茶业有限公司……214
四川荣泰茶业有限责任公司……184	陕西黄官酒业有限公司……215
荥经县中黄壹号黄茶专业合作社……185	陕西新美新农业科技有限公司……216
成都缇娜餐饮有限公司……186	陕西集味食品有限公司……218
成都翔生大地农业科技有限公司……187	陕西波尔多生态农业有限公司……220
成都市中以津惠农业科技有限公司……188	西安漫花园艺有限公司……221
贵阳筑南商贸有限公司……189	陕西怡溪春茶业科技有限公司……222
贵州丰颐万石季粮农业开发有限公司……190	陇南恒佳电子商务有限公司……224
贵州高山生物科技有限公司……191	瓜州县金丰蜜瓜产销专业合作社……226
贵州美味鲜竹荪产业有限公司……192	玉门市玉港农林综合开发有限公司……227
贵州黔东南伟诚农业发展有限公司……193	白银忠恒文化发展有限公司……228
贵州省施秉县黔香米业有限公司……194	青海大宋农业科技股份有限公司……229
贵州修文猕香苑生态农业科技发展有限公司……195	青海鼎裕农牧开发有限公司……230
贵州阳春白雪茶业有限公司……196	青海千紫缘农业科技博览园……231
贵州中科易农科技集团有限公司……198	宁夏瑞牧盐池滩羊购销有限公司……232
威宁彝族回族苗族自治县农业区划中心……199	宁夏志辉源石葡萄酒庄有限公司……234
镇宁自治县良田开发有限责任公司……200	宁夏容园美酒庄有限公司……235
镇宁自治县同景投资发展股份有限公司……201	宁夏华宝枸杞产业有限公司……236
陕西果业集团扶风有限公司……202	宁夏中宁县骨杞草枸杞开发有限公司……238
陕西欣农兴农业开发有限公司……203	宁夏郝氏粒道生物科技开发有限公司……240
铜川市王益区孟姜红果业产业协会……204	中宁县永和枸杞商贸有限公司……241
陕西金裕阳农业科技有限公司……205	宁夏中宁枸杞产业集团有限公司……242
大荔县忠朝辣椒加工有限公司……206	宁夏红枸杞产业有限公司……243
大荔县新禧冬枣专业合作社……207	精河县天山果业农业科技有限公司……244
韩城市孟一沟花椒核桃专业合作社……208	新疆绿洲源农业科技有限公司……245
韩城市神农果业专业合作社……209	呼图壁县西域兴业农业科技有限公司……246
延安绿谷田园食品有限责任公司……210	新疆塞外本草蜂业有限公司……248
陕西黄土高坡农林畜发展有限公司……211	喀什疆果果农业科技有限公司……250

和布克赛尔蒙古自治县华丰有限责任公司……251
新疆盐湖制盐有限责任公司……252
青岛正礼茶业有限公司……253
青岛碧海蓝田生态农业有限公司……254
山东齐韵商贸有限公司……255
四川省雅雨露茶业有限责任公司……256
徐州康汇百年食品有限公司……257
徐州宁兴食品有限公司……258
徐州农歌生态农业科技有限公司……259
江苏大沙河现代农业综合开发集团有限公司…260
苏州常春藤农业专业合作社……262
无锡东峰佳品科技发展有限公司……263
江苏红胖胖龙虾产业集团有限公司……264
江苏日高蜂产品有限公司……265
江苏盱眙龙虾产业发展（集团）股份有限公司 266
苏州欧福蛋业股份有限公司……267
江阴市邵氏食品有限公司……268
湖北玉皇剑茶业有限公司……269
湖北汉家刘氏茶业股份有限公司……271
闽榕茶业有限公司……273
舟山大立有机食品有限公司……275
福建省惜缘生态农业开发有限公司……276
福建省恒春源茶业有限公司……278
安溪铁观音女茶师非遗传习所……280
英山县绿屏茶叶有限公司……281
广州茶里集团有限公司……282
浙江鼎泓茗茶业有限公司……284
明康汇生态农业集团有限公司……285
新昌县名茶协会……286
浙江之豇种业有限责任公司……287

杭州九月生活农业开发有限公司……288
杭州赞略科技有限公司……289
百珍堂生物科技（浙江）有限公司……290
浙江香海食品股份有限公司……291
温州星贝海藻食品有限公司……292
温州海派渔业有限公司……293
浙江一鸣食品股份有限公司……294
浙江圣腾农业发展有限公司……295
江西信明科技发展有限公司……297
上犹县为民粮油有限公司……298
兴国益香园茶业有限公司……300
江西井冈山粮油集团有限公司……301
南达新农业股份有限公司……302
新疆天蕴有机农业有限公司……303
新疆旺源驼奶实业有限公司……304
西安浐水源现代农业专业合作社……305
西安市灞桥区成蹊家庭农场……306
西安市阎良区国强瓜菜专业合作社……307
西安市阎良区科农瓜菜专业合作社……308
陕西绿庭生态农业开发有限公司……309
西安市葡萄研究所……310
西安盛原葡萄科技有限公司……311
西安首阳农业生态养殖有限公司……312
西安市灞桥区于卫家庭农场……313
陕西致和生态园林观光有限公司……314
金华一枝秀米业有限公司……315
毕节市家乡美农业综合开发有限公司……317
湖南瑶珍粮油有限公司……319
罗定市丰智酒业有限公司……321
芒市遮放贡米有限责任公司……322

贵州昊禹米业农产品开发有限公司……… 323	内蒙古华凌食品有限公司……………… 356
福慧达股份有限公司……………………… 324	吉林幸汇棋盘农业科技有限公司……… 358
广州市展卉贸易有限公司………………… 326	吉林省长春皓月清真肉业股份有限公司… 359
广西寻味鲜生态农业科技发展有限公司… 327	大庄园肉业集团股份有限公司………… 361
海南果能农业技术开发有限公司………… 329	元盛食品制造（上海）有限公司……… 362
丹东市果品行业协会……………………… 331	上海久利食品有限公司………………… 364
山东悦多果业有限公司…………………… 332	河南双汇投资发展股份有限公司……… 365
烟台市博士达有机果品专业合作社……… 333	河南美是食品有限公司………………… 367
源头熟了（山东）农业开发有限公司…… 334	河南伊赖肉业有限公司………………… 369
眉山市佳淳农业发展有限公司…………… 336	新乡市雨轩清真食品股份有限公司…… 370
新疆丽新农业科技有限公司……………… 338	南京雨润食品有限公司………………… 372
云南东方红生物科技有限公司…………… 340	江苏乾宝食品有限公司………………… 374
临海桔海农业科技开发有限公司………… 342	南京桂花鸭（集团）有限公司………… 375
鲜丰水果股份有限公司…………………… 344	山东得利斯食品有限公司……………… 377
杭州叶氏兄弟果业集团有限公司………… 345	华宝食品股份有限公司………………… 378
陕西禾和猕猴桃科技开发有限公司……… 347	山东华玺食品科技有限公司…………… 379
陕西华圣果业营销管理有限公司………… 348	江西国鸿集团股份有限公司…………… 380
中粮家佳康食品有限公司………………… 349	四川枫叶牧场食品有限公司…………… 381
中粮工业食品进出口有限公司…………… 350	福建省力诚食品有限公司……………… 382
北京二商肉类食品集团有限公司………… 351	厦门银祥肉业有限公司………………… 383
天津君亿皓瀚贸易有限公司……………… 352	福建圣农食品有限公司………………… 385
内蒙古塞飞亚农业科技发展股份有限公司… 353	福建容和盛食品集团有限公司………… 387
呼伦贝尔肉业（集团）股份有限公司…… 355	新疆天莱香牛食品有限责任公司……… 388

Design
设计篇

北京王红卫平面设计有限公司

北京王红卫平面设计有限公司由清华大学美术学院视觉传达设计系王红卫教授主持。自1997年成立以来，一直致力于将设计研究、教学与实践相结合，服务的客户群体广泛，内容涉及政治、经济、文化、体育、餐饮等多行业领域，作品多次获得专业赛事奖项，并得到业界好评和客户认可。

公司设计团队是由专业设计师和研究生（硕士和博士）共同组成，以书籍、标志、视觉、图形及综合系统设计为主，追求设计中的自然之道，以传统文化为根，以多元文化为叶，在现代快节奏的生活中追求天人合一的"慢设计"。在不断探索和钻研中不懈努力，坚持追求更卓越的品质。设计有度——广度、深度、尺度、高度。经典设计源于经典意识。

典范一 里耶脐橙

标志设计中"里耶"二字的字体设计从"里耶"秦简中字体的笔法灵活多变、结体古拙与灵动兼具、章法多样化的字体特点进行考量，从而形成地域品牌形象。字体与以现代图形形式展现的脐橙形状相碰撞，古今交融。

整体包装设计以里耶城市形象和脐橙形象为元素，用插图绘画的手法表现出里耶脐橙的人文和环境特点。整体色调时尚、清新。绿叶与脐橙完整地展现传达出产品绿色健康的理念。

通信地址：北京市朝阳区大屯里华悦国际公寓p座101
联系电话：17610769075　刘星池
推荐单位：北京市农产品质量安全中心

典范二　来凤藤茶

以"来凤"为主要品牌名，为来凤当地农产品建立统一品牌形象。

"凤凰"在中国传统观念中本身具有吉祥、如意、美满的象征，是人们心中的瑞鸟；新形象以"凤"为设计出发点，强化品牌记忆。

圆是中国传统文化最重要的审美追求之一，意味着圆满、周全、和谐之意。

标志整体设计追求圆满，由凤、叶子和水紧密结合形成饱满的图形，在表达自然、健康的同时传递出来凤的地域属性。

包装插图取自当地织锦"西兰卡普"上的图案，运用现代装饰插图形式原创绘制，以两种设计方式、两种包装形式进行表现，突出来凤农产品"健康有机"的品牌调性，体现地域民族特色和品牌格调。

典范三　来凤凤头姜

用现代装饰插图形式，原创绘制土家族人民古老而智慧的摆手舞的丰收场景，把凤头姜和凤凰拟人化地有机结合，赏心悦目。酿造凤头姜专用的大坛子和土家族西兰卡普完美地结合，突显原生态的制作工艺和地域民族特色。

整体设计体现凤头姜传统与现代的结合，为推动来凤凤头姜走向国际市场打下形象基础。

谷仓新国货研究院

谷仓新国货研究院是一家小米生态链企业，成立于 2016 年，由管理团队和小米、顺为资本联合发起，聚焦新国货的研究、培训、孵化和投资，用"爆品模式"推动新国货崛起。创立以来，已累计孵化逾 200 个项目，投资超 50 个项目，4 年投资增长倍率超 100 倍。先后开发出"谷仓爆品总裁营""谷仓新国货加速营"等课程，并著有《小米生态链战地笔记》。谷仓新国货研究院核心团队主要来自国内外著名高校、上市公司及知名科研机构，目前团队 70 人。

典范一　乐惠牌虎林东北大米

光明米业子品牌"乐惠"创始于 1919 年。在 21 世纪初，上海市政府决定在黑龙江虎林建立粮源基地。每年将大量的优质大米从虎林运销入沪，由上海良友乐惠米厂加工制米供应市场，乐惠牌虎林大米由此而诞生。随着用户代际更迭，大家的使用体验和审美层次不断提高，产品包装亟待升级。

提到东北，自然联想到的符号化标签必然有东北虎，而乐惠这款大米正是产自黑龙江虎林。强化东北虎的符号，可以让受众印象深刻，产生传播势能。选用铜版画的手法，绘制出既复古又现代的东北虎插画，精致而不失幽默感。通过包材的透明特性，展现东北虎津津有味地品尝黑土地出产稻米的画面，满脸幸福。

通信地址：北京市海淀区朱房路 66 号顺事嘉业创业园 B 栋 D 门
联系电话：18612116030　　沈　轲
推荐单位：北京市农产品质量安全中心

典范二 荷乐士 喝的每日坚果

坚果富含营养，但是儿童吃坚果很容易发生卡嗓子的意外。生产商经过创新工艺将坚果混合加工为可以喝的植物蛋白饮料，并且在包装形式上，针对成人和儿童分别做了设计：利乐包和适合儿童的自立吸嘴袋。带发条的大坚果符号可以让消费者快速了解食品的功能。

典范三 牧标牛业牛肉礼盒

针对人们过年过节时对牛肉礼品的需要，为山西牧标公司的即食牛肉产品设计了牛肉礼盒的包装。通过对胡兰乡当地文化的调研，采用当地特色剪纸风格融合烫金的工艺手法，将山西地域特色融入包装之中。包装整体色彩喜庆醒目，适合线上电商销售，通过包装传递了山西的人文特色，丰富了企业文化内涵。

智远创意（北京）文化发展有限公司

　　智远创意（北京）文化发展有限公司是由行业营销咨询专家和业内著名设计精英团队共同组建而成的国际化品牌营销型设计公司，主要为企业提供全方位的品牌营销咨询和设计服务，帮助企业或产品建立与众不同的杰出品牌。

　　十五年的辛勤努力，已帮助数百家企业成功突围，成为行业佼佼者。团队致力于满足客户需求和期望，采取积极主动的态度为客户提供更有价值的服务。

典范一　万通生活家挂面

　　此包装采用了文艺的复古风格，整体感觉是淡淡的书香气质，包装画面采用了工笔勾画的形式，既蕴含文艺气质，又精准地复刻了产品的特点。包装材质采用原纸色的双层卡纸，有防水、耐腐蚀、耐磨损的优点，高档精致、环保。

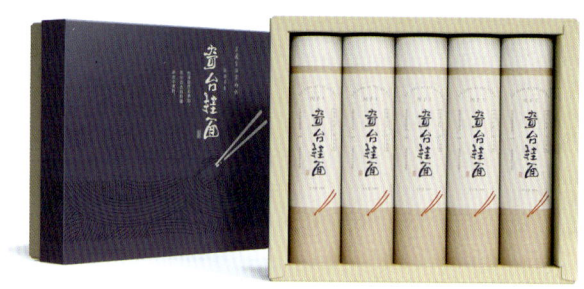

典范二　皇家田大米

　　包装巧妙采用了柬埔寨国家的鲜明元素——阳光、米粒、田野、天空来凸显其想要传达的天然、健康的包装本质。简单清晰的表现耕种的插画更是带给人手工天然的感受，使产品兼备亲和力。包装材质采用专业的食品级塑料袋，抗拉力好，既节省了成本，又完美呈现了大米品质。

典范三　佰泽生活水果

　　巧妙地采用了西式的精致风格，似礼盒般精美。包装色彩运用了年轻人比较喜欢的小清新色系加上灵动的水果图案点缀，呈现一幅浪漫优雅的小画卷。运用柔性印刷，包装材质采用高品质的单层瓦楞，环保、可回收利用，在运输过程中防冲减震，节省运输成本，也使包装整体品质感升值。

通信地址：北京朝阳区亚运村洛克时代 B 座 1603
联系电话：13911112188　　刘　勇
推荐单位：北京市农产品质量安全中心

典范四　山东威梨

包装整体采用淳朴原色的牛皮纸色，体现原生态的品质，图案采用原墨绿色印刷，表现产品的自然健康环保。精致的插画把威梨描绘得惟妙惟肖而精致。高级感的原墨绿色加上精美的插画，使整体包装更显品质感。包装材质采用了更显质感的灰板和特种纸，使整个包装更显笔挺，触感柔软，在运输过程中的保护性能也比较好。

一根火柴（北京）文化传播有限公司

一根火柴（北京）文化传播有限公司成立于2015年，专注于农旅领域的品牌营销策划服务。凭借高度的战略格局、专业的营销方略，为客户提供品牌策划、乡村旅游策划、营销活动策划、创意设计、媒体传播、宣传视频及电影摄制等服务，致力于提升客户的品牌价值，推动中国农旅创新发展。

公司先后策划执行了"首届渔业渔村振兴论坛""东海第一网"等上百场营销活动，成功策划了"梵净山珍·健康养生""丽江风物"等数十个区域公共品牌；成功策划了"三瓜公社""金柚公社——大黄村""中原白银第一村——苏砦""从诗经中走来的民谣水湾——黄固寺村"等十几个农文旅融合项目。

典范一 普洱茶

通过设计和插画向人们展示普洱的文化历史和风土人情，那柯里、茶马古道、景迈山，世界茶源的风情和故事永远流传；14个民族图腾14种色彩，展示普洱民族文化的多样性，让民族文化活起来，年轻起来，吸引年轻消费者。14个茶饼为一盒，约半个月的量，每天喝茶，让普洱的多元文化深入人心。

通信地址：北京市丰台区宝隆大厦二层
联系电话：13683039679　　启　扉
推荐单位：北京市农产品质量安全中心

典范二　普洱咖啡

普洱咖啡在国内享有很高的知名度，地理位置和生长环境决定了普洱咖啡的优良品质，以咖啡为媒介通过设计展示普洱市14个民族的图腾和文化象征，具有很好的象征意义和独特的代表性。插画和民族图腾的结合全面展示了普洱独特的民族文化风土人情。14个民族图腾，14包普洱咖啡，让中国普洱咖啡带着民族文化的超级符号享誉世界。

典范三　普洱石斛

字体图形的设计体现了普洱石斛的生长环境特点和石斛的产品特点，插画结合普洱文旅景区全面展示了普洱独特的民族文化和风土人情，让中国普洱石斛带着民族文化的超级符号享誉世界。

阿莱故里（北京）产业发展咨询有限公司

阿莱故里（北京）产业发展咨询有限公司以助推农文旅项目良性运营为使命，以振兴中国乡村为愿景，专注于农文旅项目的专家会诊、项目定位、策略规划、品牌设计、规划设计与运营指导，以农文旅产业融合发展、品牌先行的策划思维，以切合实际的服务理念，盘活美丽乡村资源，凸显乡村美丽价值，帮助客户精准定位，明确市场，锁定路线，确定打法，良性发展，襄助星星之火成为燎原之势。

典范一　梵净绿茶

主视觉画面由品牌名称"梵净绿"、梵净山的孑遗物种珙桐和茶叶造型相结合而成，画面中各元素造型生动，色彩清新，给人以纯净、通透、天然的感受，不仅充分体现了产品的特性，又准确地表达了产品生长于世界自然遗产梵净山的内涵，强化产品与产地之间的关联性，同时借"梵净山"之势，提高消费者对产品品质的信任感。

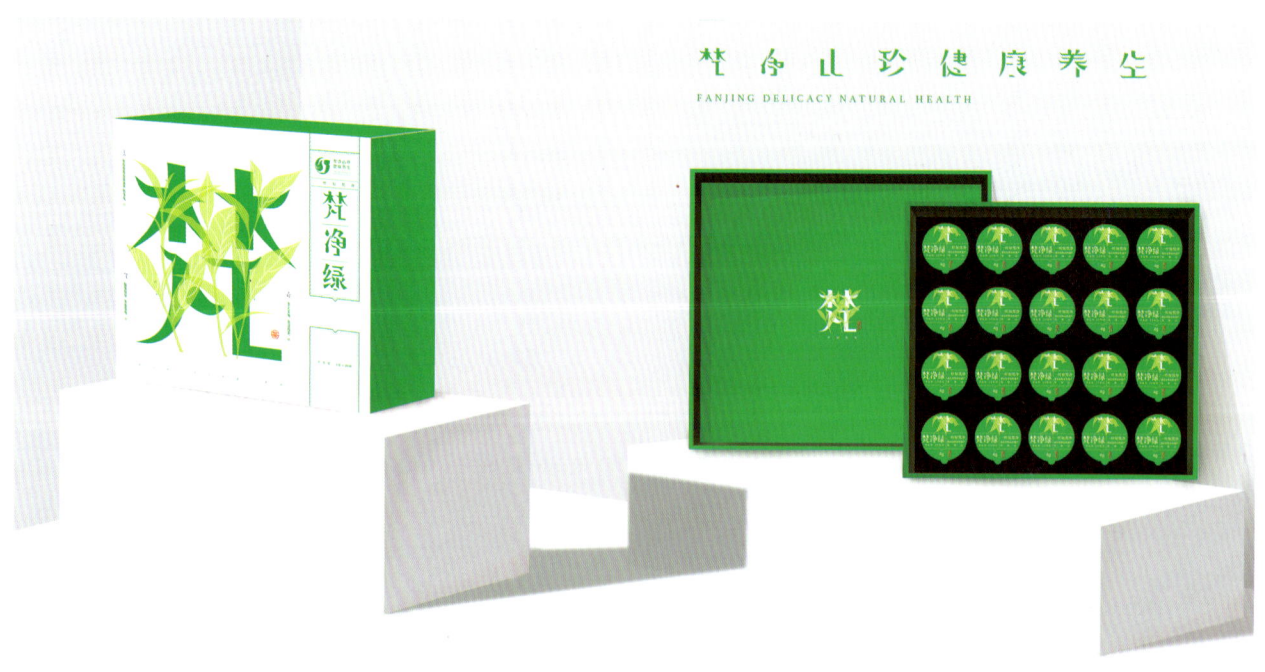

通信地址：北京市海淀区羊坊店路 18 号 1 幢 3 层 301-129
联系电话：13681502976　　高　飞
推荐单位：北京市农产品质量安全中心

典范二　梵净山菌汤包

　　画面以汉字"梵"为主要视觉形象，运用元素透叠的表现方法，将产品造型融入其中，建立产品与梵净山、品牌名称之间的关联性。简洁、清晰的版面和视觉流程，能够让消费者快速了解品牌名称、产品、规格等信息，避免了分散目标消费群体的注意力。

典范三　梵净山泉

　　画面以汉字"梵"为主要视觉形象，将其与梵净山代表性元素红云金顶、珙桐、蘑菇石、云海相结合，描绘出一幅云雾缭绕的美好景象。写实型图形与汉字相透叠的表现手法具有一种纯然的艺术气质，能够准确传达产品产地环境的优越性，同时给人一种真实感和可信度。

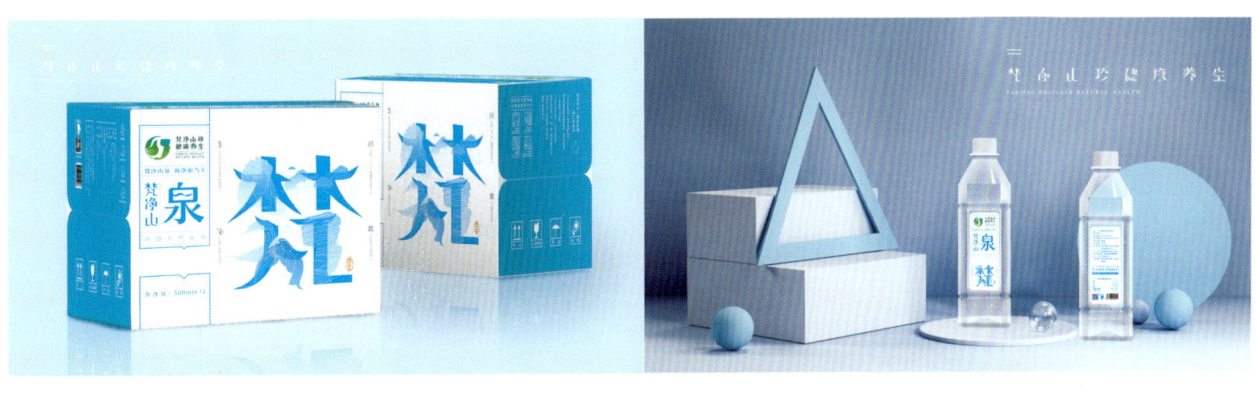

北京鲁工建设工程有限公司设计研发中心

北京鲁工建设工程有限公司注重规划设计与工程施工并重,绿色智造与科技研发齐驱,多次优质高效地完成了北京、天津、雄安新区等重点园林工程和品牌传播项目。公司秉承"鲁班精神、工匠品质"的企业愿景,着力打品牌传播(设计研发中心)、景观规划、工程承包等三大架构,不断奋发迈进,提升可持续发展能力,创造最大价值,贡献鲁工力量。

典范 仰瞻北斗品牌泰山包装饮用水

充分考虑泰山三美之一的泰山泉水"上有涌醴泉,玉石扬华英"的原产地概念。包装色彩以紫色和蓝色为主,紫色的天空、升起的朝阳与绵延的山脉共同呈现泰山日出、紫气东来的自然景观画面。画面中以"似与不似"的东方设计理念,建构天地交泰、自然和谐的视觉空间,体现泰山以险石为骨、清泉为心,在陡崖裂隙中自然形成的清澈透明、甘冽味纯、国内罕见的低钠天然矿泉水品质。

通信地址:北京市丰台区六里桥北里 18 号楼 5 门 402 号
联系电话:15010127699　　张　通
推荐单位:北京市农产品质量安全中心

北京盛和创亿文化发展有限公司

　　北京盛和创亿文化发展有限公司是一家以品牌形象策划为主的设计顾问机构，公司下设创亿品牌设计、和视觉画册设计、创亿空间设计、创亿礼品设计、创亿传媒五大子品牌。公司位于北京艺术气息浓厚的798国际艺术区，现有设计团队60余人，注册资本1 001万元。截至2020年，公司已拥有3 600多个精品案例，客户遍布19个省区市，其中包括18家500强企业和中央企业、68家上市公司及行业龙头企业、7所知名大学。

　　公司的最大特点是强调专业细分和品牌形象落地执行，不主张空洞和泛泛的CIS、VI设计，更愿意为客户提供实实在在的品牌落地设计服务。

典范一　古树湘红

　　外包装采用中国传统布袋形式，外观古朴，内侧绚烂，犹如陶渊明笔下的桃花源，奉家山的茶就藏在这个"世外桃源"，远离尘嚣，芳香醇厚。布袋可内外交替使用，满足不同人群对外观审美的不同需求。

　　内盒是一个融合中国传统"榫卯"原理和印章文化的锁盒，盒盖中间是一个可以根据顾客要求定制人名的印，开盒前先取出印章，听到一声轻轻的碰撞声，盒锁自动打开，拿起盒盖，木盒开启。锁盒形式的木质包装增加了茶的专属性和尊贵感，同时，开盒的过程也多了一种特别的仪式感。印章专属定制，使产品具有明显的专属性，将本产品作为礼品馈赠时，会让人备感温暖！

通信地址：北京市朝阳区酒仙桥路798艺术区706北一街 荣空间312
联系电话：13522296800　　胡永和
推荐单位：北京市农产品质量安全中心

典范二 四代粽师

以传统的风吕敷包装形式，结合书法与插画，将大江南北、宫廷内外四家老字号联袂生产的八种粽子美食包裹在一起。用五彩绳扎口，传统中透着时尚。外观采用新中式的包装方法，棉麻布和特种纸结合。外观优雅大方，包裹的是一种温度与情怀！

续航力（天津）文化发展有限公司

续航力（天津）文化发展有限公司专注于艺术振兴乡村领域的模式探索和品牌管理策划服务，始终坚持以乡村内生动力激发与可持续发展为目标，以"设计育民"为抓手，探索并首创"设计赋能村民·村民振兴乡村"的创新模式，有效拓展了共同富裕先行示范区建设与乡村治理的途径，为中国乡村振兴拓展了新思路、树立了新标杆。该模式被确定为"浙江省乡村振兴十大模式"中的"文化深耕模式"。公司先后策划执行了宁海县"宁海珍鲜"农产品区域公共品牌设计、恭王府文创包装整合设计等商业项目30多个；浙江宁波宁海"设计激发村民内生动力"等乡村（社区）项目十余个。

典范一　宁海老月饼

主视觉画面由宁海地标性建筑西门城楼、老月饼产品形象和家人团聚吃月饼看月亮的美好画面组成，引导消费者看到包装画面时回忆起自己的童年快乐时光，进而增加购买欲望。西门城楼不仅是徐霞客文化的代表，更是宁海最具有独特性和代表性的符号之一，不仅强化了产品与产地之间的关联性，同时也巧妙迎合了目标消费群体的价值观，建立产品与消费者之间的情感联结。

典范二　宁海红美人柑橘

画面以产品为主要视觉形象，将十里红妆文化融入其中，建立产品与地域之间的关联性。诱人的画面描绘出了宁海红美人柑橘多汁鲜甜的特征。

典范三　宁海香榧

画面以产品为主要视觉形象，将产品与产品生长地双峰乡自然旅游资源白溪、千年榧树、万年桥，以及采摘香榧的人相结合，山清水秀、云雾缭绕，描绘出了一幅浙东高山美景画面，凸显农产品生长环境的优越性。同时拓展了包装的功能，在宣传产品的同时起到宣传景区的作用。

通信地址：天津市河东区欣荣馨苑2号
联系电话：18002136561　　段红娇
推荐单位：天津市农业发展服务中心

内蒙古先行品牌形象策划有限公司

内蒙古先行品牌策划公司成立于 1994 年，是国内成立较早专注提升品牌竞争力的实战咨询机构，由中国十大策划专家投资人孙先红老师创办。先行品牌先后协助蒙牛、伊利、小肥羊、蒙草抗旱、艾雪、涮涮牛羊等企业实现品牌的跨越式发展，助力 20 家公司登陆资本市场，服务涵盖 30 余个行业，累计服务客户超 1 000 家，打磨出一套自己独有的品牌价值识别系统。先行通过为企业构建文化原力、战略原力、经营原力、形象原力、传播原力，形成真正能提升品牌竞争力的系统打法，致力于帮助品牌从默默无闻，到达消费者的心智，赢得口碑和尊重，最终帮助品牌茁壮成长，迈向成功。

典范一　五朵葵香瓜子

五朵葵香瓜子系列产品采用手绘漫画和波普设计，体现轻松、愉快、有趣的品牌调性，契合瓜子作为日常休闲零食的产品定位，鲜明、个性的产品形象更容易吸引年轻人选择购买。产品包装背面创作了《夸葵花》插画，突出五朵葵香瓜子来自"葵花之乡"内蒙古五原县，具有葵盘大、籽饱满等产地优势。配合"清新原香，一嗑倾心"等广告语，将品牌理念更全面地展示出来。

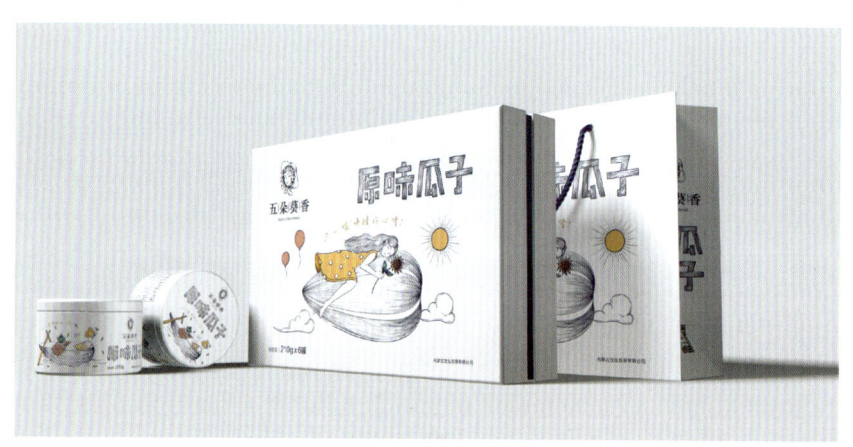

典范二　百吉纳奶酒

百吉纳为蒙古语"恭喜发财"之意，标志以蒙文为主体，用蒙古族特有卷云纹结合其中体现蒙古族元素，瓶型以蒙古包元素哈那为原型进行艺术化处理。

通信地址：内蒙古自治区呼和浩特市回民区银都大厦 4 层
联系电话：13500698070　崔俊平
推荐单位：内蒙古自治区农畜产品质量安全中心

金炉品牌创意设计集团

　　金炉品牌创意设计集团以精诚敬业、设计强国为己任，以作品即人品为准则，基于"策略化实效设计"理念，以市场为导向，定位形象战略的延伸，不断完善提升品牌美誉度，致力于成为国际化民族品牌塑造的专家和服务管家。金炉品牌创意设计集团成立至今，积淀了深厚的文化底蕴和创新理念，融合天地万物之精髓，创意作品上万，合作企业上千，荣获奖项上百，为众多知名企业成功导入了品牌规划和形象系统，服务涵盖了政府机构、工商业、城市形象等领域，为客户赢得了巨大的商机和效益。

典范一　简约米法

　　包装用"道"的精神体现"稻"的事业。用"大道至简"的理念完成品牌"稻法自然"的塑造。外盒图形取禅意之境，四个小盒的图形构成一幅完整的画作，文艺素雅。包装把产品属性清晰明了地传达出来，又融入了自然健康的理念。天地盖礼盒，简约精致。

典范二　惟有农本蒲公英小青柑茶

　　清新时尚的包装风格，让年轻的消费群体更易接受。以青柑图形为基础，形成两个圆的交互融合，是小青柑与蒲公英的遇见。当蒲公英的根、叶都装满陈皮，体现同"柑"共"蒲"的含义。蓝粉色彩相撞，青春靓丽。小叶子元素为包装增添了可爱活泼的趣味性。抽拉式小盒，方便拿取。

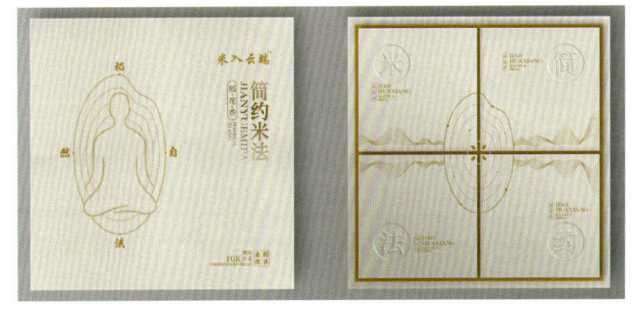

典范三　北桓逸品大米

　　通过一年四季的变化，展现最美的稻田景观，四款包装分别是：春暖花开·稼耘、仲夏长柳·新禾、平分秋色·稻香、银装素裹·长白。插画细致清新，色彩搭配干净清爽、赏心悦目。礼盒天地盖的形式，小袋牛皮纸包装，体现鲜米鲜食的最佳食用方式。

通信地址：吉林省长春市亚泰大街 5211 号五环国际大厦 1910
联系电话：15590582826　　马姝丽
推荐单位：吉林省农产品质量安全中心

深圳市潘虎包装设计有限公司

　　潘虎，25年来不间断地从事产品及包装为主要内容的设计应用研究和实践。9年前创立以自己名字命名的潘虎包装设计实验室，深圳市潘虎包装设计有限公司已经成为当下中国商业市场上最为活跃和具有热度的设计力量。潘虎认为产品包装是最为平等的艺术形式，是更快更广泛影响大众审美的独特方式。在中国正在发生新一轮的消费升级中，为众多消费产品赛道的头部企业重新塑造品牌以及产品包装用以连接用户。潘虎始终坚信产品是设计价值的最好表达，服务的客户包括蒙牛、宝洁、华润、中粮、飞鹤、瑞幸、景田、联合国、青岛啤酒、益海嘉里、时尚集团等品牌，相应上市的作品获得了包括德国红点奖、iF 设计奖、IDEA、Pentawards、One Show 等在内的 100 多项国内外设计奖项。

典范一　褚橙

　　褚橙 5 千克装的包装设计，以木刻版画的形式，刻画了褚橙庄园绿意盎然的生态场景。全新塑造的人物头像，传递褚时健先生作为中国民族企业家的顽强精神，致敬褚老的传奇一生。

　　褚橙 XL 装的包装设计呈现了一位专注于农产品研究的充满智慧的农民形象，创新的开启结构轻轻向外抽拉，橙子就会自动升起，有如一颗颗珍宝。极大便利了橙子的取用，增加了销售现场的展示功能。同时，也暗示着这位老人起起落落的一生。

典范二　云冠橙

　　云冠橙是褚橙的副线品牌，产品延续了褚橙的较高品质。

新品的视觉包装也是在讲述两代人匠心传"橙"的故事。插画塑造了一棵代表这位受人尊敬的老人一生的"生命之树"，并以传统剪纸风格赋予插画视觉上透、空的艺术感，数字记录着老人一生的传奇经历，小树苗与大树是一种传承与接力的关系。在字体设计上，以横平竖直的楷体字为基底进行微调，加粗的笔画象征着老人一生的沧桑与厚重，于后世而言更是一种责任与担当。字体笔触饱满，而在撇捺末梢，却有了明显的锋锐，它象征着做事做人：七分坦荡献给事业，三分率性留给自己。

通讯地址：广东省深圳市南山区南海大道鲸山别墅 188 栋
联系电话：18998931211　　彭　磊
推荐单位：广东省"一村一品、一镇一业"办公室

典范三　乔府大院五常大米

欧盟有机 2 千克装开创性地应用"分量装"对大米进行包装，避免造成浪费。外盒采用瓦楞纸一纸成型，取消所有的胶粘结构，更环保也受力更强。宝蓝色腰封固定外包装，重新塑造的乔府大院品牌标识，结合烫压工艺，在凸显品牌的同时，更增强产品的精致感和高端感。

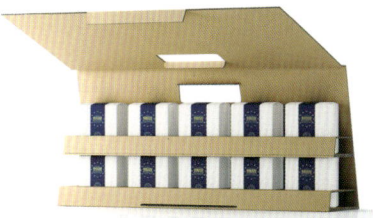

乔府大院五常鲜米 5 千克装以中国人喜闻乐见的大红色作为主色调，加强产品在货柜终端的视觉吸引力。同时，图形设计采用艺术装饰风格（ART DECO），并以金色进行呈现，使整体包装更显品质感及贵气。袋型采用常用的大米包装袋，但材质上更偏纸感，印刷颜色更饱和，触感更舒适。

典范四　佳农车厘子

整体包装设计围绕着佳农车厘子的品质、贵气进行，六边形的盒型让人耳目一新，以酱红色为主基调，结合烫红及烫金的工艺，将一幅生态农庄的插画与佳农品牌标识巧妙地结合起来，搭配红金布质提带，不仅有效地传递了车厘子的产品特性，更加强了产品的送礼属性。

典范五　夏牛乔苹果

"夏牛乔"是什么？是夏娃、牛顿和乔布斯的中文名字的简化组合。设计师试着用插图略带夸张与戏谑的表情，去表达这 3 个和苹果有着深刻关联的人物，引发观众对于"夏牛乔"品牌的快速认知和趣味性联想，正如广告语：改变世界的第四个苹果！

典范六　瑞幸花魁 5.0 咖啡豆

灵感源自神秘性感的东非"黑美人"，在非洲，黑色早已成为神秘的象征，代表着专业与未知的神秘，亦如咖啡豆中的"花魁"。用超现实主义的插画形式表现自由奔放的黑美人穿梭花丛的景象，是鹿和性感的黑美人对自然的想象。将对称美学运用到包装的正反面，体现了平等、自由、相互协调的特性。

这是一种跨越地域和民族的审美桥梁。将数字 5.0 切割摆放于主展示面的两边，形成高级的拼接元素，无限衔接陈列。

典范七 三胖蛋瓜子

以三个拥抱的小胖子，传递给消费者直观的图形联想；朴实稚拙的绘画方式，传递三胖蛋品牌抱朴守真，用心种好每一颗瓜子的匠人精神。重新设计的三胖蛋品牌字体，以印刷黑体为字体原型，结合标识图形表达方式进行更朴拙的再设计，使其在终端的呈现更吸引眼球。

罐身整体以红色为主基调，基于中国传统窗花和剪纸元素全新创作装饰纹样，红金搭配的罐装瓜子，作为三胖蛋最核心的单品进行销售。

全新塑造的三胖蛋品牌及全系列包装，以色彩对不同价位段产品进行明确区分，黄红蓝分别代表1、2、3 号料不同大小和品种的原味瓜子，版式和图形保持一致，使三胖蛋品牌的全系列产品在终端视觉能够最大化吸引消费者眼球。1 号料（黄色罐）为三胖蛋颗粒最大、口感最好、产量最小但价格最高的原味瓜子，采用马口铁为主要材质，可以循环回收利用。2 号料（红色罐）及 3 号料（蓝色罐）分别代表了三胖蛋不同渠道的主销产品，采用纸罐为主要材质，以与 1 号料进行质感上的区分。

广西广播电视台、大新县农业农村局、贺州市平桂区农业农村局

广西广播电视台是集广播、电视、广播电视网站、手机电视、宽带电视（IPTV）、移动电视、期刊、设计、制作、活动策划和执行为一体的全媒体发布平台。目前广西广播电视台拥有6个广播频率，9个电视频道，组织重大宣传报道和广播电视、网络视听节目创作生产。服务过南宁火龙果、大新龙眼、恭城月柿、芳林马蹄、龙胜地标集群等多个农业地标项目。

典范一　大新龙眼（大新县农业农村局、广西广播电视台）

　　5千克装整体设计以时尚的黄、蓝色作为主色调，清新亮眼，紧跟潮流；通用包装整体设计以龙眼本身的土黄色作为主色调，突出产品特征。使用插画形式表达龙眼的饱满新鲜，以大新德天瀑布为原型创作的线条插画为背景，展示产品的地域特色。以此凝练出大新龙眼品牌的广告语：大新龙眼·源自祖国南疆的清甜。

　　大新龙眼LOGO形象设计理念：LOGO主体展现一颗新鲜饱满刚剥壳的龙眼，由"龙"元素与"龙眼"元素结合用中国风的表现形式展示，既传递了本土特色又提升了图案的视觉效果。

　　大新龙眼IP形象设计理念：卡通形象的主体是一颗剥壳的龙眼。把大新龙眼雪白透亮的果肉设计成卡通形象的脸蛋，龙眼的果核设计成了卡通形象的眼睛，大大的眼睛也呼应了"龙眼"本身的名字，卡通形象头上的两个龙角让"龙"与"龙眼"的联想更为贴切。

　　产品包装材料为地龙白板过哑膜 + 636A／EE坑纸，安全环保。

通信地址：广西壮族自治区南宁市民族大道73号广西广播电视台
联系电话：13878851792　　陆玉凤
推荐单位：广西壮族自治区优质农产品开发服务中心

典范二 芳林马蹄（贺州市平桂区农业农村局、广西广播电视台）

5千克装整体设计以芳林马蹄深栗色为主色调，突出产品特征。创新点源于使用LOGO设计元素，将LOGO里面的马蹄、姑婆山、飞鹤、祥云摘出，再次使用到包装中重新组合，展示产品的地域特色。

2.5千克装整体设计以芳林马蹄种植地绿色为主色调，突出原生态、健康、自然的观念。创新点在于将马蹄种植场景还原，突出了马蹄生态环境独特自然的特点。以此凝练出芳林马蹄品牌的广告语：贺州山水秀，芳林马蹄甜。

芳林马蹄LOGO形象设计理念：LOGO重点表现芳林马蹄的主要特征，展示马蹄的新鲜饱满，肉质晶莹等，同时结合贺州地标景色建筑、地域文化、自然景观等，突出了"芳林马蹄"作为贺州特产的标志。以插画形式展示马蹄的新鲜饱满，肉质晶莹，是贺州的"地下宝石"，背景则以山水、祥云、飞鹤表达贺州"长寿市"的美誉。

产品包装材料为地龙白板过哑膜+636A／EE坑纸，安全环保。

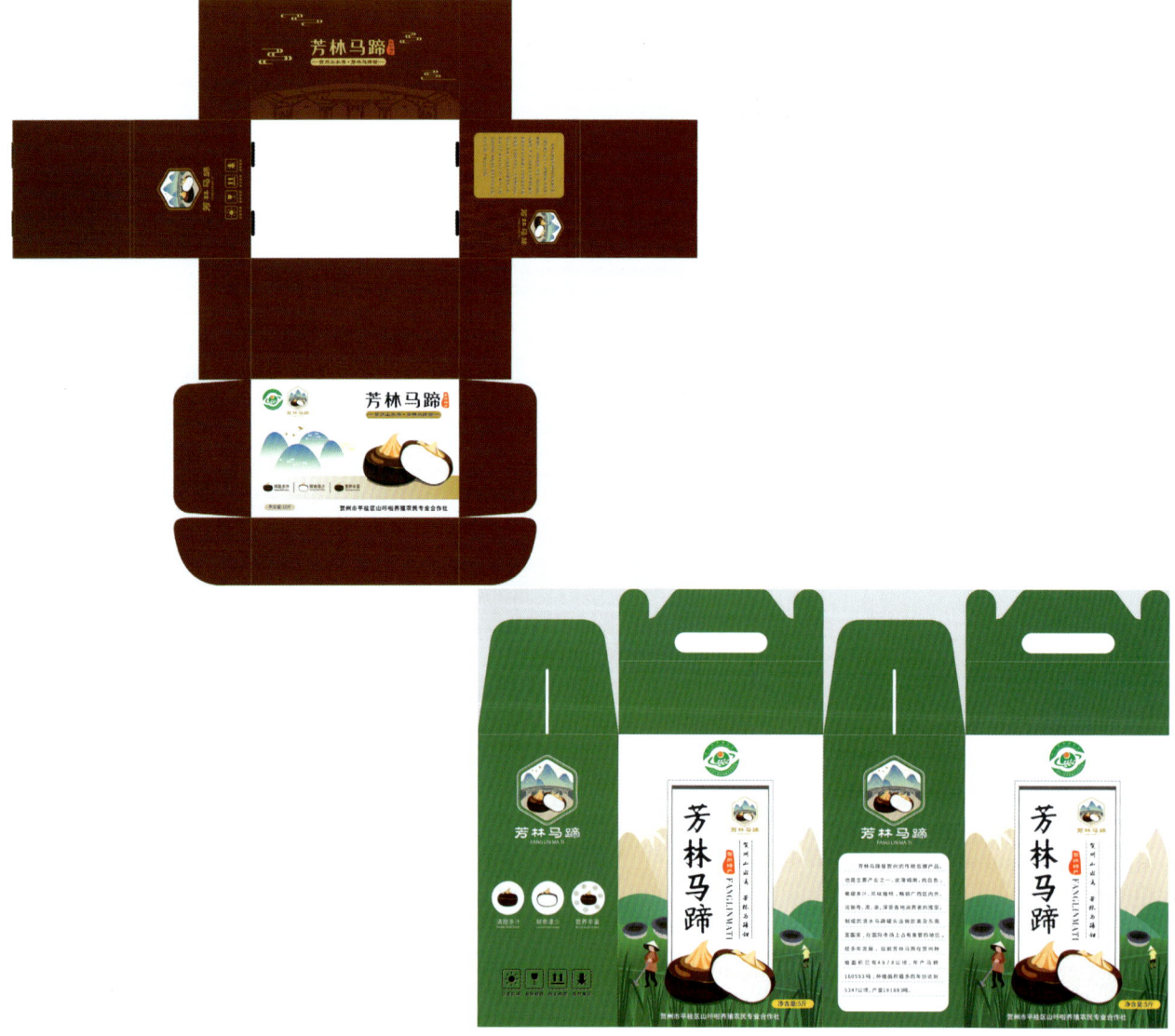

广西三知文化传媒有限公司

广西三知文化传媒有限公司成立于 2019 年。在公司成立前，主创人员均在农业、肥料行业领域打拼多年，熟悉农产品的生长、销售等特性。公司以农业品牌全案策划为公司核心业务，带动媒体广告代理、平面设计、影视动画制作、自媒体代运营（微信公众号、抖音）、网红直播等各项辅助服务业务。公司服务过的农业品牌有：一起同柑（沃柑）、柑路（沃柑）、骏东鲜生（芒果）、满山呦（雷笋）等。在服务各农业企业打造品牌的同时，公司也在孵化自有水果品牌，年轻态健康水果潮牌——羊角鲜人。

典范 羊角鲜人

羊角鲜人品牌核心文化：美，在古代象形文字中是个戴着羊角的人，羊角鲜人就寓意着甘甜味美、新鲜，并对未来有美好的期许。以此凝练出羊角鲜人品牌的广告语：只为你我寻找那点鲜味。

羊角鲜人沃柑 IP 形象设计理念：把羊角鲜人的羊角以及沃柑的水果特性相结合，微微舔嘴的舌头象征着美味，增加墨镜这个年轻态俏皮耍酷的特性，使羊角鲜人沃柑的 IP 形象生动、活泼，符合年轻人审美以及互联网商品的属性。

产品包装材料为瓦楞纸壳，包装箱形式是天地盖。

通信地址：广西壮族自治区南宁市青秀区万达银座 2805
联系电话：18587783551　　孙晓棠
推荐单位：广西壮族自治区优质农产品开发服务中心

天生云阳（重庆）品牌管理有限公司

　　"天生云阳"是重庆市第一个县级农产品区域公用品牌，旨在通过整合和优化全县优质农产品资源、集中建设公用市场渠道，提升区域产品价值和销量，加快地方经济发展。"天生云阳"对于提高云阳农产品整体质量、安全水平和市场竞争力，实现农业增效和农民增收，提升农业产业效益和核心竞争力，助力精准脱贫和全面奔小康，发挥着重要作用。天生云阳（重庆）品牌管理公司成立于 2017 年，致力于"天生云阳"区域公用品牌的营销和旗下产品销售，完善品牌运营基础体系的建设，组建品牌运营中心和品牌产品商贸实体；集中开展品牌文创，形成系统的品牌传播内容，丰富品牌内涵；完善品牌推广工具，建设和对接好利于互联网、媒体、平台传播的渠道；开展实施"天生云阳"品牌运营管理活动，提升品牌价值。

典范　云阳特产

　　采用张飞形象和云阳风光集景图案，形象生动地表达了"万里长江天生云阳"的概念。产品摄影、产品名称标准图框具有较强的统一性和识别性，具有较好的货架效果。

通信地址：重庆市云阳县云江大道 1544 号二楼
联系电话：13320305599　　邓本昌
推荐单位：重庆市农产品质量安全中心

陇南艺禾产品包装设计有限公司

　　陇南艺禾产品包装设计有限公司致力于农品策略规划、农产品包装标识法规引导实施、品牌包装设计、包装定制与小批量生产、包装材料建议导购。奉行美学与市场营销结合的理念，以为企业量身设计为根本，以市场营销为导向，以用户思维为标杆，力求设计作品迎合市场需求，帮助企业塑造品牌文化、提升销售转化。公司在从农品品牌概念创立伊始至方案落地的各项环节充分帮助企业规划发展，严格执行国家相关标准，降低品牌策略规划、产品包装设计制作成本，助推农产品赋能和高质量发展，做企业身边的农品策略专家。

典范一　宕昌羌调

　　设计方向以深色高端色系、成熟饱满色系、绿调系、清爽系为主，将品牌风格融入羌族文化元素，与产品结合形成具有代表地方特色的文化品牌包装。以独特的羌族文化元素及产品元素加以修饰，以现代插画形式的设计手法，结合羌族服饰色彩及图案进行品牌包装设计。整体造型简洁庄重，使用便捷，色彩图文内涵丰富、美观大气。

通信地址：甘肃省陇南市武都区东江电商产业服务中心三楼3-3
联系电话：19193991665　　　尹选珍
推荐单位：甘肃省农产品质量安全检验检测中心

典范二 羌源味到——宕宝系列

设计主色调为绿色，体现大自然的纯粹，产品写实插画和自然场景相呼应，突出产品独特的生长环境，采用夸张的手法使产品和背景有明显的对比。

包装方式为白卡纸＋塑料内包装，简单明了。

典范三 陇乡源橄榄油

包装整体定位于高端大气、简约，在色系上使用黑色和绿色。以黑色为底色，使其更具庄重、大气、高雅的调性，在排版上遵循做减法的设计思想，使整体达到既简约又奢华的气质。

南京几何艺术包装有限公司

南京几何艺术包装有限公司是从事包装研究、包装设计、品牌构建为一体的专业化公司。近年来作品多次获得国际国内大奖，为国内上百家知名品牌提供产品包装战略服务，广受业界好评。公司始终坚持"设计创新，理念创新，工艺创新，服务创新"理念，推进企业竞争驱动力，为每位客户量身定制品牌包装，助推产品热销，提升产品价值。

典范一　浦桥玉剑茶叶

标志中提炼出品牌视觉锤，既能凸显品牌形象，又能突出产品特征——茶叶如松针状。规格为5g小包袋，方便且便携。外包装包材为灰版，烫金压纹工艺，凸显送礼品质感、档次感。

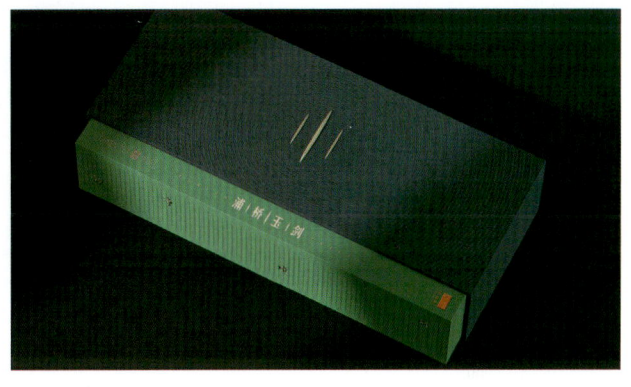

通信地址：南京市奥体大街69号新城科技园405
联系电话：13851551152　刘涛
推荐单位：全国农产品包装标识评价技术无锡中心（江南大学）

典范二 大唐贡天府农产品

为凸显大唐贡天府品牌调性，设计贴合中国传统文化，色彩富丽堂皇，体现大唐盛世的气质。瓶体为吸塑密封，既有质感、档次感，也有很好的密封性。手提盒设计富有创意，吸引消费者眼球。

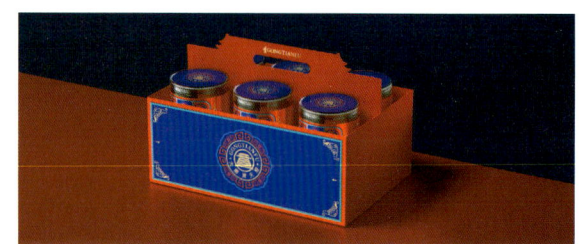

典范三 张宴志茶叶

本包装以白色为核心，打造出一款简约朴素的茶。亲民的价格却不失档次与设计感。主画面以品牌名三个字为主，通过特殊的设计手法，融入山川图案，既达到宣传品牌的目的，又可以让人感觉到茶的韵味，可谓简约而不简单。

杭州华言广告有限公司

杭州华言广告有限公司成立于2009年，致力于品牌设计、包装设计、展示设计及日常设计服务工作。

近年来，随着党和政府对三农工作的高度关注，在"大力开展农业品牌建设""全面实现乡村振兴"的战略下，公司依托农业农村部全国名特优新农产品创意设计杭州技术中心、浙江大学设计艺术联合创新中心、浙江大学CARD中国农业品牌研究中心等重要研究机构，深入进行农业、乡村品牌系统设计实践研究，先后主持、参与构建农业公用品牌、农业企业品牌、乡村品牌60余项，取得了一定的成果。未来，公司将继续投入到全面实现乡村振兴的历史伟业之中，充分挖掘设计潜力、实现设计价值！

典范一 三衢味

三衢味是衢州的农产品区域公用品牌，品牌下面有着丰富的特色地方农产品。单品包装以品名为基础，以书法和图形的趣味结合创作出简单易记的特殊系列产品符号。

典范二 衢州三头一掌

衢州三头一掌是由兔头、鸭头、鱼头、鸭掌组成的食品，是衢州地方特色风味食品。卤味系列产品包装的综合礼盒产品，符合整体系列产品整体调性，强化符号创意价值，控制包装成本，符合适度包装设计环保理念。

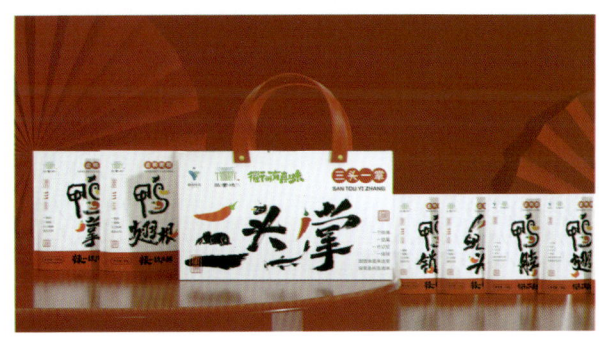

典范三 远海堂海参

延续标志符号抽象海浪元素，融入包装结构之中，以"远海"为核心，字体结合海浪元素，辅助简约捕捞海参等相关视觉符号设计，搭配黑金配色，整体烘托高端礼盒定位。

通信地址：浙江省杭州市余杭区良睦路乐富海邦园16幢601华言广告公司
联系电话：13656659530　　蔡文峰
推荐单位：全国农产品包装标识评价技术杭州中心（浙江省农业科学院）

典范四 全须生晒参

设计采用开窗"取景框"的方式直观展示长白山生态。提取长白山生态系统中的天池、云鹤、林鹿等代表性事物，将其并置于同一"取景框"内，展示出完整的"长白山可视化生态图景"。受众可以感知原始的长白山生态系统，进而体味人参之质朴与生机。包装主体采用中国红搭配烫金的色彩，让包装更具品质感。

典范五 西洋参

西洋参的包装设计贴合西洋参质朴、温补的特性，采用清雅的米白色为包装主色。图形烫金的处理强化了受众对长白山生态图景的认知。

百漠设计（宁波）有限公司

百漠设计（宁波）有限公司专注产品形象、品牌形象、包装形象、推广形象等视觉设计咨询。涉及产品、平面、空间、UI等专业设计领域，业务范围覆盖了农业、工业、服务业相关公司和单位。公司始终以产品开发、品牌包装、视觉营销为核心，提供品牌战略咨询、品牌识别设计、产品整合开发、品牌包装规划以及营销整合推广等服务，近年来涉足乡村振兴三产产业纵深农产品开发和品牌包装。早期多件作品入选华人平面设计大赛、国际设计年鉴、中国设计年鉴、我爱设计国际图形大赛、北京城市二维读本展以及艺术与设计、包装与设计、上海海平面、中国包装设计网等设计界威权杂志网站。

典范一 桃胶

桃胶羹饮包装的花形标识、圆形牌匾与烫金工艺的恰当结合，复现具有现代感的民国时尚造型。花状颗粒元素形似桃花，神似桃胶。从细节处隐约展现恬淡静雅的女性魅力，尽显岁月静好的生活韵味。红糖暖枣、清雅原味、馨香玫瑰三种口味三种颜色，鲜明又和谐，将民国与现代的审美融为一体，视觉感受别具一格。400克白卡和利于运输的珍珠棉内托，合折成盒。

典范二 义茂年糕

包装风格简约时尚，贴近年轻一代的审美品位。包装色彩以黄与白为主，正如年糕"白色如银黄色金"那般亮眼，线条元素与厚重的字体结合，犹如年糕条状的粗厚外形。让年糕寓意"万事如意年年高"融入现代生活，一步步走进年轻群体。

通信地址：浙江省宁波市鄞州区科技路455号嘉鄞大厦2305室
联系电话：13857486612　　傅翰梁
推荐单位：全国农产品包装标识评价技术杭州中心（浙江省农业科学院）

湖北农谷品牌经营管理股份有限公司

　　湖北农谷品牌经营管理股份有限公司成立于 2017 年 5 月，是湖北农谷实业集团有限责任公司践行"产业+资本+品牌"发展理念、推进"中国农谷"品牌战略的重要载体。公司主营品牌经营管理、信息技术服务及产业链投资并购三大业务板块，运用市场化机制对"中国农谷"品牌进行规范管理、专业经营，旨在发挥"中国农谷"品牌引领作用，创新商业模式、打造品牌新经济，创造"中国农谷"品牌良好的社会效益和经济效益，奋力打造国内知名现代农业品牌。

典范　荆品名门

　　荆品名门品牌包装形象体系的设计构建考虑到后疫情时代消费者需求的变化，并在这一变化的基础上提出差异化的战略认知，帮助品牌表达自己，让品牌回归大众视野，让品牌的自信被肯定。找到每款产品更精准的表达点，做到家族化包装体系的同时，每款产品又具备差异化特征。如单品"酸辣藕丁"，提取其最具有代表性的词汇"藕"，结合相关设计元素进行符合年轻人消费审美的设计创意。礼盒所囊括的品类比较丰富，所以对通用礼盒提取"荆门"词汇，对节庆礼盒提取"新春"等词汇进行设计创意，明确了品类认知。另外策划设计了诸如"与你藕遇""一起冲鸭"等有积极美好寓意的广告文案与消费者互动，让荆品名门品牌更生动，获得消费者的情感认同。

通信地址：湖北省荆门市掇刀区虎牙关大道 25 号
联系电话：15988045925　　　章红波
推荐单位：全国名特优新农产品包装标识创意设计杭州技术中心（浙江大学艺术与考古学院）

浙江天下网商网络传媒有限公司

　　浙江天下网商网络传媒有限公司（简称天下网商），是由浙江出版联合集团与阿里巴巴集团携手打造的专业电子商务新媒体平台。致力于为电商人提供最权威的资讯、最专业的电商培训服务以及最优质的营销服务。已与100多个地方政府进行合作，助力售出农产品超千万吨，影响全国8亿消费者，见证多个地域品牌价值突破百亿元。

　　为促进特色产业发展、乡村人才队伍建设，落地乡村振兴战略，天下网商整合自身资源提供产业振兴、人才振兴、创业孵化指导、"直播＋农村电商"、线上线下营销活动及媒体宣发、电商综合服务体系赋能、农产品上行等全链路营销解决方案及定制化服务。以"互联网＋产业振兴""互联网＋人才振兴""构建电商公共服务体系"推动乡村经济多元化发展，助力乡村振兴战略实施。

典范　太平猴魁

　　利用了太平猴魁茶叶本身的形态做基础元素，描绘出茶叶产地"黄山迎客松"的景色，并且做了激凸工艺，提升质感，体现太平猴魁茶叶的珍稀与名贵。在内盒4个盒子上也同样绘制了4种黄山的景色。

通信地址：浙江省杭州市余杭区爱橙街198号G座
联系电话：13857193728　　钟友明
推荐单位：全国名特优新农产品包装标识创意设计杭州技术中心（浙江大学艺术与考古学院）

杭州热浪创新控股有限公司

杭州热浪创新控股有限公司创始于2009年，总部位于杭州，在实力品牌焕发新面貌、新兴产业迅猛发展的大环境中，迅速成长为具有国际化水平、具有创意及影响力的综合性设计公司之一。发展历程中，为MOTO、中信、苏泊尔、宜家、网易、滴滴、农夫山泉等品牌提供长期多维度服务。目前旗下拥有热浪设计、热浪品牌、热浪传媒三大服务架构，业务涵括工业设计、包装设计、技术研发、市场研究、产品规划、品牌策略等，专注于品牌与产品的全生命周期，为企业提供全流程、体系式服务。

典范一　卿甜　一春·青梅酒

整体包装风格从洛可可装饰艺术中提取灵感，将青梅、树、花、麦子等浓浓的"青梅"元素，进行繁复而有序的排布。"表"为有意强调不对称的构图，婉转、柔和的结构和线条；"里"为古韵古香的自然主义，簇拥着画面中间的"Q"。"Q"取自"卿甜"拼音qingtian首字母，采用烫金工艺的方式凸显质感，契合小甜酒品牌的调性，也益于品牌性的延展。"卿甜"的字体设计自然气息十足，契合天然果酒的品牌属性。

典范二　稚己品牌

"稚己"LOGO采用传统书法形态，打造带有历史韵味的年轻感设计调性。提取鲜果作为视觉锤，结合打破框架的异形标签，凸显"杨梅"是整瓶酒中的重中之重。整体的瓶型设计从"纯粹"理念出发，采用简单优雅的造型。

除设计"鲜果纯酿"主打品牌价值外，还选择"8%酒精度"作为次要标签。在包装设计中放大8%的比重——它被称为"完美"的酒精度，8%酒精含量让品酒者有最完美的体验。

通信地址：浙江省杭州市滨江区中恒世纪科技园3号楼B座102
联系电话：15068488072　　白　雪
推荐单位：全国名特优新农产品包装标识创意设计杭州技术中心（浙江大学艺术与考古学院）

浙江禾瑞文化传媒有限公司

浙江禾瑞文化传媒有限公司是一家集策划、设计、摄影、影视制作为一体的综合品牌策划公司，为各大中小型食品企业提供全案品牌服务，包含品牌战略定位、品牌运营建议、产品规划建议、VI设计、包装设计、美食摄影、宣传片制作等，提供一站式品牌策划服务。

品牌设计项目团队由品牌策略、文案、包装设计师、平面设计师、插画师组成，多样性的团队带来视角的多维度，力求中团队创作环境下，规避个人知识盲区，以团队协作的方式创造优质的作品。

公司自成立以来，服务过多家高度影响力的品牌，联袂开发出一系列优秀产品设计。

典范一 温州高山糯米山药

将IP形象塑造成山药兄弟，极具亲和力。外箱采用5层瓦楞复合材料，外部复合铜版纸彩印，安全环保。外观设计简约，可堆叠，便于运输。

典范二 黄鱼国老温州伴手礼

产品设计强化包装识别性，采用银素面白卡复合瓦楞+四色UV印刷+上纳米油，具有自己的产品调性。国潮风外观设计，打响黄鱼国地域品牌。

典范三 胡掌柜五常大米

现代简约的设计，小包装，不浪费，多种大米混装，便于消费者选择口感。内包材为食品级塑料，外包材为白瓦楞，安全环保。外观设计简约时尚，极具识别性。

通信地址：浙江省温州市鹿城区葡萄棚产业园路2号601室
联系电话：13857763166　陈代祥
推荐单位：全国农产品包装标识评价技术温州中心（温州市农业科学研究院）

江西省犹江红网络科技有限公司

江西省犹江红网络科技公司是一家致力于农产品品牌打造和农产品上行的企业，是农业产业化省级龙头企业和全国"互联网+"农产品出村进城示范企业。成立于2015年8月，旗下现有利益链接企业3家。公司注册的"犹江红"脐橙商标获评江西省著名注册商标，在2016年被评为江西省著名商标。2017—2020年连续4年获江西"生态鄱阳湖、绿色农产品"称号、（上海）展销会"金奖"，并被上犹县商务局和上犹县农业农村局认定为赣州市食用农产品示范基地。运营的上犹县农产品运营中心获评为全国的十强农产品运营中心及全国的优秀运营中心，并获评2018年度上犹县文明诚信企业。犹江红红色传橙系列秉承"让每一个客户吃到放心天然无公害优质食品"的理念。

典范 犹江红红色传橙系列

礼盒装主要是针对有送礼需求客户群体，设计了12个装独立包装；5kg装适合小家庭购买食用；10kg装适合单位发放福利。

包装干净简洁而不失文化韵味，封面设计以红色文化为主题，形成强烈的冲击力和识别记忆。

通信地址：江西省赣州市上犹县东山镇滨江村坳下梦想家园1#楼1-6号店面
联系电话：13307977009　　陈茂林
推荐单位：全国农产品包装标识评价技术南昌中心（江西省农业科学院农产品质量安全与标准研究所）

浙江芒种品牌管理有限公司

　　浙江芒种品牌管理有限公司专注于三农领域品牌研究、战略规划、市场营销、传播推广、数字化管理等专业服务，致力于打造中国三农品牌化一站式服务平台。

　　公司以专业振兴中国乡村，集聚国内众多农业品牌理论研究与业界实践专家，引领中国三农品牌建设，为 200 多个农产品区域公用品牌、乡村品牌、企业品牌提供服务，具有丰富的品牌实践经验。

典范一　大佛龙井

　　外观创意来源于画卷——打开这幅画卷，呈现的是浙江新昌颇具诗意的朦胧山水，及李白的诗作《梦游天姥吟留别》。包装设计巧妙地将诗与茶合二为一，形式独特、风格素雅。用完茶后，亦可将包装盒作为一件雅致的摆件。

　　包装方式为纸盒 + 纸罐 + 锡箔纸。材料采用 2.5mm 灰板裱黑色特种纸制成纸罐，以山水画将两个纸罐相连接，形成画卷形式，并以丝带装饰，增加仪式感；罐内包装采用锡箔将茶叶做成茶饼，一枚一泡，易于保鲜，同时方便取用；外盒采用相同材质，直接运用烫金工艺突出品牌视觉形象，彰显产品品质。

通信地址：浙江省杭州市西湖区文二西路 738 号西溪乐谷创意产业园 3 号楼 5 楼
联系电话：18657161137　　周佳洁
推荐单位：中国果品流通协会

典范二　吉林大米

外观创意来自谷粒外形，寓意将产品回归到最天然纯净的状态，突出产品原生态的品质。插画设计展现了吉林省东、中、西三大大米产区独具特色的地理环境，浓墨重彩，笔触豪放，浓郁的中国风与吉林大米"皇家贡米"这一特质相符合。包装选用再生纸浆压模成型，内袋取出后，外盒可作为抽纸盒进行二次利用。

包装方式为异型纸盒+真空包装袋。外盒采用再生纸浆压模成谷粒外形；内部采用真空袋包装，使产品易于存储和运输；将品牌视觉形象以不干胶形式贴于外盒，于固定包装的同时方便包装的二次利用。

典范三　灞桥樱桃

盒型创意来自中国传统八角食盒。插画以品牌核心元素"白鹿"为载体，巧妙融入西安地标大雁塔、古城墙、灞桥，以及产品本身——樱桃和樱桃花。整体线条流畅，色彩艳丽，结合现代中式画风，与西安城市气质和品牌调性相符合。产品食用完后，外包装还可作为糖果盒进行二次利用。

包装方式为八边形硬纸盒+珍珠棉底托。外盒采用2.5mm灰板裱特种纸，制成独特的八边形纸盒；内部用珍珠棉制成专用底托，保证每一颗樱桃独立包装，不易受损；手提袋设计便于携带；精美的烫金和UV工艺，彰显品牌和产品品质。

嘉兴乐合品牌策划有限公司

嘉兴乐合品牌策划有限公司是一家果品行业垂直领域的全案服务机构，专注于果品品牌策划、产品包装设计、产品创意拍摄、营销落地的全产业链服务。公司以产品销售为最终目的，自成立以来已经服务过 1 000 多家客户，成功打造了翡翠蒂、眉知、奢纹等多个品类头部品牌。

典范一　翡翠蒂麒麟瓜

包装设计采用简约风格，以西瓜表皮纹路的墨绿色为底色，也呼应翡翠蒂的"翡翠"之名。主画面为实物拍摄的麒麟瓜照片，非常新鲜，能勾起食欲且突出主题。左侧设计了一个翡翠蒂的小标识增强品牌辨识度。侧面采用西瓜瓤的红色做撞色，使产品货架陈列时更加亮眼。敞口箱可保证良好的透气性，对应的折边上分别是出品公司名和品牌广告语"好吃，才是好礼"，更加显示了产品的优良品质。整体设计简约、高档，彰显品牌调性。

通信地址：浙江省嘉兴市南湖区顺源路 317 号海广兴市场 C 区 3 楼 2305 室
联系电话：18268344466　　周玮琦
推荐单位：中国果品流通协会

典范二　奢纹网纹瓜

包装设计将设计师赴产地考察所见的赤峰山、充足光照、大棚种植、瓜农辛勤劳作等场景以版画的形式呈现。在版画中心，单手托举网纹瓜的图案将产品突出。将"15+"糖度、55天以上的授粉生长周期、正季优选几个产品卖点提炼做成标识，更加醒目。将品牌名、广告语与产品卖点做金色效果，搭配高贵蓝底色，更加符合网纹瓜高端水果的定位。

典范三　脉吉客无核沃柑

2021年是牛年，因此脉吉客新年贺岁装采用了生肖牛元素。脉吉客无核沃柑有给人带来美味的魔力，所以插画中将牛做成魔术师的形象，可爱讨喜也别具一格。色彩搭配采用沃柑本色橘色为主、银色为辅，给人以强烈的视觉冲击。顶盖上做了五个镂空的五角星，搭配"魔法感"的同时增强透气性。

Production

生产篇

晋中金城新型保温材料有限责任公司

晋中金城新型保温材料有限责任公司是一家专业生产保温、保鲜包装的创新新型生产企业,坐落于山西省祁县南麓。公司成立于2001年,占地面积20 000平方米,拥有职工200余名,创建了"金城"包装品牌,注册资金1 000万元。公司为中国泡塑协会成员单位,2021年被国家农业农村部农产品质量安全中心命为"全国生态环保优质农产品包装标识生产试点单位"。

公司产品包装材料主要以聚苯乙烯颗粒(EPS)为主要原料,产品涉及食品包装、机械包装和建筑保温等12类200余种。

典范一 水果类保鲜泡沫箱

彩喷聚苯乙烯泡沫箱+内装网套+热缩膜外层。聚苯乙烯泡沫箱箱体直接喷绘产品特色图案及相关标识,表面由热缩膜塑封,美观大方。箱内水果由内装网套包裹,缓冲性能好,可减少泡沫颗粒附着。符合轻量化原则,可回收循环使用,环保性能强,是目前水果包装的理想选择。

典范二 海鲜专用保鲜箱、蔬菜保鲜箱

彩喷聚苯乙烯保鲜箱+隔层冰块或聚乙烯气膜袋+热缩膜外层。聚苯乙烯保鲜箱外表直接喷绘图案以及产品特色和相关标识,节省外套彩印成本。内套为双层加冰带,具有冷藏、保温、保鲜的优越性。泡沫箱外套用热缩膜塑封,符合食品卫生要求。保鲜箱可回收循环使用。

通信地址:山西省晋中市祁县城南村工业园区
联系电话:13935417717 贾晓佩
推荐单位:山西省农产品质量安全中心

东莞市精丽制罐有限公司

东莞市精丽制罐有限公司成立于 1999 年 11 月 10 日，注册资本 2 300 万元，是一家专业的马口铁精品罐设计与制造企业。被中国包装联合会金属容器委员会评为行业龙头企业，获中国包装联合会颁发金属包装产品设计创新金奖及银奖。

公司产品主要出口欧洲、美国及亚洲等地。秉承"为客户创造价值"的宗旨，公司建立了强大的设计团队和销售服务网络，改进制罐工艺，引进自动化产线，对铁罐追求精益求精。

典范一 团圆时刻·小罐茶

以一圆茶饼作为设计参照，设计了 56 个民族载歌载舞的剪纸元素，并以浮雕形式呈现，寓意我国 56 个民族大团圆。罐内设置 18 个罐格，可容纳 6 种不同口味共 18 个小茶罐。

典范二 立顿组合茶叶罐

参照手提行李箱设计，在铁盒上做出皮质手提箱的效果。罐内设置 3 个格槽，可放置 3 小盒不同品类口味的茶叶。

典范三 草晶华破壁草本红罐

设计简约而不失厚重，罐身草药叶子的图案做了激凸工艺。罐口额外采用一层封口纸，更有安全性。

通信地址：广东省东莞市石排镇赤坎厂区北一路 1 号
联系电话：18925503638　李永春
推荐单位：广东省"一村一品、一镇一业"办公室

苏州华源控股股份有限公司

苏州华源控股股份有限公司成立于1998年，是一家以方案策划、包装设计与产品制造为核心的综合包装方案提供商，专注于金属包装产品的研发、生产、销售、服务。公司于2015年登陆深交所（股票代码：002787），旗下有金属包装华源和塑料包装瑞杰科技。

公司产品小到家庭装修与日常消费用的各类涂料及食品用包装罐，大到航天及国防装备特种涂层用的包装罐。经过20多年的发展，公司已成为一家以发展民族品牌为己任，具有国际竞争力的金属包装罐的制造商和品牌运营商，是包装领域综合性的龙头企业之一。

典范 马口铁罐

农副产品的包装容器应是方便、安全、成本低，还能回收再生，利于节约资源，对环境不造成污染。马口铁罐具备了上面的特点，铁罐回收后的压缩，减少了罐藏食品的包装对环境的污染。可以说铁包装是环保的包装，是世界上循环使用率最高的材料。因此，马口铁罐的包装形式在行业中应是最具竞争力的。

公司产品以马口铁为原料，低碳、环保，马口铁外层是纯锡。产品无毒且有良好的抗腐蚀性能；便于焊接，焊接后能保持良好的密封性能；质地轻，能承受一定的压力和强度，运输方便；具有可回收、省资源的特性，可自然地氧化而回归自然。

通信地址：江苏省苏州市吴江区桃源镇桃乌公路1948号
联系电话：15895500195　　沈朝晖
推荐单位：全国农产品包装标识评价技术无锡中心（江南大学）

上海顺农科技有限公司

上海顺农科技有限公司致力于发展生鲜农产品种植、捕捞、采收、加工、分拣、包装、仓储、冷链物流运输过程中的先进保鲜保障技术，在农产品供应链环节提供从种植到销售终端的保鲜综合解决方案，打造绿色安全耐储的生态农产品；大力发展农业科技成果的转化，开展农品评优、农品认证相关领域的培训和咨询业务；进行优质安全原产地农品的甄选和线上销售业务，助力三农发展和国家乡村振兴大计。公司的目标是能够在农产品生鲜保鲜行业的领域成为领军企业。

典范一 KT 板保温箱

产品抗压、保温、防震、耐水、抗湿；可多次循环使用，绿色环保，降低成本；外形美观，可印刷；也能大大降低运输成本。可应用于食品饮料、水果蔬菜、河鲜海鲜、乳制品、牛羊肉、烘焙半成品、速冻冷冻产品等需要保温、保鲜、低温冷藏运输和仓储的产品，也可用作包装容器及礼盒包装。

典范二 吸水纸

薄膜表面设计很多钵状小孔，能保持食材的新鲜与美味。原料来自天然木浆，可降解，低碳环保，环境友善。具有吸水、吸油、过滤、保鲜四大功能。适用于吸收多余油分；吸取汤汁的浮油；用于鱼、肉的保鲜；过滤汤、油；包裹、煎煮；用于点心垫纸；用于自然解冻、准备食材、冷藏保存；包裹玻璃器皿代替缓冲材料；用于乌贼、马铃薯、芋头等的去皮后吸水；等等。

通信地址：上海市嘉定区浏翔公路 955 号小美科技园 1 号楼 A 区 1101 室
联系电话：13917082082　　倪兰芳
推荐单位：全国农产品包装标识评价技术杭州中心（浙江省农业科学院）

浙江晴耕雨读实业有限公司

浙江晴耕雨读实业有限公司致力包装盒的设计和生产，是浙江省科技型企业、浙江省成长型文化企业、浙江省包装创业创新十强企业等。拥有出版机、胶印机、切纸机、全自动模切机等包装一条龙生产设备。技术力量雄厚，生产经验丰富，拥有较完善的企业管理制度，近5年来，在生产传统产品的基础上，进行个性定制和文化创意，为农产品的包装增彩添色，深受客户青睐。荣获中国印刷包装质量金奖、浙江省印刷包装质量金奖等。

典范一 初生蛋

产品采用食品级300克白卡+瓦楞纸，制盒形式为简易手提包装盒，采用环保型油墨印刷，通过图像体现产品和包装的绿色健康之意。该包装盒具有外观精美和易于存放、运输等特点。

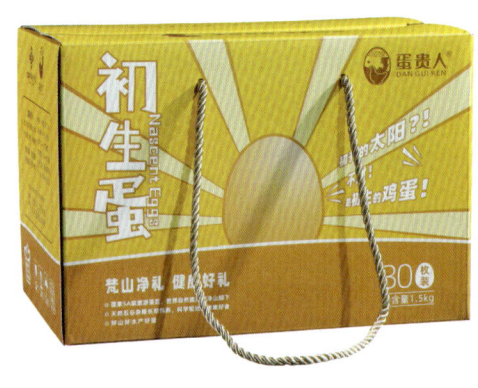

典范二 好爱米

采用食品级250克牛皮纸，环保安全，独立小包装。外包装可循环使用、可回收，更加环保。整个版面设计简约大方。

典范三 苦荞茶

产品采用书本式结构礼盒，于简约中显现典雅和高贵。礼盒采用157克铜版纸纳米印刷，内裱2.5毫米灰板，产品高档典雅，质感强。里面放置独立小盒，陈列展示性能好，方便使用。图案凸显苦荞茶生长的自然区域。

通信地址：浙江省温州市龙港市新城工业区高科路519号
联系电话：13868380455　　林开銮
推荐单位：全国农产品包装标识评价技术温州中心（温州市农业科学研究院）

希悦尔（中国）有限公司

希悦尔（中国）有限公司于2006在上海青浦正式成立，致力于为食品和物品提供妥善保护。公司把可持续发展作为业务发展的核心，于2018年宣布了一项可持续塑料生产承诺，将于2025年实现包装100%可循环再生或可再利用，并于2021年宣布到2040年实现二氧化碳净零排放。

典范一 快尔卫® 高阻隔真空收缩包装袋

快尔卫®高阻隔真空收缩包装袋在阻隔性、收缩度、透明度、可印刷性等多项综合性能上有出色的表现。在适当的条件下，该包装可通过袋内嫩化提升肉品品质，延长产品货架期。本产品可与半自动和全自动真空包装系统配合使用，适用于包装生鲜红肉、熏制加工肉和奶酪等。

典范二 达鲜® 预制托盒真空贴体包装

达鲜®预制托盒真空贴体包装具有独特的3D外观，是牢固、卫生、安全的密封包装，可将产品货架期大幅延长，可广泛用于红肉、禽肉、海鲜、熏制加工肉产品等。可配套高速包装系统，帮助企业在整个供应链中节省可观的成本，获得更高的运营效率。

典范三 快尔卫® 气调包装

快尔卫®气调包装具有出色的阻隔性能，与充入的混合保鲜气体结合，在冷藏条件下能使食品持久保鲜，可用于生鲜红肉、海鲜、禽肉、卤味等。盖膜具有优秀的防雾性能和光学效果，在0~4℃冷藏条件下可保持清晰通透，提升产品在零售货架上的吸引力。该包装和自动化气调包装设备配合使用。

通信地址：上海市青浦区崧泽大道6988号
联系电话：13585991351　　熊　焰
推荐单位：中国肉类协会

升辉新材料股份有限公司

升辉新材料股份有限公司创建于 2004 年 5 月，是专业从事多功能共挤高分子薄膜及包装材料的研发、生产、销售和服务的企业。公司经过多年研发，形成了 SunShrink®- 真空热收缩包装等包装系列。

公司产品已覆盖 50 多个国家和地区，是生鲜肉类包装领域知名供应商，公司将进一步全面开拓国际市场。公司已申请专利 120 余项、各类商标 28 件，主持和参与制定国家标准、团体标准共 10 余项。公司入选国家火炬计划重点高新技术企业，建有江苏省多功能性共挤薄膜材料工程技术研究中心、江苏省企业研究生工作站，被评为江苏省企业技术中心。公司通过了多项国际国内体系认证，获江苏省创新企业等荣誉称号，是中国肉类协会的包装分会会长单位。

典范一 121℃高温蒸煮高阻隔易揭卤蛋包装

本产品既有高阻隔能力，又便于消费者使用，还大幅度提升了包装效率，获得了全球包装领域的著名大奖陶氏包装奖。

典范二 生鲜肉气调包装用高阻隔收缩气调盖膜

本产品绿色、环保、高性能，是采用食品级、阻隔性能更好的 EVOH 为阻隔层，通过与 PE、PA 共挤加工生产出的具有微收缩性、高阻隔、高透明度和多功能化的气调盖膜，配合保鲜气体为生鲜肉提供优异的保护作用，表现出极好的包装展示效果。

通信地址：江苏省江阴市长泾镇通港路 2 号
联系电话：18795669119 杨 伟
推荐单位：中国肉类协会

南通环球塑料工程有限公司

南通环球塑料工程有限公司创立于 1998 年，专注于食品阻隔收缩包装技术，是全球领先的肉类收缩包装方案供应商之一。公司拥有国际领先的生产设备、工艺配方和技术，拥有多项质量体系认证，所有产品均符合 GB、FDA、EC 相关标准。

公司在全球 50 多个国家服务超过几百家客户，致力于帮助客户实现更加安全的食品包装和食品供应链，实现可持续发展的目标，降低成本，实现额外效益，并减少食品浪费，保护环境。

典范一 气调收缩包装

小包装设计更利于短距离配送，使用更少的包装并延长保质期，25 微米厚度满足轻量化、薄量化需求，有效节约包装成本。根据不同的气调设备满足定制化需求，即可表面贴标亦可进行表面印刷，让产品在货架上脱颖而出。

典范二 真空热收缩包装（澳特龙®-N）

低温热缩，在保持鲜肉自然色泽的同时使包装袋紧贴包装物，有效减少血水渗出，使产品外观更精致美观。其阻隔性可有效延长产品货架期。

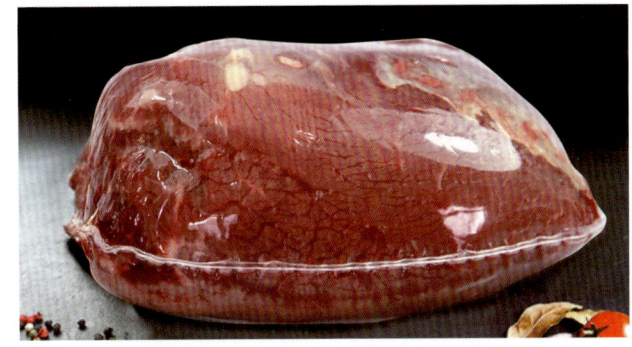

典范三 真空热收缩包装（澳特龙®-B）

独特的抗穿刺设计大幅度降低产品的漏气率，无需包骨布，节约包装时间和成本。其高阻隔性能可保证货架期，满足长途运输的需求，有效降低物流运输过程中交叉感染风险，保鲜期达 20 ~ 90 天。

通信地址：江苏省南通市海门区常乐镇常青路 2 号
联系电话：13606281837　　朱永华
推荐单位：中国肉类协会

江苏大江智能装备有限公司

江苏大江智能装备有限公司是专业从事气调包装机、真空贴体包装机、真空包装机及智能包装生产线的国家高新技术企业，给客户提供从生产工艺设计到设备选型、自动化系统集成及应用技术的服务。公司将真空置换技术应用到气调保鲜包装设备，始终从节能、环保的视角对设备进行不断的优化升级。公司积极主动承担起行业发展的责任，参与了由中国肉协牵头的《肉与肉制品气调包装》团体标准的制定，被评定为"中国肉类行业包装十强企业"。

典范一 气调保鲜包装机及自动化系统集成

气调保鲜包装机的基本原理是将食品装入塑料托盒后充入保鲜气体并用盖膜封口，利用保鲜气体结合包材的保鲜功能延长食品的货架期，确保所包装食品的卫生、安全、美观，避免二次污染。

气调保鲜包装系统集成的目的是提高设备的自动化、智能化、信息化，减少人工的介入，提高运行效率。

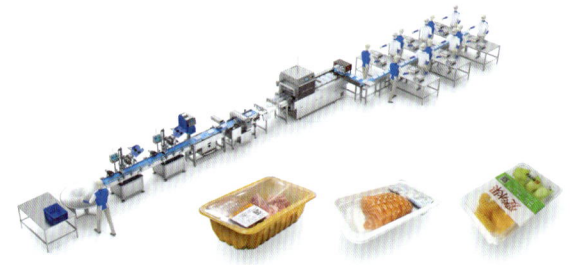

典范二 双室真空包装机

双室真空包装机利用真空盖在两个真空平台上相互交替工作，从而达到提高工作效率的目的。独特的真空盖工作的省力机构设计，使操作人员工作更轻松。设备被广泛应用在肉制品、水产品、果蔬等领域。

典范三 真空贴体包装机

真空贴体包装机是一款针对生鲜肉、冻品、海产品、水果进行真空贴体包装的自动设备，利用真空技术将包装膜像一层皮肤覆盖在食品的表面，将食品原生态的一面展示给消费者，确保产品的品质、色泽、新鲜度最大程度得到保障。

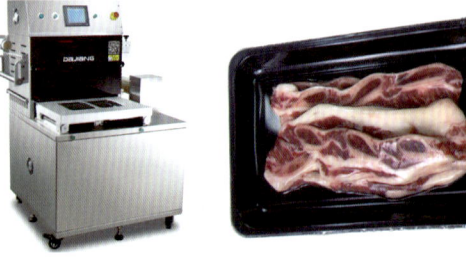

通信地址：江苏省南京市高淳经济开发区龙井路9号
联系电话：13566227222　陈献西
推荐单位：中国肉类协会

浙江佑天元包装机械制造有限公司

浙江佑天元包装机械制造有限公司成立于1994年，占地面积16 000平方米。公司拥有专业的工程师及设计团队，是一家研发和生产自动化包装设备的科技型企业。通过近30年的发展，成为中国包装行业知名品牌。是多项国家标准、行业标准和团体标准的起草制定单位，正在参与制定国际包装机械安全标准ISO TC313。公司目前已获得40余项有效国家专利，于2012年通过质量管理体系ISO9001认证，公司所有产品均通过欧盟CE认证。

典范一 在线成型真空贴体包装机

集片材成型、产品填料、贴体封盒、独立包装分切全自动为一体，更经济、美观、高效、方便。

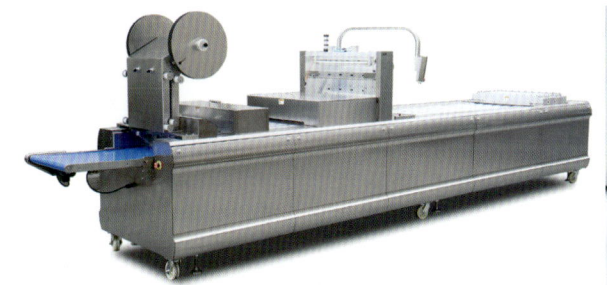

典范二 在线成型气调包装机

通过先抽真空，再充入产品对应的天然保鲜气体，来延长食品货架期，在生鲜肉类、水产品、瓜果类、熟食类被广泛使用。

典范三 在线成型拉伸膜真空包装机

包装成本经济，机器运行速度快，包装形状多样化，在各类农产品或者休闲食品的包装中使用最广泛。

通信地址：浙江省绍兴市柯桥区柯北开发区曙光路255号
联系电话：15158050042　　伊良燕
推荐单位：中国肉类协会

宁波霖华塑胶有限公司

宁波霖华塑胶有限公司成立于 2004 年,是以阻隔气调盘为主导产业,以各类其他生鲜食品包装为辅的专业塑料食品包装生产商。公司现有 30 000 平方米现代化全封闭式厂房和清洁生产车间,众多日本、德国、意大利等国际先进的环保包装生产流水线,拥有年产值 10 亿元的生产能力。公司先后通过了众多国际认证,所有产品均通过 FDA 食品接触标准。截至 2021 年 10 月,公司共计拥有有效专利 50 余项。

典范一 冷链用阻隔气调盘

冷链用阻隔气调盘是一种用人为控制包装内气体(氧气、二氧化碳、氮气等)比例的工艺,来达到食品保鲜目的的包装盘。产品由一种高阻隔多层复合塑料制成,可实现冷链状态下 14 天乃至更长的保质保鲜要求。

典范二 卷边托盘

卷边托盘由 PET 材质制成。盘子的四边向内卷曲,降低外包装或者拉伸包装膜被割破的风险。PET 对环境无害,可回收再造,且强度高。

典范三 凹版套色印刷钙塑箱

凹版套色印刷钙塑箱(ECO BOX)使用更少的塑料,100% 可回收,更加坚固,具有完全的防水性以及冷链的抗冻性,适用于众多行业。

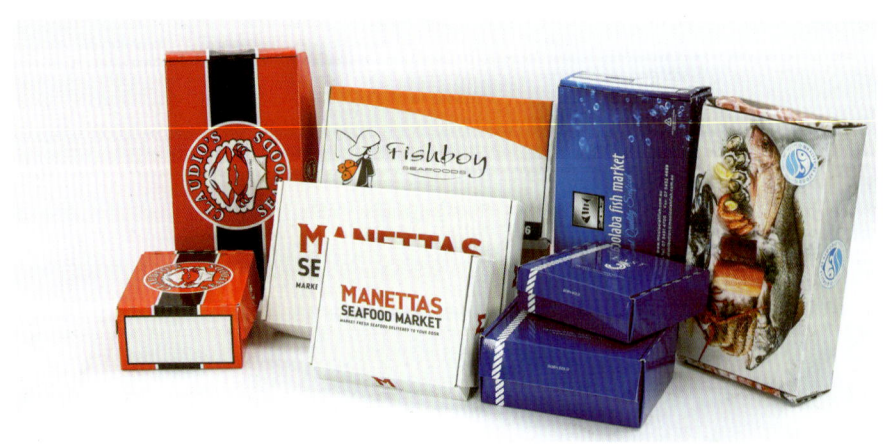

通信地址:浙江省宁波市奉化区东畈路 13 号
联系电话:13588262036　刘语凡
推荐单位:中国肉类协会

Application

应用篇

北京大道农业有限公司

北京大道农业有限公司是海淀区上庄镇西马坊村属集体企业,是镇政府指定的独家耕种、管理、经营京西稻的生产企业。目前,公司种植京西稻1 400余亩。公司秉承"大道至简、绿色生态"的经营理念,专注于京西稻文化保护和传承。近三年来,京西稻产量稳定在300吨以上,销售额稳定在300万元以上。园区获得了国家级京西稻农业标准化示范区、海淀区特色精品农业示范基地等荣誉称号。京西稻连续两届被评为全国农产品交易会金奖及最受欢迎农产品奖,荣获北京市农业好品牌称号。

典范 御前青玉

2.5千克手提盒装采用环保牛皮纸可回收、可二次利用材料,大方、简约、绿色。由5个单块500克独立包装的真空压缩米砖组合而成,拿取、存储方便。

2.5千克手提袋装采用现代工业技术PO材料,安全、可靠。包装图案设计体现了蓝天、白云、白鹭、金黄稻穗的画面,表达生态绿色、食品安全的产品理念。

500克真空压缩米砖便于家庭存储。

通信地址:北京市海淀区上庄镇西马坊村村委会对面平房
联系电话:13146968806　王　培
推荐单位:北京市农产品质量安全中心

北京万德园农业科技发展有限公司

北京昌平位于上风上水的北京西北郊区，燕山山脉山前暖带，北纬40°国际公认的最佳生长带。北京万德园农业科技发展有限公司成立于2009年，位于北京市昌平区小汤山镇，这里具备了生产草莓的优越自然基础，可提供优质草莓种苗和高端草莓珍果。草莓在栽培过程中，由外籍专家全程指导，以全新的草莓栽培理念，采用纵向垄栽培模式，使用完全的生物消毒剂、肥料、专用栽培基质，采用赤眼蜂生物杀虫，施用农家肥提供给草莓果实充足的有机营养和微量元素。由于在太阳升起后因温度上升会造成草莓口味变酸和香味下降，因此公司均在清晨采摘当日成熟的草莓，以使草莓保持其昼夜积累的香气和营养，并使草莓果实的口感最佳。产品已获得农业农村部颁发的中国良好农业规范认证一级证书、绿色食品认证证书、昌平草莓地理标志的使用权。公司多次参加草莓相关博览会和草莓擂台赛，获畅销产品奖、最受消费者喜爱奖等荣誉。

典范 昌平草莓

悬挂式独立包装是最好的保护草莓的包装。使用柔软的包装材料，按照每一个草莓的形状制作包装，扩大缓冲面，使草莓表面的损伤最小，由于采用悬挂的方式，能够减轻运输中的晃动，防止碰伤草莓。

采用有伸缩性的包装膜，能吸收来自外部的冲击，一次性成型包装膜轻柔地包裹住草莓，且每一个包装空间按照草莓的形状成型，是全新型的远距离运输、快递、礼品用草莓包装，上下左右完全包裹，无论横放竖放，都可以很好地保护草莓，上下重叠放置也不会损伤草莓。

独立包装盒一共分4层。第一层是底部盒；第二层是白色底膜，可以很好地保护草莓表面；第三层是透明白膜，可以将草莓包裹起来，起到保护草莓的作用，还能展示出草莓的状态；第四层是上盖，标有绿色食品标识、农产品地理标识及明确的品种名称。

包装盒采用了纸质环保设计，盒子外观高端、大气。包装盒的正面标有绿色食品标识、GAP标识、农产品地理标识及万德园的标志，突出了昌平草莓绿色、环保、安全、健康等特点。

通信地址：北京市昌平区小汤山镇中国航空博物馆西万德庄园（10211）
联系电话：15699750550　　杨春霞
推荐单位：北京市农产品质量安全中心

北京绿富隆农业科技发展有限公司

北京绿富隆农业科技发展有限公司为延庆区属国有全资农业企业。自2002年成立以来，坚持以"专注有机农业，引领绿色生活"为宗旨，大力发展有机农业。公司已通过有机、无公害等多项认证，是北京市政府蔬菜应急储备单位，获第十五届中国国际农交会产品金奖、北京农业好品牌、北京市农业产业重点龙头企业等诸多荣誉。

公司以国有企业优势为基础，打造全区优质农产品营销流通体系，建立全区优质农业示范园区标准，加强博士后工作站及快检体系建设，推动航天育种等农业绿色"高精尖"成果转化落地，大力发展蔬菜园艺。公司的主要业务涵盖生产服务、营销流通、科技创新、金融保障四大板块。

典范一 延庆蔬菜/杂粮

包装采用水墨风格，将蔬菜、长城、绿色青山有机融合，将延庆有机、绿色的产品定位清晰传达。采用瓦楞纸覆膜材质，既节省了成本，又能呈现产品品质，同时也满足多样化蔬菜产品的需求。

典范二 "妫水农耕"周边产品

以延庆方言和延庆地域文化为核心创作元素，即——"妫"和"涮儿shuar"，传递出妫川大地所蕴含的历史积淀、丰富资源和文化魅力。设计上颜色撞色跳跃、字体清秀雅致，更符合现代审美。

典范三 延庆苹果

苹果礼盒定位为送礼"新食尚"选择，以苹果的生长过程为包装主画面，展示了种子、发芽、开花、结果、采摘到切分等流程，传递苹果原生态、健康、安全的产品特性。整个色调以红色为主，展示延庆苹果又红又甜的特点。产品外包装使用高品质环保可降解灰板，外层裱铜版纸，质感体现高品质又环保，符合产品精品、高品质的定位。

通信地址：北京市延庆区东外大街60号绿富隆公司
联系电话：15810886268　　吴迪
推荐单位：北京市农产品质量安全中心

天津市农业发展服务中心

天津市农业发展服务中心是天津市农业农村委员会管理的公益一类事业单位,中心内设综合部、党群工作部(人事部)、计划财务部、科技与成果转化部、种植业技术推广服务部、畜牧业及乳品技术推广服务部、农业机械技术推广服务部、植保部8个部门,下设动物疫病预防控制中心、水产研究所、农业生态环境监测与农产品质量检测中心、优质农产品开发示范中心、农机化技术试验服务中心5个直属单位。中心现有正高级职称44人、高级职称148人、中级及以下职称271人,其中政府顾问团成员1人、享受政府特殊津贴人员7人、天津市突出贡献人员4人、天津市"131"人才67人。

中心主要职责是围绕贯彻落实中央和天津市乡村振兴战略的决策部署,为深化农业供给侧结构性改革、优化产品产业结构、促进产业融合发展、加快农业转型升级、推进乡村产业振兴、促进农民增收提供技术服务保障。聚焦落实农业绿色高质量发展,负责优质农作物、渔业、畜禽良种选育、繁育及种质资源保护,开展农业新品种、新技术和新型农机装备的试验研究和引进示范推广,加快推进产业转型升级。承担农业环境与农产品质量检验检测和监测预警、动植物疫病防控,为保障农产品质量安全、提高农业重大病虫害和动植物疫病防控能力提供技术支撑。指导推进农业品牌化、标准化建设,促进产业融合发展,支撑乡村产业振兴。围绕制约农业发展关键技术问题推进技术协同创新,强化技术培训指导,推动农业技术服务体系建设,提升现代农业发展服务支撑水平。

典范 天津农产品地理标志

采用魔方造型,包含了9种农产品。整体造型精美、大方,鲜明的色调代表了天津农业的活力和朝气。黄色代表阳光,绿色代表大地,蓝色代表水源,都是农业中不可缺少的要素。魔方三层,饱和度递减,层次鲜明,立体感十足。

通信地址:天津市河西区西园道5号
联系电话:15900366567　任 伶
推荐单位:天津市农业发展服务中心

天津芦台春酿造有限公司

　　天津芦台春酿造有限公司源自清康熙初年的"德和酒坊",距今已有 350 多年的历史,坐落于天津市宁河经济开发区,占地 10 万平方米,是一家集产品研发、酿造、销售和自营出口为一体的综合型酒类生产企业。所产芦台春酒是津门老字号,其传统酿造技艺列入天津市非物质文化遗产名录。酱香型芦台春系列白酒获得国家"绿色食品"认证,芦台春酒为国家质量检验检疫总局批准的"国家地理标志保护产品"。 公司地下单层陶坛原酒窖藏库,2017 年被上海大世界基尼斯总部认证为"最大的地下白酒窖藏库——中华第一窖"。企业在坚持传统技艺的基础上,酒旅融合、文商互动、研学科普,拓展了产业的外延,带动了区域经济和就业,取得了良好的经济效益和社会效益。

典范一　芦台春纯粮品酒

　　本产品是地理标志保护产品,具有核心产区的稀有性和声誉,弥足珍贵。采用精白玻璃料的酒瓶和卡纸盒包装。

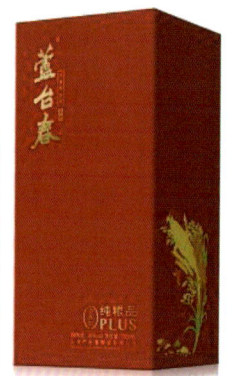

典范二　芦台春陈酿系列酒

　　本产品是芦台春酒传统酿造技艺的典型代表,具有更净更柔更爽的纯净之美。采用精白玻璃料的酒瓶和卡纸盒包装。

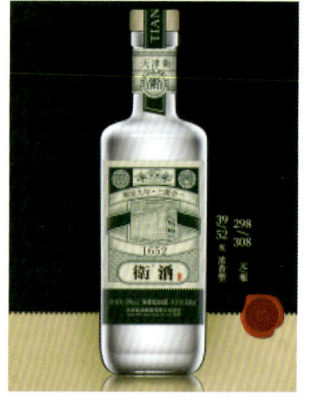

典范三　天津卫 1652

　　本产品酒盒外增加了仿火漆印的细节。

通信地址：天津市宁河区芦台镇芦汉路 40 号
联系电话：18622003037　　杨　珍
推荐单位：天津市农业发展服务中心

天津劝宝农副产品有限公司

　　天津劝宝农副产品有限公司是天津市农业产业化重点龙头企业，公司注册资本人民币300万元，年销售收入超过12 400万元。主要经营蔬菜、水果、畜禽产品等农产品收购、批发，预包装食品批发零售以及农作物种植、初加工、销售；货物专用运输（冷藏保鲜）。公司现有员工70人，拥有农作物种植、物流、销售等方面的专业型人才，公司现已发展成为集农产品生产、加工、冷藏、贸易、物流运输于一体的综合型企业，是天津市宝坻区科技含量较高的农业企业。

典范 劝宝韭菜

　　外包装采用纸箱。主要色调为大地色，象征大地孕育生命，嵌合韭菜的绿色，象征勃勃生机。劝宝韭菜字样与韭菜图案以及绿色认证标志占据主要位置，简单明了。包装可为产品提供较高附加值。

通信地址：天津市宝坻区津围公路南侧25号
联系电话：18622464666　　杜云鹏
推荐单位：天津市农业发展服务中心

天津茶淀葡萄产销公司

天津茶淀葡萄产销公司以农户葡萄种植为基础，下设葡萄产销合作社 22 个，年销售额 1.2 亿元。公司注册的茶淀玫瑰香葡萄多年来在全国参加展出和评比，取得了傲人的佳绩。茶淀牌玫瑰香葡萄 1997 年取得绿色食品认证，在 2008 年北京奥运推荐果品评选会中被评为优质果品一等奖，获中华名果称号。多年来公司对茶淀玫瑰香葡萄在保鲜、销售方面进行标准化管理，形成了产业化布局，被认定为全国著名商标和地理标志证明商标。

典范 茶淀玫瑰香葡萄

茶淀玫瑰香葡萄包装主要以产品插画及奖项标识为主，向人们展示葡萄文化的历史及绿色、生态、有机的特征，展示葡萄的品质保障，让民族文化活起来，年轻起来，吸引年轻人消费，让人们放心食用，让茶淀玫瑰香葡萄多元文化深入人心。

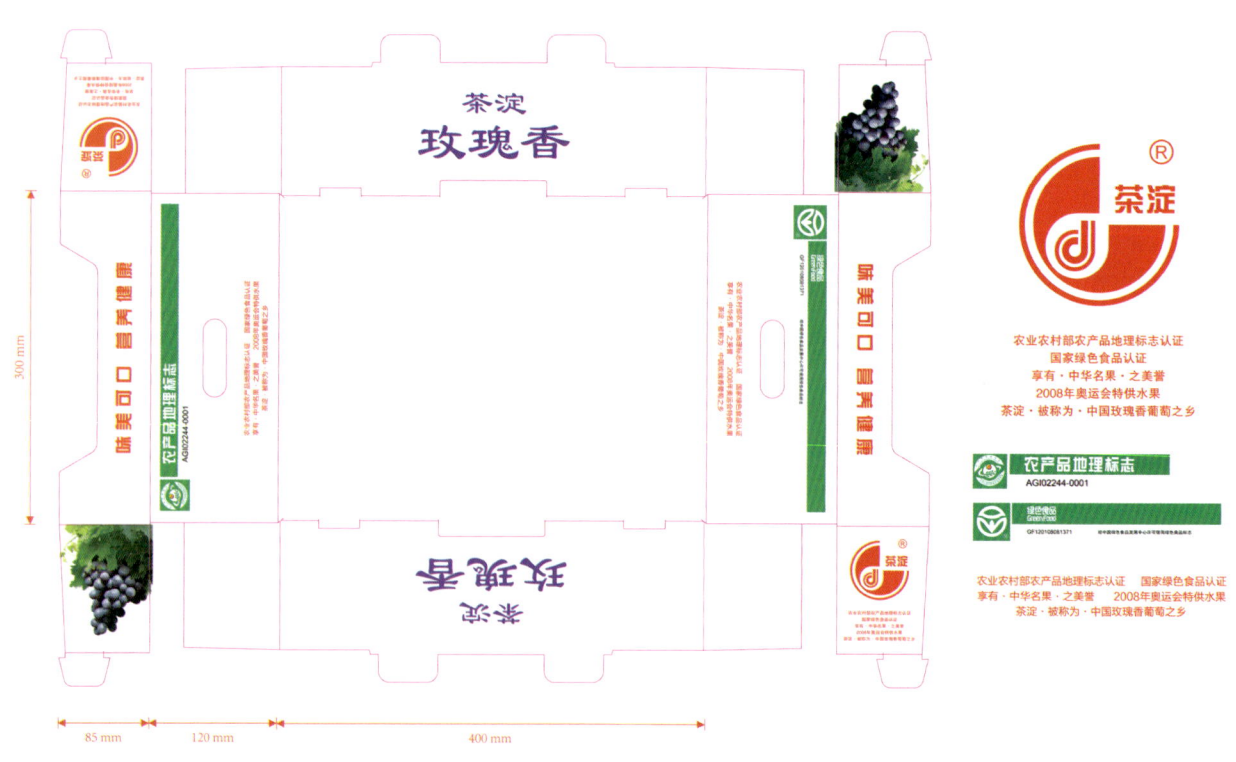

通信地址：天津市滨海新区茶淀街六安里 80 号 201 室
联系电话：13512891118　　潘洪艳
推荐单位：天津市农业发展服务中心

寿阳县智惠农业科技有限公司

　　寿阳县智惠农业科技有限公司成立于 2017 年，业务涉及粮食作物种植、农副产品生产等，是一家集产品研发、生产、销售、服务为一体的综合型企业。公司现有充氮保鲜袋、真空装、盒装、罐装、袋装等现代化生产线，多个品类均已通过 SC 认证并与多家企业建立了长期合作关系，核心产品均拥有自主知识产权。检测中心配备有现代化生产设备，能全面满足从新产品研发到规模化生产的全过程需求。公司设有自己的销售管网，并搭建 5G 网络平台，发展线上销售。

典范 瓜子、苦荞茶、杂粮

　　设计理念旨在宣传"寿文化"，运用了福寿老人、朝阳阁、祁寯藻故居等极具寿阳特色的物产标识。通过对"寿文化"的宣传，打造地方特色产品。

　　与食品接触的卷膜、塑料瓶、瓶盖、塑料罐、铁罐、铝箔袋、纸盒等均使用食品级材料，外包装用纸箱。所有产品包装均有合格检测报告且都达到了相应的环保要求。

  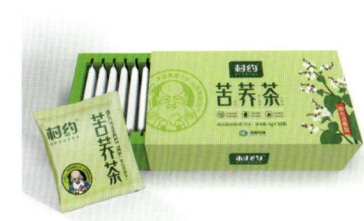 

通信地址：山西省寿阳县朝阳镇泥河村红星市场
联系电话：15135413545　　李美英
推荐单位：山西省农产品质量安全中心

吉县吉昌镇绿之源苹果专业合作社

吉县吉昌镇绿之源苹果专业合作社成立于 2009 年 3 月，注册资金 200 万元，公司开展合作社成员所需的农副产品的种植、购销、储存服务。合作社位于吉县吉昌镇林雨村，309 国道旁。成员 120 人，营销专业人员 10 人。2010 年获得农产品地理标志"吉县苹果"登记证书，登记证书编号 AGI00216；2017—2020 年获得绿色认证，登记证书编号 LB-18-1712048524A；2019—2022 年获得无公害复查换证。

典范一 中国版·黄河情韵

采用国潮风格的插画绘出黄河壶口瀑布的浪花及报喜的喜鹊在吉县苹果的四周环绕，表现出"壶口黄河畔，吉县苹果香"的品牌理念，将果农的梦想全方位地展示在各种符号的组合中。

典范二 中国版·祖圣果

包装以图释文，生动地表现了祖先女娲和伏羲在繁盛的苹果林中捏泥造人的场景，以区域的人文典故为载体，彰显了吉县苹果不可复制的文化内涵。

典范三 中国版·四季平安

将一年中的春节、元宵节、端午节、中秋节图标与吉县苹果组合在一起，表达四季吉祥、平安幸福的寓意。红色与金色的组合，更表现出节日的氛围和美好的祝愿。

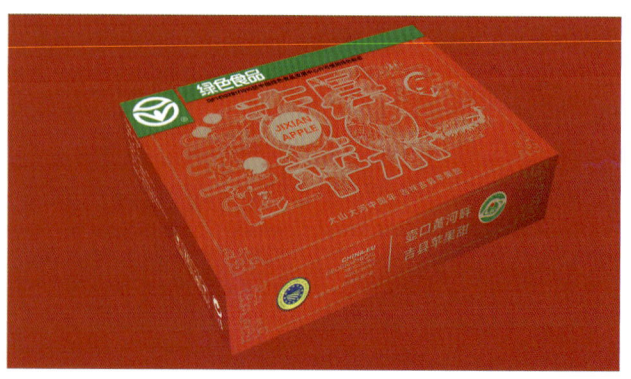

通信地址：山西省临汾市吉县东关村圪针沟丰华园大酒店门口
联系电话：13753586682　崔　凯
推荐单位：山西省农产品质量安全中心

典范四 欧盟版·爱果仕

采用橘色与蓝色的对比色,强调色彩的冲击力和货架展示的吸引力。以单色黑白木刻表现苹果,凸显出欧式设计感。

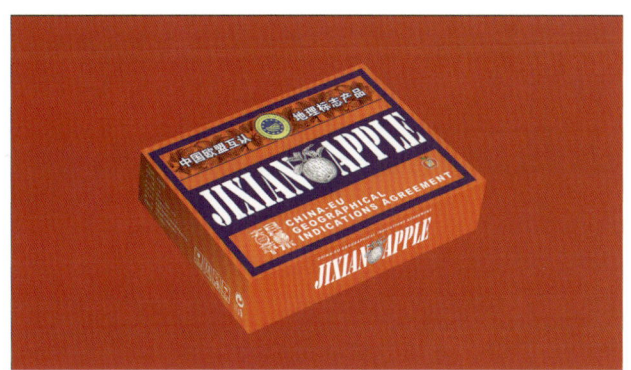

典范五 欧盟版·吉之梦

以绿色为基调,强调生态环保、安全认证的产品品质。绘在深绿底色的铜版画风格的浅绿色线描苹果像是在表达吉祥祝福的问候,给人以梦想成真的艺术梦幻感。

典范六 欧盟版·平安夜

将大大小小的苹果幻化为夜空里五彩斑斓的彩灯,喻意未来的日子满是平安和幸福、美好和吉祥。

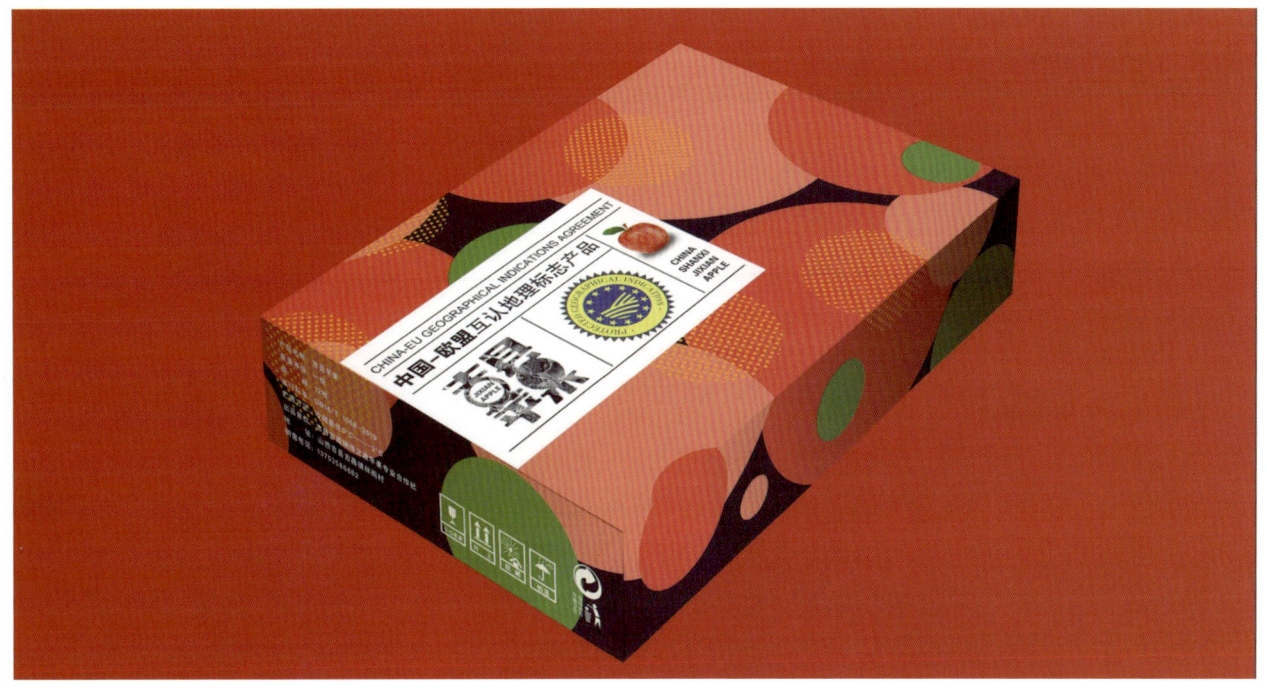

山西玉露香梨运营中心有限公司

　　山西玉露香梨运营中心有限公司于 2020 年 11 月成立，承担山西省玉露香梨区域公共品牌的品牌建设和运营推广工作。公司依托山西玉露香梨品牌的公共性原则，服务于山西省全域玉露香梨产业的市场运营和产业发展，旨在充分发挥资源整合优势、组织联动优势和品牌引领优势，打造山西省梨产业标准化生产和品牌化销售新型模式。公司的主要任务是为梨产业产前、产中、产后提供科技化服务和标准化管理，推进销售模式、产品深加工的创新，不断为山西省梨产业规模化、产业化、科技化、标准化、品牌化发展提供优质服务。

典范一　玉露天香

　　6 枚装，特级大果，果实横径约 110 毫米。

　　设计理念：花神玉露在仙界翩翩起舞，带着对人间的祝福与情郎的思念，为百姓种下了梨果千千万，从此山河无恙，人民安康；鹤飞千山万水，梨满华夏九州——鹤与贺谐音，梨与礼谐音，仙与寿同义，喻意贺礼香满天下，福寿可与天齐。

典范二　露可香翡

　　6 枚装，特级大果，果实横径约 100 毫米。

　　设计理念：采用梨花梨果与喜鹊的组合，表现出喜梨（礼的谐音）的主题，喻意花开遇喜、喜到人间；黑色如同墨玉一般，既体现出原产地山西的特色，又以对比色显出梨果的玉露品质；蓝色的喜鹊高贵而神秘，犹如守护玉露香梨的精灵，为消费者带来仙界的惊喜、天神的最爱。

典范三　金妃喜露

　　15 枚装，特级果，果实横径 75~80 毫米。

　　设计理念：以传统宫廷灯笼为造型，采用现代的装饰手法进行表现，勾勒出奢华与高调的贵族风情；结合泛着金韵的红光，映衬出玉露的质感和天香的幽远；彩凤环绕宫灯，更体现出吉祥普照天禧之意。

通信地址：山西转型综合改革示范区太原学府园区
联系电话：13934143659　　邱继平
推荐单位：山西省农产品质量安全中心

典范四　露诗天浓

12 枚装，特级果，果实横径 80~85 毫米。

设计理念：如仙界神域般的三晋大地，天赋异禀、人杰地灵，孕育出如天神才能完成的神奇异果，造福天下苍生，留下玉露天香；鹤鹿同春喻意青春永驻长生不老。

典范五　香格宝丽

12 枚装，特级果，果实横径 80~85 毫米。

设计理念：神域的天堂被誉为香格里拉，在玉露香梨生长的地方，也如天堂一般的神奇和宁静。梨花千宠百媚，梨果玉露天香！一派人间仙境，恰似仙鹤飞舞，天女散花。鹤梨与贺礼谐音，点明"天上玉露香、贺礼全家福"的美好愿望。

典范六　嘉士华菲

12 枚装，特级果，果实横径 75~80 毫米。

设计理念：爱马仕活力橙的颜色标志着华贵的品质与身份，体现出玉露香梨的经典与奢华。具有欧式标签风格的玉露香梨形象，与活力橙相得益彰，共谱高贵华彩、独特风韵。

典范七　电商快递产品

有 6 枚装、9 枚装、12 枚装、15 枚装。整体色调以公司主色调墨绿色为主，重点展示公司 LOGO，运用线描插画梨的图案作为点缀，突出玉露香梨的独特品质。

山西隰州野里垣土特产品开发有限公司

山西隰州野里垣土特产品开发有限公司始建于2006年,注册资金为500万元,是一家以鲜果贸易为主,集水果种植、收购、加工、批发和进出口贸易为一体的大型农产品企业。近年来,企业立足政策优势、区位优势和梨果产业优势,围绕产业融合精准发力,全力构建"优产、优购、优加、优销"四优联动一体化,构建农业产加销一体化发展新格局。

典范 隰县玉露香梨

隰县玉露香梨品牌标识创意以传达隰县印记为原点,以"隰"字作为核心表现元素,同时结合隰县地形特色(黄土高原残塬沟壑区,三川七垣八大沟的地形地貌)和玉露香梨的形状特征。

通信地址:山西省隰县新建南路276号
联系电话:13934678188　张英杰
推荐单位:山西省农产品质量安全中心

山西雁门山酒业有限公司

　　山西雁门山酒业有限公司于 2020 年注册成立，公司注册资本 1 亿元，下设太原雁门山销售公司、江苏雁门山销售公司，现有合作生产企业 4 家，是代县黄酒产业领军企业。公司致力于黍米黄酒文化的传承、传统工艺的挖掘、优势资源的整合、高新产品的研发，坚持走清洁化、规模化、品牌化发展道路，旨在复兴黍米黄酒"中国酒源"的历史地位，重振代州黄酒品牌。公司已建立起规范的企业生产合作体系、严格的产品质量监管体系、完整的产品科技研发体系、有力的产品宣传推广体系，已成功推出秦雪、汉越、唐红、宋雕、元肆、明绝、清露系列国号酒和 2021 年春夏新款黄酒。

典范一　雁门山·汉

　　体现文化内涵：汉皇飞将，金戈铁马踏楼兰，千山万越出边关。汉贾战鼓旌旗飞，马不停来酒不歇。有英雄气概，跃马扬鞭之意。

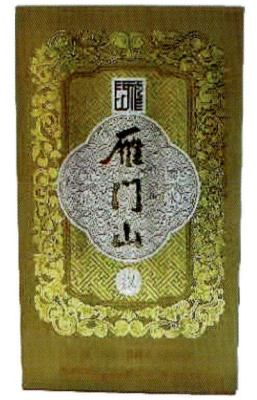

典范二　雁门山·元

　　体现文化内涵：可汗疆域广无边，南来北往皆客船。杂曲斗艳出雁门，繁华市井酒似酣。曲未终，酒未了。有放荡不羁，人尽酒欢之意。

典范三　雁门山·清

　　体现文化内涵：紫禁城中月，雁门山上关。黍米接新露，冬酿出九川。说不完，酒不断。有晨起花露，山泉玉酿之意。

通信地址：山西省忻州市代县上馆镇智瑞大厦
联系电话：13653538869　　曹慧敏
推荐单位：山西省农产品质量安全中心

山西隆立康鹿业科技有限公司

山西隆立康鹿业科技有限公司于 2013 年 8 月创立于华北最大的梅花鹿养殖基地绛县，公司占地 125.09 亩，注册资金 1 200 万元，是山西省民营科技企业、省级农业产业化重点龙头企业，是一家集梅花鹿养殖、优种繁育、鹿保健品研发与加工、连锁营运销售、现代生态观光旅游为一体的综合性成长型股份制企业。

公司年产各种养生滋补酒达 1 000 多吨，是华北地区最大的符合 GAP 标准的梅花鹿养殖基地和具有较强实力的鹿系列产品生产企业。公司还将立足于"人才、技术、资源、品质、品牌"五大核心优势，以市场为导向，大力实施品牌战略，加强新产品研发和市场营销业务拓展，不断提升内部水平，逐步将隆立康打造成为"华北鹿业第一品牌"，为社会奉献更优质、更安全的天然滋补品。

公司旗下的绛老泉酒业有限公司，传承绛县"天下第一县"和"绛县老人"的美誉及人文优势，基于"一方水土养一方人"的经营理念，打造出"绛老泉"清香型白酒品牌。

典范一 绛老泉

包装盒所用材料为 300 克白卡、130 克高强纸、1 200 克灰板加 255 克银卡，采用光刻全息纸工艺，外观精美、简洁大方，易提放、易运输。包装设计上体现了绛县"天下第一县"的传承和"绛县老人"的故事。"绛老泉"生于绛老之乡，长于古绛之地。

典范二 鹿酒

包装盒所用材料为 300 克白卡、130 克高强纸、1 200 克灰板加 255 克银卡，采用光刻全息纸工艺，外观精美、简洁大方，易提放、易运输。绛县位于有"古中国"之称的中条山区，有着 60 年的梅花鹿养殖和 200 余年的中药材种植历史，因而成为华北地区养鹿第一县和山西省道地药材种植第一县，被称作"山西中药材种植后花园""中国北鹿南养的中转基地"。

通信地址：山西省运城市绛县涑水大街西
联系电话：13994895778　　贾 慧
推荐单位：山西省农产品质量安全中心

山西圣波醋业有限公司

　　山西圣波醋业有限公司成立于 2015 年，是市级农业产业化龙头企业、AAA 级诚信企业。绿色食品认证的产品有小米醋、山楂果醋、樱桃果醋、草莓果醋，功能性产品认证的有樱桃果醋。

　　公司以绛县独有的农业生态和果林经济为依托，集研发、生产、销售果醋、果醋饮料为一体，先后引进了国内先进的灌装生产线及瓶装生产线，并严格按照 GMP 标准进行建设。

典范一　醋处有你

　　"醋"表产品，"醋处有你"与"处处有你"谐音，词意简洁直接。鸟、树枝、果实等元素结合，形成一幅独特的画面。构图疏密有致，层次分明。整体画面构成一幅绿色生态环境图，一是体现生态的概念，二是增强识别点。整体画面既生动又有现代时尚的精致感。

典范二　恰到好醋

　　充满历史感的手工烧制的陶碗错落摆开，交错于三个碗之间的线条图形一似滔滔黄河水，寓意智慧的祖先在黄河流域劳动生息，创造了灿烂夺目的醋文化；二似一碗碗的老陈醋，醋香四溢；三似具有代表性的山西面食，离不了的还是那山西老陈醋。错落的线条间绘制的草莓、樱桃、小米造型与果醋的属性相契合。礼盒整体采用纯度偏低的红色。凸显礼品属性又不失高贵感。品名"恰到好醋"与"恰到好处"谐音，一语双关。外观采用了古代书籍表现形式，与插画相辅相成。醋标插画截取礼盒插画局部，并用白色特种纸做底，与果醋本身的色彩相结合，简洁明快，质朴归真。

通信地址：山西省运城市绛县古绛镇
联系电话：15536261946　　宋莎莎
推荐单位：山西省农产品质量安全中心

山西鑫霏农业科技股份有限公司

山西鑫霏农业科技股份有限公司是一家集特色农产品种植、加工、销售于一体的综合性企业。公司始终坚持科技为本、创新驱动、强化要素保障、转型引领、打造"经营主体+品牌建设"发展模式，以科技发展为导向，以基地建设为基础，以品牌推广为抓手，大力整合资源、拓宽渠道，有效激发百汇农珍、雁门香等品牌新活力，并先后被评为全国百强品牌企业、行业知名品牌企业、山西省龙头企业。2019年公司建立了从田间到餐桌全过程质量追溯体系，建立质量全过程可监督控制、可划定责任、可追处理的机制，提供产品可信度、依赖度和知名度。

典范一 百汇农珍小米

包装方式为带孔手提袋+纸盒+塑料罐包装。塑料罐材料为PET食品级塑料，充分保证产品的安全和新鲜度。抽屉硬纸盒式采用200克铜版纸4色印刷覆哑膜工艺，在盒子底部设计有纸质内托，保证塑料罐在盒内稳固不晃动，利于产品的保护。拉伸式结构用料少，缓冲性能强，符合包装轻量化原则。手提袋采用157克铜版纸外加黄色特种纸单色印刷哑膜工艺，外观漂亮整洁，符合小米的中高端包装定位。

典范二 百汇农珍小杂粮

包装方式为带孔手提袋+纸盒+真空袋包装。包装材料安全、环保；拉伸式结构用料少，缓冲性能强，符合包装轻量化原则；包装操作简单，全套包材仅有4个部分组成，符合高效原则；外观漂亮整洁，符合小杂粮包装定位。内包装用PE中封插边米砖真空袋，充分保证产品的口感和新鲜度。外包装采用带孔手提袋，手提袋采用250克白卡哑膜4色印刷烫红金UV工艺，底部设计有纸质内托，增加手提袋的牢固性。套盒采用400克白卡哑膜4色印刷覆UV起鼓模切粘糊工艺。

通信地址：山西省朔州市山阴县府南街2号
联系电话：15534949995　　高　菲
推荐单位：山西省农产品质量安全中心

怀仁新龍羔羊食品有限责任公司

　　怀仁新龍羔羊食品有限责任公司成立于2018年7月,坐落在怀仁县食品加工园,占地130亩,注册资金5 000万元。拥有职工80人,其中管理人员10人,本科学历1人,大专学历5人;技术人员30人,中专学历10人。企业以"忠诚、敬业、协作、服务"为宗旨,创办优质诚信企业,打造"强老汉"品牌羊肉辣椒酱、羊肉香菇酱系列产品。

　　公司注重技术的研发,聘请肉食品加工国家一级技师、北京食品科技人才管理协会专家委员会成员、国农博瑞首席工程师黄华夏总工。羊肉用自养杜泊羊羔羊肉,辣椒用自有万亩辣椒基地的"红金条"线椒,建有10万级无菌车间1座,拥有生产线1条,年产值可达到1亿元。

典范 强老汉羊肉辣椒酱、羊肉香菇酱

　　包装方式为带孔手提袋 + 纸质内托 + 玻璃瓶包装。包装材料为纸盒;拉伸式结构用料少,缓冲性能强,符合包装轻量化原则;包装操作简单,全套包材仅有4个部分组成,符合高效原则;外观漂亮整洁,符合酱类调味品包装定位。内包装选用耐高温环保级玻璃材质,充分保证产品的口

感和新鲜度。外包装采用天地盒式盒型加手提式手提袋,在天地盒盒子底部设计有纸质内托,保证玻璃瓶在盒内稳固不晃动。手提袋采用300克白卡材质四色印刷覆哑膜UV起鼓模切粘糊工艺。

通信地址:山西省朔州市怀仁市食品工业园区
联系电话:13903499778　文建强
推荐单位:山西省农产品质量安全中心

林西县恒丰粮油加工有限责任公司

林西县恒丰粮油加工有限责任公司是赤峰小米领军企业。公司成立于 2011 年，注册资金 1 000 万元，拥有自主加工工艺，产能达 10 万吨 / 年。恒丰绿谷是林西县恒丰粮油加工有限责任公司的注册品牌，入选内蒙古农牧业品牌目录，恒丰绿谷牌黄金苗小米和红谷子小米获第三届全国小米品鉴大会中国好小米称号。公司以"自然土地、绿色生产、定向通道、健康生活"为指导思想，真正实现了"自然资源、人－农户与合作社、产业化工厂、品牌与消费市场"的完整链接，是全国上百家区域商业连锁超市体系的固定合作伙伴。

典范 黄金苗小米

黄金苗 1.5 千克、2.5 千克绿色亲民包由简笔画呈现山地、蒙古包、谷穗等主要元素，呈现了内蒙古赤峰市的独特资源——山地。正面和背面较大的镂空，直接呈现包装内部小米，让消费者直接感受到自然绿色生态环境下产出的小米的品质。

黄金苗小米、红谷子小米 25 千克包，以绿色成片的谷子和隐隐若现的山丘、山坡带，烘托出雨露滋养、日月精华包裹着金黄米油的小米粒，呈现了内蒙古赤峰市的独特资源——山地。整体绿色底色，表达传统耕作生产的纯正绿色的黄金苗小米，给消费者带来健康。整体红色底色，表达纯正红谷子小米的厚重、浓郁，给消费者带来美好的享受。

  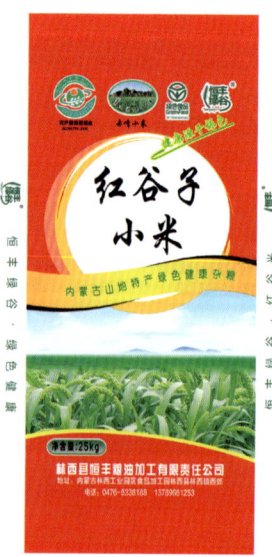 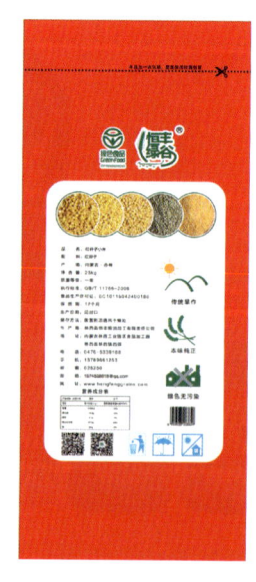

通信地址：内蒙古自治区赤峰市林西县林西工业园区食品加工园
联系电话：13816682215　　赵　滔
推荐单位：内蒙古自治区农畜产品质量安全中心

内蒙古富碳农业开发有限公司

内蒙古富碳农业开发有限公司成立于 2018 年，注册资本 5 000 万元，公司员工 15 人，新型职业农民 5 人。公司秉承"土地是生存之本，土壤是健康之源，万物土中生，有土才有粮"的原则，种植的农产品已经取得了绿色农产品认证。公司产品 8000 富米、硒旺田野品牌已成功上市，增量市场前景广阔。"基地＋农户＋合作社"模式得到有力推广。

典范一 富硒小米

包装正面和背面较大的镂空，直接呈现包装内部的小米，让消费者直接感受到自然绿色生态环境下产出的小米的品质。

典范二 8000 富米赤峰小米

包装的主色调为黄色，代表小米的颜色。生态罐体包装防潮、防腐，使用方便，瓶颈的手持感舒适。绿色食品认证标志、生态食材标志、名优特产品标志、地理标志、产品商标一起为产品背书。

典范三 高端富硒小米

硒望田野商标图案外形是粮仓，用硒元素符号"Se"太阳代表希望，包装主体以"硒"字为衬托，以"硒"字为底的漫画体现了春种、夏耘、秋收、冬藏的过程，从加工到餐桌，体现天人合一、人与自然和谐共生的理念。中间放有玉龙标志代表地标产品。

通信地址：内蒙古自治区赤峰市松山区初头朗镇南湾子村
联系电话：13734851777　　曹友庆
推荐单位：内蒙古自治区农畜产品质量安全中心

克什克腾旗达里湖渔业有限责任公司

　　克什克腾旗达里湖渔业有限责任公司位于内蒙古克什克腾旗西北部，前身是始建于 1950 年的旗供销合作社所属集体企业，现有职工 152 人。公司管辖经营达里诺尔湖、岗更诺尔湖、多伦诺尔湖 3 个水面，总面积 247.08 平方千米，是国家有机食品生产基地、全国休闲渔业示范基地，同时也是内蒙古自治区重要的渔业生产基地。主要经济鱼类为瓦氏雅罗鱼（俗称华子鱼）和鲫鱼。销售区域发展到东北、华北、华东等 10 多个省市。达里湖鲫鱼、达里湖华子鱼获得农产品地理标志登记保护。"达里湖"牌商标被国家工商总局认定为中国驰名商标，是自治区水产品领域第一枚驰名商标。2021 年生产捕捞鲜鱼 260 吨，产值 2 300 万元。

典范 达里湖鱼

　　外包装为白卡 + 哑膜 + 瓦楞纸环保箱，外观漂亮整洁，符合中高档食品包装定位，重量轻，结构性能好，可起到抗冲击抗震作用，便于运输，易于回收，可为达里湖鱼产品提高附加值。

　　包装设计在确保造型优美的同时，通过一物一码的方式加强防伪追溯、加快流通速度。

通信地址：内蒙古自治区赤峰市克旗达来诺日
联系电话：18247616015　　冯俊杰
推荐单位：内蒙古自治区农畜产品质量安全中心

克什克腾旗呼德艾勒农牧业农民专业合作社

克什克腾旗呼德艾勒农牧业农民专业合作社注册成立于2014年6月，从事胡麻种植及优质胡麻种子制繁种项目多年，具有种植胡麻及培育新品种的丰富经验。合作社制作亚麻籽油，从种子培育，到种植收获，从古法压榨，到瓶装上市，始终遵循生态、环保的理念。2016年，合作社分别注册了锤打麻油商标和黑石滩商标，2018年6月古法捶打麻油技艺省级申遗成功。2020年克什克腾亚麻籽被认定为地理标志产品。

典范 捶打麻油

瓶装礼盒外部礼盒盒开口采用隐藏式磁吸锁扣上翻盖设计，图案设计突出精致手绘写意形LOGO与手写书法体产品广告语，辅以古风中式装饰图案，意在凸显古法捶打的时代文化特色。采用牛皮纹理特种纸，烫金＋凹凸压印工艺，黑金配色寓意在黑土地中凝结的珍贵亚麻籽油。内部玻瓶为极简长颈圆形直筒瓶身设计，采用特级晶白玻璃原料，纯净度高且平整度极佳。瓶身上部添加白色圈底纹，上印古法捶打图文，彰显古法捶打的传统技艺文化。透明瓶体可充分展现亚麻籽油的质感。图案采用烤花＋烫金工艺，更显高端。文化册页使用半透明磨砂质感的硫酸纸，将古法榨油技艺与传说印刷其上，帮助消费者了解产品文化。

捶打麻油罐装包装方式为彩印瓦楞纸箱＋铝罐。材质符合环保原则，外观高端大气。瓦楞纸箱结构性能好，可起到抗冲击、避震的作用，具有良好的机械性能，便于运输，易于回收。

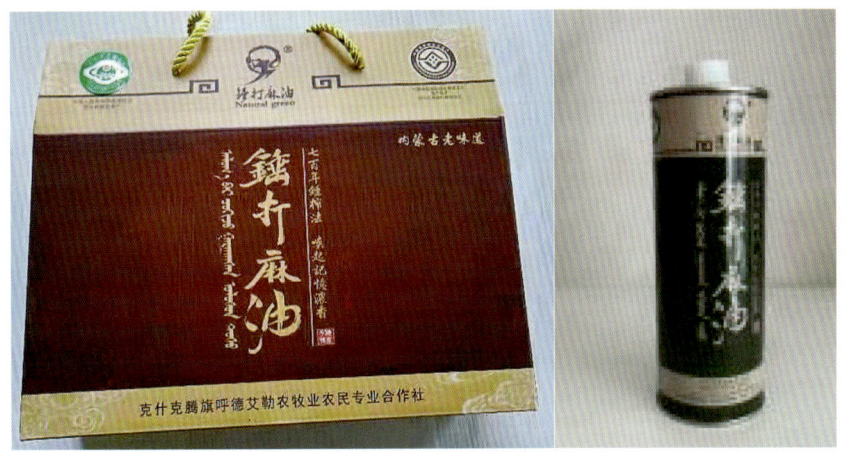

通信地址：内蒙古自治区赤峰市克什克腾旗经棚镇常善村
联系电话：13789635959　　王　浩
推荐单位：内蒙古自治区农畜产品质量安全中心

喀喇沁旗红利丰农业专业合作社

喀喇沁旗红利丰农业专业合作社位于内蒙古自治区赤峰市喀喇沁旗小牛群镇通台沟村一组，于2012年4月在喀喇沁旗工商局注册。合作社注册"赢久"商标，生产的荞麦、大红谷子通过无公害产品认证。经过几年的发展，目前，合作社固定资产已达2 000多万元。

典范一 苦荞米

蓝天白云、荞麦花、苦荞米组成包装设计的主要元素，体现了内蒙古赤峰市良好的自然环境，让消费者直接感受到自然绿色生态环境下产出的苦荞米的绿色健康品质。

典范二 苦荞面

绿色成片的苦荞花，远处的蓝天白云、林木，一起烘托出日月精华的结晶——营养健康的苦荞，体现了内蒙古赤峰市良好的自然生态环境。整体绿色底色，表达传统耕作生产、纯正绿色的苦荞面，给消费者带来健康。

典范三 苦荞茶

外包装以苦荞花图案作点缀，设计简约大气。整体绿色底色表达纯正苦荞茶的厚重浓郁、健康绿色，给消费者带来美好的享受。

通信地址：内蒙古自治区赤峰市喀喇沁旗小牛群镇通台沟村一组
联系电话：15648610000　　冷　飞
推荐单位：内蒙古自治区农畜产品质量安全中心

通辽市广发草原食品有限责任公司

通辽市广发草原食品有限责任公司成立于 2003 年，注册资金 400 万元，是一家开发、生产、销售内蒙古地区民族特色食品的企业，主要生产经营牛肉干、奶茶、奶酪三大类别 100 余种。公司系列产品已通过 HACCP 认证、ISO9001 质量管理体系认证、清真食品认证、绿色食品认证。

典范一 手撕风干牛肉（原味）

包装正中间用方形的蒙古图案做主画面，和 LOGO 结合在一起，以天圆地方的思想体现了古老智慧的时空观念。底部红色祥云托底代表着吉祥，黄色铺底代表着安康。

典范二 手撕风干牛肉（行军粮 原味）1

广阔草原湛蓝的天空上一团团的白云，手持哈达的蒙古姑娘和 LOGO 结合在一起，以草原自然美色、草原蒙古姑娘的热情与吉祥的经幡来作为设计包装的主要元素。

典范三 手撕风干牛肉（行军粮 原味）2

夕阳西下，大地沐浴在余晖的彩霞中，牧民在草原上，这样的画面与 LOGO 结合在一起表达了游牧民族的友谊、慷慨、热情。

通信地址：内蒙古自治区通辽经济技术开发区建国北路西侧
联系电话：13904750068　张喜庆
推荐单位：内蒙古自治区农畜产品质量安全中心

通辽市塞外天润食品有限公司

通辽市塞外天润食品有限公司位于内蒙古通辽市通辽经济技术开发区，是一家集肉羊屠宰、加工、销售、预包装食品生产销售一条龙的规模化企业，是总公司内蒙古农牧业发展有限公司旗下子公司之一。公司成立于2016年，注册资金200万元，总用地面积6 396平方米，基础设施、生产设备、生产资质证明均已完善，具备年屠宰60 000只育肥羊的生产能力。

公司生产的塞外天润精品羊肉以其绿色、安全、营养、美味，赢得社会广泛青睐。

典范 塞外天润系列产品

采用绿色作为产品标签主打色，配以"三羊开泰"图标、"塞外天润"文字标。"三羊开泰"图标由三只羊头围绕而成，又形似天上的白云，羊群与白云遥相呼应，表示这是来自大自然的馈赠，也表达着农牧民的团结共进的精神，代表着纯净、健康、生机、美好。绿色与黄色相间，简约大气，传达了企业坚持生产绿色食品的决心与信念——立志为广大消费者提供绿色、健康的"百姓放心羊肉"。

通信地址：内蒙古自治区通辽经济技术开发区辽河镇东风村
联系电话：15204866049　　王婉莹
推荐单位：内蒙古自治区农畜产品质量安全中心

内蒙古农乡丰工贸有限公司

内蒙古农乡丰工贸有限公司创建于 2006 年 10 月，注册资产 1 000 万元。公司地处内蒙古自治区鄂尔多斯准格尔旗魏家峁工业园区，占地面积 4.6 万平方米，企业总资产达 1.8 亿元，其中固定资产 6 322 万元，是一家生产、加工、销售准格尔山区有机、绿色、纯天然、无污染的小杂粮和农副产品综合性"农"字号民营龙头企业。从 2008 年始，公司连续获得 QS 国家质量安全许可证，通过了 ISO 9001 认证、GB/T 19001 国家质量管理体系认证，获得 CQC 国家有机食品认证证书及欧盟出口认证证书，获第十四届中国国际农产品交易会参展农产品金奖，获评内蒙古自治区农牧业产业化重点龙头企业，"农乡丰"是内蒙古自治区著名商标品牌。

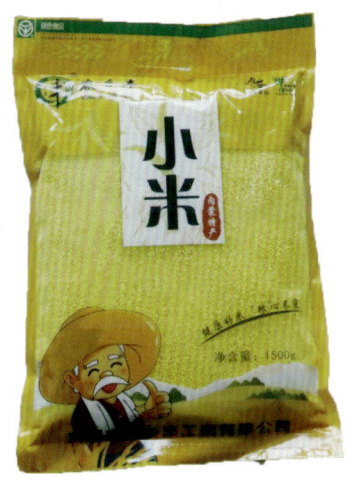

典范 小米、糜米、荞面

包装设计主体金黄色，代表秋季丰收的景象。采用可视窗口，让消费者直观看到产品。封面上的人物、背景代表着纯天然，让消费者直接感受到自然绿色生态环境下产出的产品的品质，较好地体现了"农乡丰"自然纯正、好吃不贵、本味营养、健康亲民的特点。

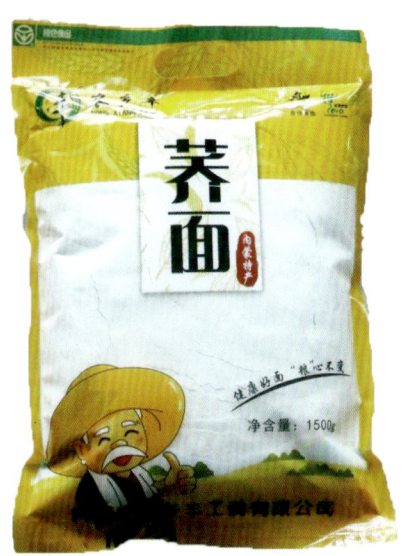

通信地址：内蒙古自治区鄂尔多斯市准格尔旗魏家峁镇
联系电话：13140881848　　杨利霞
推荐单位：内蒙古自治区农畜产品质量安全中心

内蒙古盛健生物科技有限责任公司

内蒙古盛健生物科技有限责任公司成立于 2016 年 9 月，位于中国乳都核心区和林格尔县乳业开发区。自公司创办以来，从数智 6S 养殖标准（模式集约化、数量规模化、养殖标准化、奶羊良种化、生产机械化、管理数字化）入手，现已建成 12 个饲养规模达 5 000 只的标准化奶山羊养殖牧场，公司现基础羊群达 5 万余只，目前公司自有奶山羊基础种群位居世界前列。

公司作为自治区农牧业产业龙头企业，引领、带动周边乡村的农牧民合作社、养殖大户等愿意通过奶山羊产业致富的各类组织参与奶山羊产业，公司为其提供标准统一的牧场规划设计、疾病防疫、饲养饲喂、配种繁育、保险嫁接、信息化服务、机械化挤奶直至收奶等全方位服务，以此拉动周边地区奶山羊养殖集中、集约、集聚的快速发展。

公司的乳粉加工基地采用全球最先进的羊奶粉加工工艺和设备，运用高压低温喷粉技术，保障产品营养鲜活，自动化和智能化生产管理系统可实现产品加工制造全程可追溯，可日处理鲜奶 500 吨，年产能 1.5 万吨奶粉。

典范 盛健羊乳

背景绿色的草植搭配同色系点缀的花卉，代表中国乳都内蒙古敕勒川草原的地理优势及壮美景色，写实风格的手绘萨能奶山羊在草原蹴鞠，显示了乳都天然的生态环境。烫金字体、硫酸纸内页及铁盒材质的包装，统一体现"草原赠礼"的庄严及厚重感。食品包装符合法律、法规的规定，并符合相应食品安全标准的规定。

通信地址：内蒙古自治区呼和浩特市和林格尔县盛乐经济园区盛乐北街 200 米
联系电话：18804713331　　林　飞
推荐单位：内蒙古自治区农畜产品质量安全中心

内蒙古壹蒙壹牧电子商务有限公司

内蒙古壹蒙壹牧电子商务有限公司成立于2016年，是一家以"龙头企业＋基地＋实体＋电商＋民宿"为核心的商务公司。目前拥有合作种植基地3 000亩、种植大棚30座、暖棚6座、大型储窖3座。线下"乌兰土宝"实体连锁店3家、淘宝店1家，产品入驻邮乐网、京东等平台。公司致力于为城市居民提供天然、绿色、有机食品及内蒙古名优特产。遵循"健康为本，品质优先，绿色生态，诚信发展"的原则，打造火山草原特色绿色有机农产品。公司"后旗红"品牌先后获得A级绿色产品、有机马铃薯转换认证，屡获国家及国际金奖。

典范一 后旗红马铃薯

设计元素中红皮马铃薯和绿色草原形成鲜明对比，有助于吸引消费者。红马铃薯采用保鲜纸和网套包装，看起来更像是水果，一下跳出了初级农产品的级别。卡纸和烫金工艺让包装整体显得高端，具有十足的品质感。

典范二 火山雪菊

一个蒙古姑娘捧着一碗雪菊茶，香气如洁白的哈达飘向远方——包装上的插画彰显了产品健康自然的特点。地域性火山、蒙古姑娘、白云等让画面充满生机，勾勒出一种美好富饶的美景。盒结构功能齐全，比例合理，造型美观大方，实用性强。卡纸和烫金等工艺增加画面层次，简约大气。

典范三 乌兰土宝礼盒

设计师以极简风描绘蓝色天空和蓝色哈达，与带蒙古特色图案的红色哈达衬映，烘托出一种美好的寓意。特种纸与烫金工艺，升级品质，实现视觉赋能。

通信地址：内蒙古自治区乌兰察布市察右后旗山水丽都乌兰土宝
联系电话：15647460659　　郭晨慧
推荐单位：内蒙古自治区农畜产品质量安全中心

内蒙古吉奥尼葡萄酒业有限责任公司

内蒙古吉奥尼葡萄酒业有限责任公司始建于2008年，酒庄依偎在黄河中段、沙漠边际、乌海湖边，地处黄河冲积扇一级台地，土质以沙壤土为主，为得天独厚的3S（海岸、阳光、沙滩）葡萄种植区。现已建成农业农村部葡萄标准示范园1 000亩，年产优质酒庄酒300吨。2014年葡萄及葡萄酒被中国质量认证中心认定为有机食品，2016年酒庄被认定为内蒙古自治区农牧业产业化重点龙头企业，是国家级服务业标准化试点单位、自治区级农业标准化试点单位。2018年吉奥尼被中国酒业协会葡萄酒分会授予"中国酒庄酒"荣誉认证。酒庄以乌海沙漠葡萄酒产区为依托，充分发挥乌海湖边小气候、小产区的优势，秉承"好的葡萄酒是种出来的"理念，以吉奥尼——乌海湖边的酒庄酒为品牌形象，将吉奥尼打造为一个小而精、小而细、小而专、小而特的原生态葡萄庄园。

典范一 吉奥尼经典乌海干红葡萄酒

外包装盒热情而充满激情的"中国红"象征着喜庆与吉祥。酒标设计以乌海市的特色为主题，4种酒标各显魅力，体现乌海"书法之城、黄河明珠、葡萄之乡、沙漠绿洲"的美誉。

典范二 吉奥尼马瑟兰半干红葡萄酒

葡萄酒盒的色彩以金色沙漠为底色，印刷烫金LOGO，用白描的艺术方式展现黄河中段、沙漠边际、乌海湖边的马瑟兰葡萄在沙壤土中茁壮成长，最终酿造成自然酒精度为18%的葡萄酒臻品的过程。用色少而不单调。随着酒瓶的转动，别出心裁的卷轴设计仿佛开启了这段属于马瑟兰的旅程。精致封口、精美酒标，凹凸感明显。酒瓶防滑底纹凹陷瓶底，积存沉淀物，不易破碎。

典范三 吉奥尼西拉干红葡萄酒

包装设计正标以黄河海勃湾水利枢纽工程为背景，展示黄河中段、沙漠边际、乌海湖边的酒庄酒这一品牌形象，总体呈现内蒙古乌海市的独特资源——黄河与乌海湖良好的自然生态环境。外包装盒突出蒙元文化，以蓝色为色彩主调，象征着永恒、坚贞与忠诚，繁荣、美好与气魄。

通信地址：内蒙古自治区乌海市乌达区乌兰淖尔镇泽园新村
联系电话：18147312266　梁　雪
推荐单位：内蒙古自治区农畜产品质量安全中心

乌海市云飞农业种养科技有限责任公司

乌海市云飞农业种养科技有限责任公司成立于 2005 年，拥有海勃湾北部生态区 5 000 亩土地 50 年的承包经营权。是集葡萄种植及技术研究、葡萄深加工、农副产品冷链物流仓储、农业观光旅游、畜牧水产养殖业于一体的多元化企业，是自治区级产业化扶贫、农牧业产业化、林业产业三大龙头企业。

公司被评为全国农业科技示范基地、葡萄种植科普示范基地、国家级"星创天地"试点单位、全国"万企帮万村"精准扶贫行动先进民营企业，获内蒙古自治区五一劳动奖、全国五一劳动奖状。云飞商标被评为内蒙古著名商标，云飞葡萄被评为全国扶贫产品，云飞品牌入选内蒙古农牧业品牌目录。

典范一 云飞葡萄

以淡黄的土地作为底色，以硕果累累的葡萄素描轮廓和真实果实图片直观地展示了乌海云飞葡萄的真实品质。以乌海 2008 年奥运会、中华人民共和国地理标识、内蒙古"名特优"农畜产品、乌海葡萄 4 枚著名标识为窗口，展示云飞葡萄企业的软实力和品牌市场价值。"大爱大美大乌海，好山好水好葡萄"，体现了企业家热爱家乡的民族情怀。

典范二 云飞精品葡萄

沙、海、山，依托乌海独特的自然地理条件和适宜葡萄生长的广阔土地，培育出一串串晶莹剔透的葡萄——好似西北姑娘美丽的眼睛，多情而又甜蜜。设计运用黑色毛笔字，与金、紫、蓝等风景画面颜色形成强烈视觉冲击，不仅彰显了乌海书法城的名片，更增添了一定的观赏性和艺术韵味。"大爱大美大乌海，好山好水好葡萄"，体现了企业家热爱家乡的民族情怀。

通信地址：内蒙古自治区乌海市海勃湾区
联系电话：13644731511　魏　通
推荐单位：内蒙古自治区农畜产品质量安全中心

赤峰东黎羊绒股份有限公司

赤峰东黎羊绒股份有限公司成立于 2001 年，主要从事羊绒收购、水洗绒加工生产等业务，产品销往意大利、瑞士等国家。公司是再生资源认证 (GRS) 企业，取得了国际有机羊绒 (GOTS) 认证和 GCS 好羊绒认证，通过了 SFA-ICCAW 动物福利认证。公司具有 ISO 质量和环境管理体系认证以及 SA 社会责任管理体系认证。公司拥有发明专利技术 17 件、实用新型专利技术 13 件、外观专利 5 件，参与制定各类 (行业、地方、企业) 标准 12 项。

公司先后被评为全国商务系统先进集体、农业产业化国家重点龙头企业、中国质量诚信企业、内蒙古自治区民营企业 50 强、内蒙古"名优特"农畜产品品牌建设标杆企业等。公司获得内蒙古名牌产品、内蒙古著名商标、中国绒毛行业科技创新奖、赤峰市知名商标、内蒙古自治区主席质量奖等多项荣誉。

典范　羊绒衫

采用传统的方形包装，配以大小适宜的纸质提袋，内搭以养育山羊、孕育山羊的内蒙古大地的地貌形态为肌理图案的衬纸，让顾客在拆包装时从最外层的坚硬开始慢慢过渡到最柔软的羊绒。包装外面的标志来源于蒙古族传统建筑蒙古包的形象和各种具有鲜明的蒙古族特征的图案，结合"GILDARA"的品牌形象"小吉"图案组成的图形，体现了古老游牧民族独特的民族性和审美的追求以及蒙古族特色的装饰元素，而"小吉"调皮爱搞怪的形象又在这份庄重中添加了一丝现代的开司米美学文化。包装整体使用简单棕白为主体色彩，简约又不失庄重，而前身标志则使用多种色彩的融合。使用再生纸，增加包装韧性、耐磨性。包装盒易于拆卸，美观、环保。

通信地址：内蒙古自治区赤峰市红山高新经济开发区东荣路 1 号
联系电话：15947245537　　王颖瀚
推荐单位：内蒙古自治区农畜产品质量安全中心

内蒙古兰格格乳业有限责任公司

　　内蒙古兰格格乳业有限公司（原乌兰察布市集宁雪原乳业有限公司）始于1988年，是一家集乳制品研发、生产及销售于一体的自治区级农牧业产业化重点龙头企业、自治区级扶贫龙头企业、国家级高新技术企业。公司位于我国优质奶源带内蒙古大草原中部，凭借差异化的品牌定位和聚焦式的发展战略，主要研发推出兰格格草原酸奶系列、雪原蒙古族酸奶系列产品，已成为专业生产凝固型酸奶的现代化乳制品企业。

　　作为内蒙古优秀民营企业，公司于2012年通过了ISO 9001、HACCP质量体系认证，拥有国家专利11项、自治区著名商标1个，建成内蒙古自治区草原酸奶研究开发中心1个。公司除具有自主开发能力外，还与多家国内外科研院所建立良好的合作关系，开展包括菌种研发在内的多个项目研究。

　　扎根大草原、专做好酸奶，公司始终践行匠心精神，坚持草原鲜奶、草原发酵、草原急送，还原纯正草原酸奶味道，助力国人健康，实现人民美好生活。

典范　兰格格酸奶

　　200克小杯，随身便携。包装设计图案由简笔画呈现，采用内蒙古八旗文化、自然亲民的理念，采取人性化设计，凸显了文化、自然、绿色。

通信地址：内蒙古自治区乌兰察布市集宁区百业路1号
联系电话：14747404740　　闫晓明
推荐单位：内蒙古自治区农畜产品质量安全中心

内蒙古蒙特农牧业发展有限公司

　　内蒙古蒙特农牧业发展有限公司位于晋、陕、蒙三省区交界的"金三角"地区的准格尔经济开发区，始建于 2009 年 3 月，是一家以农牧业发展为基础，集种植、研发、生产和销售为一体的农牧业产品深加工企业。公司总占地面积 62 218 平方米，建筑面积 11 000 平方米，公司年设计生产能力 3 600 吨，目前员工共有 35 人，主要由有多年经验的酿酒工程师、食品专业技术人员、销售专业人员等组成。公司目前主要产品有海红果白酒、海红果红酒和海红果白兰地三大系列。酒的唯一原料是海红果，该果实取自当地盛产的海红果树。

典范 四季海棠

　　春天万物复苏，生机勃勃；夏天阳光普照，热情似火；秋天微风轻拂，硕果累累；冬天雪花飘飘，让人流连忘返。一个颜色代表一个季节，四个季节的颜色下包裹着的海棠果酒呈现出明亮的石榴红色，酒体清澈，果香浓郁，体现了"四季海棠"自然纯正、无污染、无添加的品质。

通信地址：内蒙古自治区鄂尔多斯市准格尔旗沙圪堵镇工业园区
联系电话：15548555577　　周　兵
推荐单位：内蒙古自治区农畜产品质量安全中心

内蒙古薯元康生物科技有限公司

内蒙古薯元康生物科技有限公司（原内蒙古三联淀粉制品有限责任公司于2017年6月7日更名）始建于2000年8月，是以马铃薯深加工产业为主的企业，从事马铃薯精淀粉及马铃薯汁等产品的生产、销售及研发。主营产品为"三联"牌马铃薯精淀粉和薯元康、薯黄金牌马铃薯汁营养口服液，以及薯妮美化妆品面膜。公司位于武川县金三角开发区，现已形成年产1万吨马铃薯精淀粉和1 000吨马铃薯汁营养口服液的生产能力，可加工转化10万吨鲜马铃薯。公司采取现代企业管理方式，采用具有国际先进水平的生产工艺和生产技术，生产工艺严谨，全过程无任何添加剂，质量完全符合国家标准要求。公司被自治区评为高新技术企业、呼和浩特市知识产权试点企业，公司现有国家发明专利1项、实用型发明专利9个，申报发明专利2项、商标57个。"三联淀粉"商标被评为自治区著名商标。

典范 薯太植物饮品

产品包装从瓶型到标签，都采用年轻、健康、绿色的设计理念，结合植物果蔬配图、生物分子设计元素，契合产品的原生态植物健康饮品概念——口感清甜爽口，有果蔬清香，给人以清爽愉悦的饮用体验，突出农副产品的新鲜时尚活力。

通信地址：内蒙古自治区呼和浩特市回民区新华西街金海工业园区科鑫源食品有限公司
联系电话：15247108622　　郭海霞
推荐单位：内蒙古自治区农畜产品质量安全中心

锡林郭勒盟羊羊牧业股份有限公司

锡林郭勒盟羊羊牧业股份有限公司成立于2013年12月，位于内蒙古锡林郭勒盟苏尼特右旗，主营肉羊养殖、牛羊屠宰及肉类加工、牛羊肉制品销售业务。公司上游联结牧民，下游对接市场，从牧场到餐桌全产业链运营，为全国50多个大中城市的上百家知名餐饮、企事业单位提供优质牛羊肉保障服务，更为来自全国各地的数千家采购商、合作伙伴提供牛羊肉定制生产、代采把关、冷链配送等专业解决方案。2019年公司进入新三板创新层（证券代码872507），2021年列为内蒙古自治区拟IPO重点企业，已成为肉羊生态养殖、牛羊屠宰加工、肉制品销售、连锁餐饮、供应链服务为一体的股份制企业。

公司被评为农业产业化国家重点龙头企业、全国就业与社会保障先进民营企业、全国厂务公开民主管理先进单位、全国抗击新冠肺炎疫情先进民营企业；已认定为高新技术企业、自治区农牧业产业化重点龙头企业、自治区诚信示范单位；先后当选中国畜产品流通协会牛羊分会会长单位、内蒙古农牧业产业化龙头企业协会会长单位、锡林郭勒盟肉类协会会长单位。短时间内，公司已成长为中国好羊肉十强品牌、中国餐饮业牛羊肉金牌供应商。

典范 甄选苏尼特羊

包装采用了牛皮纸印刷，外观更加古朴、原生态。主色调采用了墨绿色和牛皮纸自然的颜色，体现了"生态羊羊 绿色健康"的企业理念。图案使用了具有产品特色的苏尼特羊——无角、黑眼圈，使客户从外观上就可以明了具体产品特色。包装把手部分和边框均采用了云纹图案，象征着吉祥如意。

通信地址：内蒙古自治区呼和浩特市新城区成吉思汗东街圣廷小区法治研究中心
联系电话：18947958560　姚　娜
推荐单位：内蒙古自治区农畜产品质量安全中心

内蒙古伊利实业集团股份有限公司冷饮事业部

内蒙古伊利实业集团股份有限公司是排名亚洲第一、全球第五的乳制品生产企业，主营业务为液态奶、冷饮、奶粉、酸奶、奶酪、饮用水等乳制品及衍生品。冷饮产品在国内产销量连续18年排名首位，引领行业发展。公司冷饮事业部一直以来响应国家对于食品安全的各项要求和法律法规，同时贯彻集团"伊利即品质"的指导思想，在不断追求向消费者提供更优秀产品的同时严格要求产品安全和质量。在产品开发和包装设计过程中，秉持"可持续低碳发展"理念，将先进设计理念和方法应用在产品中，不断追求更加优质产品。

典范 巧乐兹（姜撞奶蜜桃乌龙、巧克力香草口味）脆筒冰淇淋

造型精致、色彩明亮、充满食欲感的图案，用放大的桃子、姜片、香草花及巧克力进行点缀，侧面将两种口味的脆筒和切割旋转的脆筒内核搭配呈现，体现巧克力棒和高颜值拉花的核心卖点。产品图案部分应用3D立体浮雕技术，使得产品造型活灵活现、立体生动，增强包装的艺术感染力，同时给消费者良好的触摸质感。采用高强度、去塑化、轻量化和可持续低碳纸盒材质，具有FSC认证，全程可追溯，产品标签申请FSC认证标识，提升企业社会责任感。开口处设计易撕带，使消费者快捷找到包装开口，顺着易撕带轻轻一撕，就可以齐齐整整地打开产品包装，带给消费者最佳的消费体验。

通信地址：内蒙古自治区呼和浩特市金山开发区金山大道8号伊利集团创新中心冷饮研发部
联系电话：13347128802　李凤英
推荐单位：内蒙古自治区农畜产品质量安全中心

东港市丹港农夫电子商务有限公司

东港市丹港农夫电子商务有限公司成立于 2019 年 12 月，位于东港市小甸子镇电子商务中心，建成并完善了电商扶贫、农产品加工、产品展示、培训指导、创业孵化、仓储物流等产业，是一家综合性的电子商务创业公司。

公司持有丹港农夫、莓小姐品牌商标，商标下生产再加工丹东九九草莓、丹东蓝莓、丹东板栗等 10 余种特色农产品。公司自有标准化农产品加工车间，严格按照国家质量标准进行收购、生产，产品的销售模式覆盖线上和线下。另外，公司设有创客中心、培训场所、网销产品展示区、培训中心。公司始终秉承着"诚信为本，创新为魂，原料优质，顾客至上"的发展理念，开拓创新，立足市场的需求，走在创新绿色发展的时代前沿。

典范 丹东特色农产品

包装采用的原料均为食品级，通过 ISO 质量管理体系、食品安全管理体系和国际环境管理标准认证，符合相关食品安全国家标准要求，保证产品安全。成品可回收利用，注重环保。

产品包装简约大方，能够突出产品的特性，并且符合公司对产品、价格以及消费群定位，能够突出品牌效果。包装便捷、实用、耐磨，包装标志符合规定以及产品的防护要求。

通信地址：辽宁省东港市小甸子镇电子商务中心
联系电话：15241451075　姜　超
推荐单位：辽宁省农产品质量安全中心

辽宁鹿滋堂生物科技有限公司

辽宁鹿滋堂生物科技有限公司成立于2014年6月，下设辽宁中书堂黑参有限公司、雷允（西丰）参茸药材有限公司、西丰参思源生物科技有限公司，拥有鹿滋堂、黑百年、康思元、纤体官等多个自主品牌。公司拥有全国80%的鹿皮及鹿脑、鹿鞭等原材料，现有7条食品生产线。

典范一 黑参茶

采用外壳硬盒设计，为抽屉式推拉盒，便于在使用过程中拿取产品，防止产品在运输和售卖中被压坏。整个包装配色简洁，环保，简约大方，便于携带。

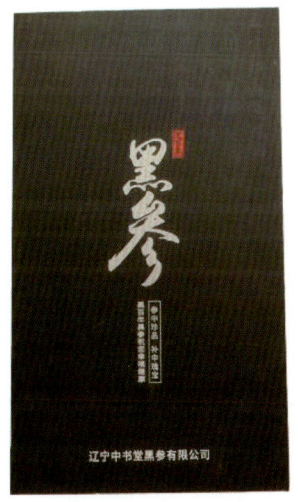

典范二 整支黑参

包装采用外壳硬盒、翻盖飞机盒式结构，配色简洁，黑色和红色搭配，环保、简约、大方，符合创意、生态、环保、优质的主题。

典范三 鹿胶膏

包装采用外壳硬盒、翻盖飞机盒式结构，配色简洁，白色、黑色、红色相辉映，简约、大方，符合创意、生态、环保、优质的主题。

通信地址：辽宁省铁岭市西丰县生命健康产业园区151号
联系电话：18041084009　　王 洁
推荐单位：辽宁省农产品质量安全中心

绥中县富见果业专业合作社

绥中县富见果业专业合作社成立于 2012 年，注册资金 1 000 多万元，发展社员 300 余户，主营大樱桃、苹果加工和代出口业务，现有高级管理人员 5 人、高级技术人员 5 人、专业技术人员 10 人、季节性务工人员 150 余人，为革命老区群众脱贫致富提供强有力的基础保障。企业拥有果园 7 000 余亩，年生产果品 5 000 吨，现有恒温库 7 座，苹果代出口加工车间 3 000 余平方米，年出口货柜 50 余条，与佳农集团、金隆源国际贸易公司等多家出口公司达成出口合作，与北京润福园公司就超市供货、批发进行产供销战略合作。2013 年，投资 2 000 多万元，兴建占地 150 亩的樱桃大棚 26 座，引进 10 年生成树"美早"1 500 余株，现年量产逾 2.5 万千克。

"富见"大樱桃已经通过国家绿色食品认证，荣获农业部中国十大好吃樱桃称号。富见品牌荣获中国果品流通协会颁发的中国樱桃产业榜样一百品牌奖项，获得中国樱商大会金奖。

典范 富见大樱桃

便携式手提，高端大气。包装材料为纸箱，符合环保要求，可回收。包装外立面特点分明，包装内产品清晰可见，能有效提升产品附加值。产品外感设计漂亮、简洁，符合高端年礼定位。包装高端大气，能和产品相得益彰。包装配以图片加文字介绍，令消费者一目了然、耳目一新。

通信地址：辽宁省葫芦岛市绥中县范家乡条石沟村
联系电话：15242992345　　付　建
推荐单位：辽宁省农产品质量安全中心

大连同健健康咨询有限公司

大连同健健康咨询有限公司是一家专注经营健康产品多元化的综合开发营销公司，公司倡导民生健康和食品安全，秉承"为民生提供健康饮食产品"的重大社会责任，坚守"产品质量，诚信经营"为本的经营理念，以打造"真正安全、健康、绿色产品"为己任，走专业化发展之路，致力于做行业的先行者。

典范 淇糖米

大米包装袋由 PA/PE（特殊型）材质复合而成。PA 可印刷性好，手感柔软，物理强度高，耐穿刺性好。PE 具有良好的热封型，非常适合做大米包装袋的里层材质。两种材质组合后具有良好的拉伸性，耐穿透力好，印刷精美，手感柔软，防潮隔氧性好，无毒，无味。设计提取"农民伯伯"的元素，以简单的画面呈现与众不同的视觉效果，颜色以绿色为主，呈现出一片生机盎然的景色。绿色代表健康，使人对健康的人生与生命的活力充满无限希望。

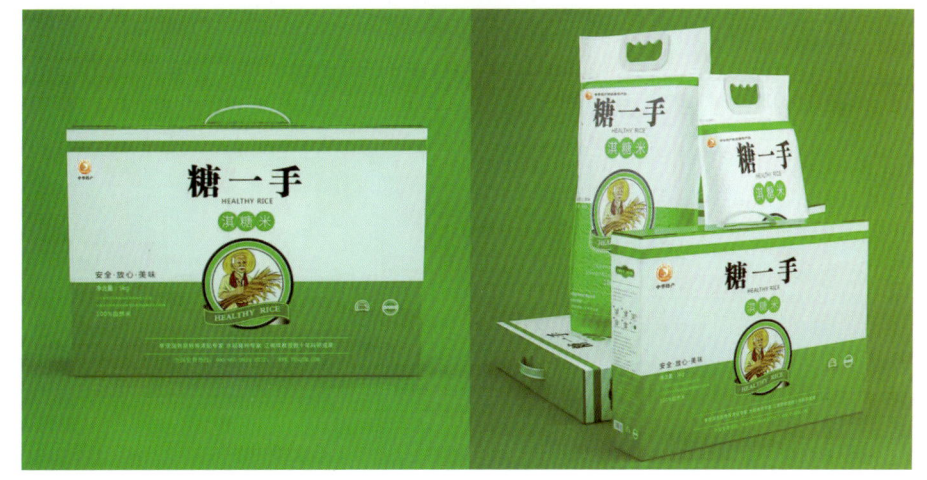

通信地址：辽宁省大连市沙河口区春柳街 4 号
联系电话：18763971293　　唐小宁
推荐单位：辽宁省农产品质量安全中心

大安市信达农业发展有限公司

　　大安市信达农业发展有限公司是吉林省一家集弱碱地有机水稻种植、加工和销售为一体的农业产业化企业。公司旗下包含大安市圣力种植农民专业合作社、大安市福稻家家庭农场、有机大米加工厂、有机肥厂等企业，是带动贫困户210家、农户1 300家的企业，是大安市一家资产零负债的股份制企业，也是大安市的一二三产业融合标志企业。公司坐落于北纬45°国际寒地水稻黄金带、吉林省大安灌区内，联合乡万福村。现有8 220亩弱碱地水田，其中有机水田3 000亩（已通过中国、欧盟、美国三重有机认证），其余5 000余亩获得了绿色认证。

典范　稻泽乡有机大米系列产品

　　内外双层包装。内部为真空包装，有利于大米的运输及储存。外包装整体以浅色系为主，在凸显有机大米的产品信息的同时，展示了产品的自身优势，并且配上有机食品标志及地理标志当作品牌背书。包装图案近景为成熟的水稻穗，配上广阔的农场背景以及农村标志物（储粮仓、风车、围栏等），让消费者更直观地感受到原生态的农业场景。

通信地址：吉林省白城市大安市人民路34-2号
联系电话：13804363921　　于修兰
推荐单位：吉林省农产品质量安全中心

黑龙江秋然米业有限公司

黑龙江秋然米业有限公司始建于 1988 年，位于中国富硒稻米之乡、中国水稻寒地旱育稀植栽培技术发源地的方正县内。企业注册资金 5 100 万元，总资产 3.8 亿元。厂区面积占地面积 13.8 万平方米，拥有国际先进、国内领先的大米精加工生产线 6 条，水稻年加工能力 50 万吨、年仓储能力 20 万吨。企业拥有优质、富硒、绿色、有机水稻秋然现代农业园区 1 万亩，订单农业生产基地 35 万亩。经过 33 年的稳健发展，秋然米业已成为集优质水稻种植、收储、加工和销售为一体的现代化综合性大米生产、加工企业。2021 年，中国品牌建设促进会评估"秋然"品牌价值 5.96 亿元。

典范一 秋然清香型香米

整个包装主题突出、色泽明快。以蔚蓝地球＋"秋然"建立产品超级符号，选择黄＋绿的大色块模式，让消费者联想到盛夏无垠的稻浪、金秋丰收的场景。"当季新米""清香型"等字样，在突出了产品的属性的同时，也有助于增加消费者的信任感。

典范二 秋然匠心稻香米

"秋然"两个字作为最有价值信息，出现在包装最核心位置，左侧"QIURAN"拼写，经过艺术化设计，提升了时尚感。右侧部分，主要展示产品名称和其他相关信息。红色背景下稻田剪影和透明的米粒元素，在丰满包装形象的同时，直接地展现了产品形象。方正地标、农业产业化国家重点龙头企业等信息为产品背书，有助于增加消费者的信任感。

典范三 秋然硒香稻米

整个包装设计简洁明快，在完成基本产品信息传递的基础上，最大限度地增加透米面积，以展现秋然大米粒型纤长、莹润透亮的优势。包装突出"秋然""QIURAN"经典超级符号，以黄色底色表达一幅丰收的画面，用"农民抱稻穗"的夸张形象、"米"字图标等元素突出产品基本属性；用"米鲜饭香""天养好谷，粒粒珍硒"等文字进一步强化产品的品质特性。方正地标、农业产业化国家重点龙头企业等信息为产品背书，有助于增加消费者的信任感。

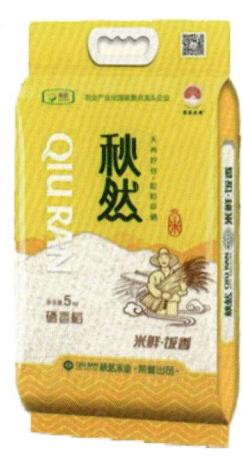

通信地址：黑龙江省哈尔滨市方正县松南乡
联系电话：15046722929　　张艳艳
推荐单位：黑龙江省农产品质量安全中心

黑龙江和美泰富农业发展股份有限公司

黑龙江和美泰富农业发展股份有限公司是集水稻订单农业、粮食收购、粮食加工、粮食仓储、米糠油及大豆油加工、粮食批发与零售、网上贸易为一体的综合性股份制民营企业，是国家级农业产业化龙头企业。公司占地30.7万平方米，注册资本5亿元，总投资8亿元，公司以水稻深加工为主，生产高中端大米系列产品，同时生产高附加值的米糠油及大豆油等系列产品。公司与农户签订绿色水稻种植基地20万亩，拥有绿色产品13种，是齐齐哈尔地区最大的粮食收储加工企业。

典范一 金鹤御品鹤乡1号

左下角镂空的"金鹤"艺术开窗设计兼顾美观与产品视检，又与产品品牌"金鹤"遥相呼应，烫金工艺细化主体图形视觉效果，形成差异化的视觉识别符号。左上角醒目的国际金奖标识和右上角的绿色食品标志为产品质量做背书。蓝色主体背景色有效区别于市场同类产品色调，又符合高端产品的视觉颜色。"金鹤"二字同样采用烫金工艺，在视觉上重点强调产品和产地的鹤文化，与主题视觉图形相辅相成。

典范二 金鹤鹤乡长粒王

在包装不同位面均标注产品和品牌信息，便于消费者选择。开窗部分无图形穿插装饰，加大消费者视检的方便度。红色主色调紧抓第一视觉落点。包装上方的金奖标志和绿色食品标志与背景色形成色差，主抓第二视觉落点，加深产品品牌展示效果。包装顶端印有企业ISO认证信息，以企业信誉做基石为产品质量做支撑。扁平的塑封效果既可以延长产品新鲜度和保质期，又便于打包装箱，在物流过程中有效避免运输风险带来的污染和破损风险。

典范三 金鹤黑龙江原产长粒香

突出"绿色食品"内容，采用代表健康、天然的绿色为主色调。对左下角"鹤"主视觉图进行弱化处理，视觉重点以主板面宣传语以凸显原料产地优势为目的，标注在包装最醒目位置。"金鹤"一词为产品产地、产品品牌、产品名称三合一的文化标志，选用金色作为配色，在整个版面中视觉表现强于其他字体。在制作材质上，拒绝采用再生料、残次料，所有包装原料均符合国家和行业规范要求。

通信地址：黑龙江省齐齐哈尔市富拉尔基区和美米业
联系电话：15945251013　刘丹梅
推荐单位：黑龙江省农产品质量安全中心

黑龙江绿丰生态面业有限公司

　　黑龙江绿丰生态面业有限公司前身是成立于 2006 年有着百年历史的拜泉县制粉厂，2013 年 9 月落户黑龙江富裕经济开发区，注册资本 5 000 万元，占地面积 77 000 平方米，厂房面积 5 500 平方米，保温收纳仓 2.1 万吨，成品标准库房 5 000 吨，固定资产 1.1 亿元。企业主要以面粉生产加工、销售为主业，是一家集小麦种植、收储、加工、销售为一体的民营企业，生产设备精良、工艺先进，年加工能力 10 万吨。公司通过 ISO 9001 质量管理体系、ISO 22000 食品安全管理体系认证、ISO 14001 环境管理体系、ISO 45001 职业健康安全管理体系认证，先后获农业产业化国家重点龙头企业、AAA 质量诚信消费者（用户）信得过单位、AAA 级信用企业、全国放心粮油示范工程示范加工企业等荣誉称号。2021 黑龙江省品牌价值评价产品品牌强度 835、品牌价值 5.95 亿元，是黑龙江省唯一入选第一批"全国扶贫产品目录"、产品入选国家消费扶贫"832 平台"的面粉生产企业。

典范一　有机沙子面

　　以黑色为底色，中间圆形火焰图样小麦表示经过磨盘百斤才出三斤的沙子面珍贵如金。部分图案以烫金工艺突出。以中国有机产品标识、和多种认证为产品质量做背书，彰显面粉高端质量。包装内衬有沙子面制作方法。

典范二　有机饺子粉

　　外包装主色调为黄色和白色，白色是面粉的颜色，黄色是小麦的颜色。黄色部分，下方以麦穗做底图，"北纬 49°"以烫金工艺体现出小麦产地范围。以中国有机产品标识、龙江特产食品标识和多种认证为产品质量做背书，彰显面粉高端质量。以烫金工艺体现"有机饺子粉"等字样，突出产品特点。下方大写的数字"1920"体现公司历史悠久。

典范三　有机全麦粉

　　中间"龙江老品牌 合家团圆面"体现公司产品定位，"1920"体现建厂时间，中间偏下方一片金黄色麦地与两侧麦穗相呼应。"有机全麦粉"和"麦穗"同样采用烫金工艺，在视觉上重点强调产品特点。中间下方 3 个图标和右下角的生产工艺注解突出产品的特点。中国有机产品标识和多种认证为产品质量做背书，彰显面粉高端质量。

通信地址：黑龙江省富裕县城南开发区
联系电话：18714379966　　梁　昆
推荐单位：黑龙江省农产品质量安全中心

北大荒完达山乳业股份有限公司

北大荒完达山乳业股份有限公司始建于 1958 年,是王震将军亲手缔造的、隶属于北大荒农垦集团有限公司的民族乳品企业。企业注册资本 7.7 亿元,现有员工 1.2 万人,资产总额 36 亿元,下辖 20 家分、子公司。年加工能力 100 余万吨,可生产奶粉、液态奶等,拥有菁采、元乳等明星产品,销售网络遍及全国。

典范一 将军牧场脱脂奶粉

主画面选用年轻、有运动活力的男生女生图片,明确产品的受众人群是健身达人。结合将军牧场背景,强调奶源地的优质环境。带有"Ca"的图标强调产品的高钙含量,更好地展示产品的特性。

典范二 加锌奶粉

主画面以纯净自然的牧场为背景,给人安全放心的直观感受。有青春活力的年轻人形象,明确产品的受众人群。倾倒的牛奶配以"高铁""高锌"图标,具象地表现产品的特点。心形奶滴体现完达山的品牌理念"为所爱尽所能"。

典范三 全家营养奶粉

主画面选用一家三口的真实图片,明确受众人群。牧场背景强调奶源地的优质环境,同时与广告语自然相呼应。奶滴四溅的牛奶杯配以橙色元素图标,既能具象地表现产品的特点,又醒目突出。

通信地址:黑龙江省哈尔滨市香坊区长江路 1069 号 819 室
联系电话:13503613142　　杨晓波
推荐单位:黑龙江省农产品质量安全中心

黑龙江北大仓集团有限公司

黑龙江北大仓集团有限公司始建于 1914 年，时名"聚源永烧锅"，是当时东北地区酿酒较早、享有盛誉的八大酒坊之一，1997 年初组建黑龙江北大仓集团。历经百年沧桑，在东北松嫩平原辽阔肥沃的黑土地上，北大仓创造出了悠久的白酒历史和文化。

北大仓酒自问世以来屡获殊荣并被中国酒业协会命名为中国北方酱香型白酒代表，先后被评为国家轻工业部优质产品、中国优质白酒精品、国家地理标志保护产品、黑龙江特产和黑龙江省名牌产品。北大仓酒酿造技艺被列为省级非物质文化遗产。黑龙江北大仓集团还被认定为中华老字号、农业产业化国家级重点龙头企业。

典范一 北大仓君妃酒

以中华民族传统文化为底蕴，以突出"真、善、美"永恒主题为内涵，以雅俗共赏的中国古代"四大美女"形象为聚焦视点，采用现代装潢技术和防伪技术制作外包装。包装瓶、绒布袋、金卡纸包装盒、塑封外包装，四瓶为一箱，配备手拎带。

典范二 北大仓君妃 20 酒

以中华民族传统文化为底蕴，以中国古代"天圆地方"的思想为理念，以中国古代"四大美女"为聚焦点，突出美酒佳人的主题内涵，让消费者在享受美酒的同时，去追溯历史长河中的惊涛骇浪，纵观文治武功的帝王将相，欣赏倾国倾城的黛娥群芳，感悟百态人生的风雨沧桑。

典范三 北大仓部优酒

酒瓶以 1984 年获得的轻工部优质产品奖奖杯为原型打造，纪念当时这十分难得的荣誉。

通信地址：黑龙江省齐齐哈尔市龙沙区海山胡同 10 号
联系电话：13945252025　　张晓山
推荐单位：黑龙江省农产品质量安全中心

黑龙江省富裕老窖酒业有限公司

　　黑龙江省富裕老窖酒业有限公司成立于1915年，初为当地乡绅杨贵棠家办酿酒作坊"小醨"，现在已发展成为集生产、研发、销售和旅游为一体的百年中华老字号酿酒企业。公司是地方财政支柱性企业、东北白酒行业的排头兵，曾荣获全国食品行业质量效益型先进、全国工人先锋号、改革开放40年中国酒业风云品牌、中国酒业风云企业、国家级放心酒工程示范企业、省民企纳税50强等殊荣。公司占地面积20万平方米，拥有专利权、著作权等知识产权80余项、中国驰名商标2枚，品牌价值36亿元。公司现有中高级工程师30人，其中国际烈性酒专家评委、国家专家组白酒评委1人，中国酿酒大师、首席品酒大师1人，国家白酒评委3人，国家高级品酒师5人，国家一级酿造技师6人，省级白酒品酒师14人。

典范一　东方巨龙

　　采用金卡纸，灰板，机制泡沫盒包装。棕红色纸箱包装简约大气，内衬金色绒面干净整洁。

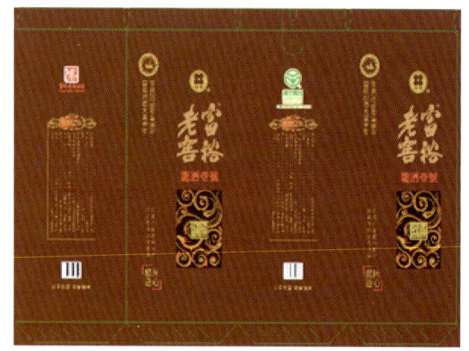

典范二　龙酒壹号

　　采用金卡纸，灰板，机制泡沫盒包装。棕红色纸箱包装简约大气，内衬金色绒面干净整洁。

典范三　国优精品

　　采用金卡纸，灰板，机制泡沫盒包装。红黄双色纸箱包装简约大气，内衬金色绒面干净整洁。

通信地址：黑龙江省齐齐哈尔市富裕县街基街
联系电话：13946265639　　曹坤
推荐单位：黑龙江省农产品质量安全中心

黑龙江珍爱生物科技有限公司

　　黑龙江珍爱生物科技有限公司是华狐生物科技（中国）有限公司旗下全资子公司，于 2017 年在鸡东县注册成立。总投资 5 亿元，种植基地 6 万亩，厂区占地面积 10 万平方米，厂房 3 万平方米，年生产紫苏精炼油 1 500 吨、紫苏蛋白粉 500 吨、紫苏低聚肽 250 吨，是鸡西市重点龙头企业、国家高新技术企业。公司先后通过国内有机认证、日本有机 JAS 认证、ISO 9001 质量管理体系认证和 HACCP 认证。

典范一　有机紫苏籽油

　　标签设计以原始森林、一滴油、"Ω-3"为主要元素，形象地表达产品珍贵的品质和组成成分，以及原始生态的嵌入种植方式。

典范二　精氨酸营养饮料

　　标签设计以绿色基调为主，突出显示营养成分精氨酸，"能量人"的图案寓意活力。

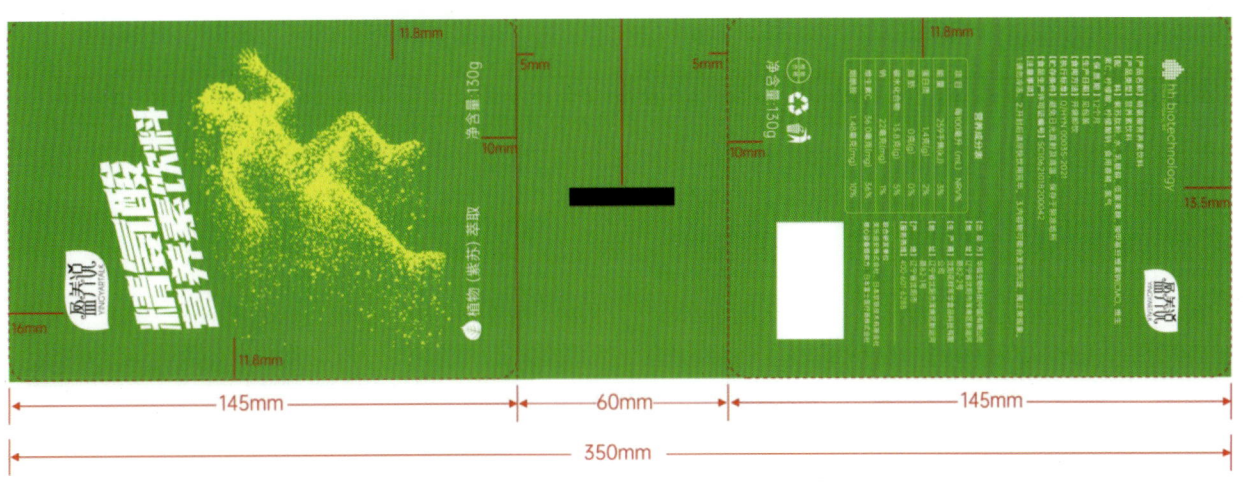

通信地址：黑龙江省鸡西市鸡东县鸡东村
联系电话：13634675556　　位龙强
推荐单位：黑龙江省农产品质量安全中心

黑龙江北货郎森林食品有限公司

黑龙江北货郎森林食品有限公司地处黑龙江省伊春市乌翠区，是集森林食品研发、种植、初深加工、销售于一体的基地化产业公司。公司占地 15 800 亩，下设四大中心——生产中心、加工中心、行政中心、营销中心；四大基地——伊青野生采集基地、伊敏食用菌种植基地、伊东休闲农业基地、友好蓝莓基地。公司现有森林珍菌、森林野果、森林野菜、森林坚果、森林杂粮五大系列产品。发展至今公司获得了 5 项国家级、21 项省级、15 项市级荣誉称号。获得了 ISO 9001、ISO 14001、HACCP、美国 FDA、绿色食品、有机食品及地理标志认证。公司拥有自主进出口权，现已建立线上、线下、内贸、外贸相结合的营销体系，产品远销国内外。

典范一　黑木耳

采用自立袋袋装形式。白色为主背景，"北货郎"品牌名厚重有力，主形象"上山的北货郎"展现采山人的勤劳、勇敢和执着。山川水墨画，展现了小兴安岭的原始森林的良好环境。广告语"走出大森林，野到你身边"点出了北货郎的美味奉献。

典范二　秋木耳

以白、绿色为背景色调，主形象是坐在山边休息的北货郎。淡灰色的水墨山水图展现了具有中国风气质的大美小兴安岭山水，白色底色上的"货郎谣"将采山人北货郎的幸福生活生动展现出来。盒子前面的山形开窗，很好地将秋木耳的形状、颜色、品质展示出来。品牌名一侧的深绿色底色，表达了绿色天然的感觉。盒子侧面的卖点图标，让消费者清晰地了解到北货郎秋木耳的核心卖点。长方形盒子用最大的展示面来展现北货郎产品的 IP 形象和文化魅力。

典范三　榛蘑

以黄褐色和浅灰色为背景色，黄褐色是榛蘑的特有颜色。主形象上展现了北货郎在采蘑菇时候的动态，林地里野生的榛蘑展示了榛蘑野生的特色，表达了北货郎品牌全心全意为消费者奉献山野美食的美好心愿。底色上的"货郎谣"将采山人北货郎的幸福生活生动地展现出来。盒子的山形开窗将榛蘑的形状、颜色、品质展示出来。品牌名侧的银灰色色带与黄褐色背景展现了榛蘑的优越和高端品质。盒子侧面的卖点 ICON 图标，让消费者清晰地了解到北货郎秋木耳的核心卖点。

通信地址：黑龙江省伊春市乌马河区伊敏办事处林海街 5-5
联系电话：13796004799　　杜帛霖
推荐单位：黑龙江省农产品质量安全中心

伊春市忠芝大山王酒业有限公司

伊春市忠芝大山王酒业有限公司成立于 2005 年 4 月，公司位于伊春市丰林县五营镇工业小区内，占地面积 64 000 平方米，建筑物面积 25 000 平方米。公司开发小兴安岭特有的蓝莓、蓝靛果等自然资源，以林区丰富的山野果为原料生产果酒、果汁、罐头、果酱、果干等系列产品。公司现有生产厂区 3 处、生产车间 9 个，拥有国内领先灌装线 7 条，年设计加工能力 1.2 万吨。主营产品为蓝莓果酒、蓝莓果汁两大产品。

公司为农业产业化市级重点龙头企业、黑龙江省省级重点龙头企业、国家级农业产业化重点龙头企业、黑龙江省专利优势企业、国家知识产权优势示范企业。忠芝牌商标为中国驰名商标。

典范 忠芝蓝莓颗颗粒果汁

以蓝莓为原型塑造憨态可掬的孩童形象，帽子顶部用蓝莓叶装饰，取名为蓝小雷。由蓝小雷为东北青年代表、东北创业者代表，做大自然的搬运工，把健康、美好，送到千家万户。8 瓶礼盒装，开盖即饮，是送礼最佳产品。

通信地址：黑龙江省伊春市丰林县五营镇
联系电话：18104586565　　王　曼
推荐单位：黑龙江省农产品质量安全中心

大兴安岭绿健现代农业科技有限公司

大兴安岭绿健现代农业科技有限公司成立于 2014 年 3 月，注册资本 5 000 万元，是一家集养殖科研、生态养殖、有机种植、精细分割加工于一体的科技型现代化农业企业。公司以养殖、加工森林黑山猪为主，是地区专、精、特、新企业和加达奇区扶贫明星企业、大兴安岭地区农业龙头企业。养殖基地基础设施完善，现有 2 000 头散养有机黑猪、1.5 万只森林蹓达鸡，全部山林中放养，吃中草药，喝山泉水，全程有机饲喂。养殖基地占地 49 050 亩，加工基地占地 4 400 平方米，年分割加工 800 吨以上有机黑猪系列产品及森林鸡。猪肉品牌为橡雪，森林鸡品牌为北极鸡。

2016 年以来，"橡雪"森林黑山猪肉通过有机认证。同年 5 月，公司产品获得国际有机食品金项奖。2018 年，通过森林猪有机示范基地认定。2018 年年底公司养殖基地及产品被认定为全国第一批农产品特色优势区。

典范 橡雪有机黑猪肉

将养殖的天然环境图片还原在包装设计上，凸显大兴安岭的天然环境，冲击消费者的视觉，进而引起消费者的购买欲望，达到销售目的。包装设计融入了环保理念，使用可降解包装材料，环保、安全、可再生。内附隔热膜，延长生鲜产品的保鲜时长。

通信地址：黑龙江省大兴安岭加格达奇晨光大街 46 号
联系电话：18814572999　王东侠
推荐单位：黑龙江省农产品质量安全中心

安徽芈八子食品科技有限公司

安徽芈八子食品科技有限公司成立于 2006 年，是以农产品收购、加工制造、食品科学技术研发、推广和文化旅游产品生产、服务、网络销售为经营范围的集团公司。公司拥有厂房和仓储面积 15 200 平方米，现代化标准厂房楼 1 座，特色农产品、文旅产品专卖店 4 家，合肥蜀山"寿县扶贫物资供应站" 1 处，长期临时用工和固定用工 85 人。公司立足古寿州丰富的文旅资源，传承楚汉文化，以科技创新为引领，获得重大发展成果，是安徽省文化产业示范基地，安徽省旅游商品五进示范点、科技型中小企业。国家乡村振兴局认定扶贫产品 6 个。起草制定地方标准 1 项、企业标准 4 项，拥有本土文化域名为代表的注册商标 106 件。

典范一 淮南礼物·千张

采用描绘豆腐制作民俗风情插图，加上中国书法、篆刻等中国文化元素，满足消费者历史文化猎奇心理需求，展现区域丰富的历史文化传奇。遵循环保、自然循环理念，箱板纸材质包装礼盒。

典范二 寿州粉皮

包装设计突出中国文化元素，铜雕铭文，古朴典雅。大片的开窗式透明设计，突出粉皮产品薄如蝉翼、晶莹剔透、均匀光亮特质。较透明的 PBS 新型环保材料恰好贴合农产品的粉皮透亮的自然属性。

通信地址：安徽省淮南市寿县工业园区滨湖大道南端
联系电话：13225813568　　何新礼
推荐单位：安徽省农产品质量安全管理站

安徽龙眠山健康产业股份有限公司

安徽龙眠山健康产业股份有限公司是一家集种植、养殖、规模化深加工、产品研发与品牌销售为一体的国家林业重点龙头企业、安徽省农业产业化龙头企业、中国油茶百强企业、国家高新技术企业。公司自有油茶基地6 000余亩,建有符合国家标准可存储2 500吨的油罐,拥有年产7 000吨的茶籽压榨、精炼等生产线,日产45吨的浸出及提取茶皂素深加工的现代化生产线和各类检测、研发设备。公司产品通过国家绿色食品认证、有机食品认证、职业健康体系认证等多项体系达标认证。产品被评为消费者最放心品牌产品、中国茶油十大品牌之一。

典范一 冷榨茶油

采用龙眠山油茶基地为背景,配以油茶花插画,以清新淡雅的风格体现出茶油的良好品质。内包装为玻璃瓶,采用淡绿色基调,简约明快,提升产品档次。包装结构采用常规盒型,易于制作,包材利用率高,便于装箱运输仓储,空间利用率高,总体成本更低。

典范二 送贵人茶油

设计采用绿色为主基调,配以油茶花少女插画点缀,整体设计清新、大气,符合年轻人审美,体现出茶油的良好品质。内包装为透明玻璃瓶,更好体现复古茶油特有的金黄色泽,提升产品档次。包装结构采用常规盒型,易于制作,包材利用率高,便于装箱运输仓储,空间利用率高,总体成本更低。

典范三 芝麻油

采用芝麻黑为主基调,体现出芝麻油的纯天然无添加的品质。内包装为透明玻璃瓶,更好体现芝麻油金黄色泽,提升产品档次,上部内弧波纹形设计,方便消费者使用。包装结构采用常规盒型,便于装箱运输仓储,空间利用率高,包材利用率高成本低,可回收及循环使用绿色环保。

通信地址:安徽省桐城市金大地工业园
联系电话:18909660977　纪明清
推荐单位:安徽省农产品质量安全管理站

安徽华粮液国粹生物药业科技有限公司

安徽华粮液国粹生物药业科技有限公司成立于 2015 年,位于安徽省滁州市南谯区怡亭南路 15 号。公司主要经营产品有琅琊仙、琅琊缘牌滁菊酒,拥有琅琊仙龙饮天下酒、琅琊仙滁菊贡酒、琅琊仙贵妃醉酒、琅琊仙滁菊世藏酒、琅琊缘酒等九大系列 10 余个品种。公司生产的琅琊仙滁菊酒,延长了滁菊的产业链,提高了滁菊的附加值。公司先后获滁州市旅游示范生产企业、旅游特色商品、中国特色旅游商品博览会奖等荣誉。

典范一 龙饮天下

酒瓶为龙形,瓶身整体色彩大气而现代。龙在中国传统文化中是权利、高贵、尊荣的象征,又是幸运与成功的标志。龙也象征着一种精神,是一个民族的图腾。滁菊花朵在龙形的瓶身里展现了滁州地方文化的深厚底蕴。

典范二 贡酒

采用透明色与金色相搭配,整体色彩大气而现代,同时配以爵杯,更好地诠释了帝王尊贵之意。瓶身印有欧阳修和醉翁亭,展现了滁州地方文化的深厚底蕴。

典范三 贵妃醉酒

镂空酒瓶给人以空灵的艺术感受,圆形寓意着包罗万象、美好、团圆美满。

通信地址:安徽省滁州市南谯区怡亭南路 15 号
联系电话:18055008606　　刘晓翠
推荐单位:安徽省农产品质量安全管理站

六安市金安区华山生态有机茶农民专业合作社

六安市金安区华山生态有机茶农民专业合作社起源于 1998 年春，并于 2008 年在工商部门注册。合作社有六安市华山名优茶开发中心、六安市东石笋野茶开发有限公司及当时初办农户入社社员 280 人，是规模较大的生态有机茶生产、加工、营销专业合作社。合作社利用六安市华山名优茶开发中心、六安市东石笋野茶开发有限公司成果技术、公司生产厂地及商标进行生产经营。现已创铸华山、石笋山、铁桂兰三大名牌。华山商标已被认定为安徽省著名商标。

典范 华山银毫

设计采用中国风林黛玉插画形式，体现华山银毫茶中"林黛玉"的美誉，是采用传统采摘方式、真材实料无添加的有机产品。铝合金罐采用磨砂工艺，提升产品档次。包装结构采用常规盒型，易于制作，包材利用率高，便于装箱运输仓储，空间利用率高，总体成本更低。

通信地址：安徽省六安市金安区东河口镇街道
联系电话：18860488922　　奚新阳
推荐单位：安徽省农产品质量安全管理站

安徽舒州生态农业科技股份有限公司

安徽舒州生态农业科技股份有限公司成立于 2016 年，由国家级农民专业合作社示范社舒城县东方粮油种植专业合作社投资成立，公司总部位于舒城县城东新区，紧傍周瑜大道和 206 国道，交通十分便捷。公司被六安市科技局认定为舒城县绿色水稻产业农业科技园区，获六安市农业产业化龙头企业和国家高新技术企业称号。公司发展以"生态、绿色、科技、品牌"为主题，打造"基地种植—农业科技社会化服务—精深加工—产品名牌化"产业化发展模式。

典范一 农家再生米

采用稳重、健康的深绿色作为包装设计的主色调。辅助图形采用美丽乡村的优质自然环境和传统农家耕种的自然场景，巧妙表达再生米绿色食品和稀缺属性。文字设计采用大米造型再创作，与产品有较强关联性。"鲜"字的视觉识别符号结构稳定、圆润、颜色鲜艳，体现产品特点。排版稳重又不失活泼，产品特点鲜明。

典范二 月牙香米

月牙香米采用食物成熟的亮黄色和红色作为设计的主色调，颜色明快，表现出丰收时满满的喜悦和快乐，让人充满食欲。辅助图形采用原乡纯生态青山绿水作为基调，以人与自然和谐共生作为核心创意点，通过传统农家耕种的富有代表性的自然场景描述，展示产品种植过程，突出大米农家耕种、绿色、生态、健康、安全的理念。"月牙香米"文字设计采用灵动、飘逸的图形体现香气飘飘的产品特点，文字设计结构轻松美观，让人产生无限遐想，与产品有较强关联性。"鲜"字的视觉识别符号结构稳定、圆润，体现产品特点。

典范三 徽州水晶米

徽州水晶米采用晶莹剔透的蓝天白云为素材，色调明快，节奏轻松通透，表达产品晶莹剔透的属性。中国风的徽派辅助图形，体现徽州雾里江南的自然环境，表达产品是优质自然环境下种植的大米，绿色、健康、安全。"水晶米"文字设计采用圆润的笔体，再一次表现水晶米产品特点，文字结构严谨美观，易识别，与产品有较强关联性。"鲜"字的视觉识别符号结构稳定、圆润，体现产品特点。

通信地址：安徽省舒城县城关镇高塘村
联系电话：13856435457　　葛义学
推荐单位：安徽省农产品质量安全管理站

安徽省霍山县缘圆缘工贸有限公司

安徽省霍山县缘圆缘工贸有限公司是一家集茶叶与霍山石斛的科研、种植、生产、销售、养生体验及文化传播于一体的创新型民营企业，为国家高新技术企业、六安市消费品工业"三品"示范企业、六安市产业化龙头企业、六安市科技专家大院单位、霍山县规模以上工业企业、霍山县定点扶贫驿站、霍山县磨子潭镇招商引资重点单位。公司拥有独立自主品牌徽元、徽之元，开发霍山黄芽、霍山石斛、霍山黄茶等8大系列200多款安徽特色产品。目前已进驻淘宝、天猫、京东等国内大中型电子商务平台，线下采取连锁式经营，开设专卖店，入驻大型商超。采用"公司+合作社+基地+农户"的模式，建立包括茶叶基地、霍山石斛基地、茶·斛文旅综合园（含现代化加工厂），公司产品获得有机认证。

典范一 霍山黄芽

此款包装为徽之元"雅"系列包装之一，取名来自《诗经》"风雅颂"之"雅"，寓意"美好的、典雅的"。材质上外用菁金纸，内用环保工业纸板，配以便捷铁听。包装设计凸显皖山徽水特色，独特圆形内嵌"徽之元"标志——圆内部分图案用白墙黛瓦的徽式建筑抽象而成，表达"徽"的含义和韵味。

典范二 霍山黄茶

此款包装为徽之元"风"系列包装之一，取名来自《诗经》"风雅颂"之"风"，寓意"风行天下的，适合大众的"。外包装取金色珠光亚文纸，内包装为轻盈环保铝箔袋，设计简洁大方，材质环保经济易回收。

典范三 霍山石斛

此款包装为徽元"颂"系列包装之一，取名来自《诗经》"风雅颂"之"颂"，寓意"良好祝愿，敬颂大安"。外用木盒材质，内用亚克力瓶，简洁大方，独立小瓶包装方便携带使用。

通信地址：安徽省六安市霍山县磨子潭镇胡家河
联系电话：13565908839　　程　凤
推荐单位：安徽省农产品质量安全管理站

江西东坚米业有限公司

江西东坚米业有限公司成立于 1993 年，先后被评为江西省农业产业化省级龙头企业、赣州市农业产业化市级龙头企业、江西省放心粮油示范企业、江西省农产品加工示范企业、江西名牌产品、国家高新技术企业、中国食品工业科技竞争力优秀企业、中国 AAA 级诚信企业，通过了 ISO 9001 质量管理体系、ISO 22000 食品安全管理体系、富硒产品认证。公司坚持"以质量求生存；以品牌求竞争；以信誉求发展；以管理求效益；以安全求和谐"的经营方针，致力开发和生产绿色健康、安全优质的产品，为客户提供全方位服务，努力成为粮食加工行业标杆，打造行业民族品牌。近年来公司走上了一条"市场牵龙头，龙头带基地，基地连农户"的农业产业化之路，联结当地专业合作社 3 家、种植基地 11 个，带动农户达 6 500 户。主打产品是东坚牌大米，不仅广销本地市场，在广东、福建等地也有较高的知名度。

典范一 皇贵香丝粘米

产品整体包装设计以金黄色为主色调。金黄色象征太阳、光明和黄金，是声势显赫、荣华富贵的象征。包装方式高端大气，包装材料选用优质蛇皮袋，质量轻，承重力强，防潮安全卫生，环保无污染且方便回收利用。包装主色与产品颜色相互映衬，增加产品附加值且符合品牌定位。

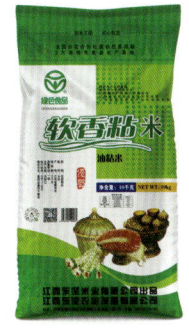

典范二 软香粘米

产品包装以绿色为主色调，表现大米绿色优质的生长环境。与家用实物结合在一起设计，很好地展现了产品的特性，体现了"尊重自然，低碳生活"的生活态度。包装方式美观实用，包装材料选用优质蛇皮袋，质量轻、承重力强、防潮、安全、卫生、环保、方便回收利用。

典范三 龙回香米

好听易记的品牌名称，将大米的特性融入中国的传统元素（龙），丰富了包装设计的人文内涵，创意新颖，符合大众的审美。材料选用优质蛇皮袋，质量轻、承重力强，防潮、安全、卫生、环保、方便回收利用。

通信地址：江西省赣州市南康区龙回镇街上 35 号
联系电话：13979719658　　王志坚
推荐单位：江西省农业技术推广中心农产品质量安全处

江西青龙高科油脂有限公司

江西青龙高科油脂有限公司坐落在中国"油茶之乡"——宜春市。目前公司拥有200多亩油茶加工厂区；引进双螺旋杆榨油机技术进行茶籽低温压榨，建成了日处理100吨茶籽的低温压榨生产线；并从瑞典阿法拉伐公司引进成套先进的年生产能力为15 000吨的油脂精炼设备，采用国际最先进软塔技术，是当前我国茶油生产厂商中率先采用软塔技术的生产商。企业主打产品润心有机油茶籽油已先后通过了ISO 9001质量体系认证、HACCP体系认证、有机食品认证、国家原产地标志保护注册，先后获江西省质量监督系统重点保护产品、江西省名牌产品、中国国际有机食品博览会金奖等荣誉，产量和销售均在全国同类产品中排在前列。

典范 有机油茶籽油、零反式脂肪酸有机油茶籽油

聚酯瓶是一种新兴的环保新型包装容器，有质轻、透明、防摔、易成型、可再回收利用等优点。经典产品规格，适合三口之家一个半月厨房全部烹饪用油。

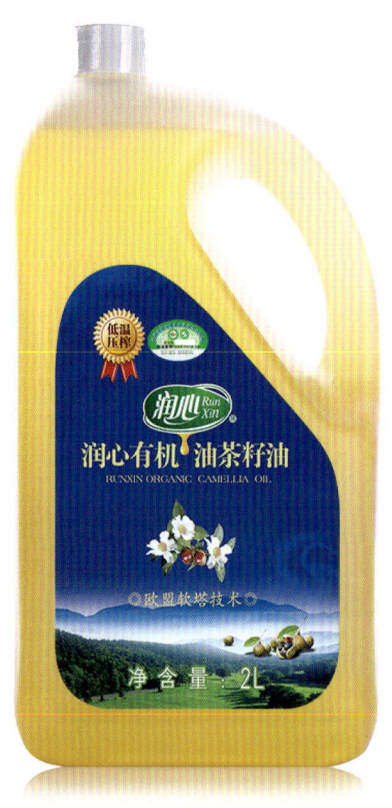 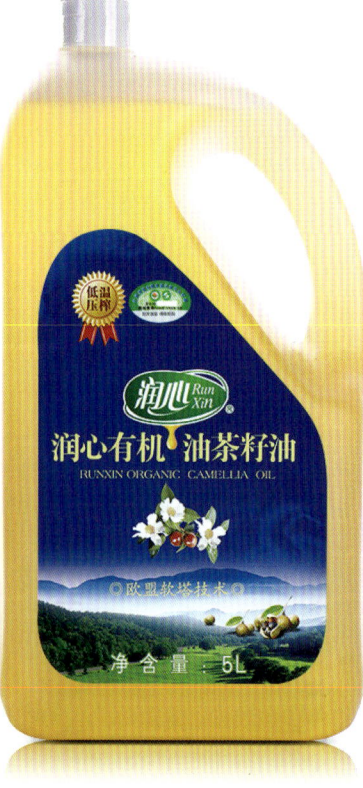 

通信地址：江西省宜春市袁州区经济技术开发区春航路1号
联系电话：18720040961　　袁　芬
推荐单位：江西省农业技术推广中心农产品质量安全处

九江天兴农业发展有限公司

　　九江天兴农业发展有限公司是从事江西黑芝麻种植、收购、研发、生产加工、销售的综合性一体化新型食品企业，是江西黑芝麻产业链融合经营龙头企业。公司有瑞昌黑芝麻有机种植基地，已建成江西黑芝麻原料储存和追溯体系，建立营销"互联网+"平台，打通"种植+生产+销售"产业链，并以美丽乡村建设为载体，打造黑芝麻花和油菜花循环产业链一体化的休闲农业综合体。2020年公司参加第二届江西"生态鄱阳湖·中国绿色农产品"博览会，黑芝麻系列参展产品获得金奖。

典范一 炒香黑芝麻

　　设计图案呈现鄱阳湖畔生态环境，也点明了该产品的生产环境，体现地域特色。内包装采用真空小包装，隔绝空气防止产品被氧化，亦方便携带；外包装材质是常规牛皮纸袋，易于制作，包材利用率高，成本低，便于装箱运输仓储，空间利用率高，总体成本更低。

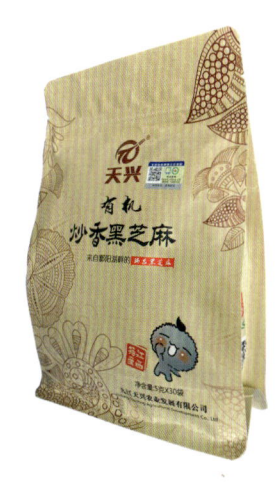

典范二 有机黑芝麻

　　整体设计采用传统民风，体现了小石磨工艺特点。内包装材质采用食品级玻璃，环保健康；包装瓶封口简单，食用时可以反复开盖，使用方便、实惠。外包装采用两瓶组合礼盒装形式，价廉物美，既可以保护内玻璃瓶方便运输，也可以使产品具有礼品属性。

典范三 黑芝麻零食

　　整体设计采用休闲风格。内包装是真空小包装，抗氧化，方便携带；外包装是圆形硬纸质材质，圆柱形纸质立体结构，物理性能优良，既能保护内包装，又具有非常好的陈列效果。食品级内袋和纸质包材，选材绿色环保，可回收及循环使用。包装结构采用常规型，易于制作，包材利用率高，成本低。

通信地址：江西省九江市瑞昌市经济开发区东环路13号
联系电话：15279293262　　况小玲
推荐单位：江西省农业技术推广中心农产品质量安全处

江西农信乐农业发展有限公司

江西农信乐农业发展有公司成立于2017年,是国家地理标志农产品"东乡葛"大健康产业的引领者。是一家以东乡葛种苗培育、东乡葛种植、产品研发加工、品牌运营、项目拓展为产业核心的农业产业链公司。公司已注册葛系列产品品牌君生乐、葛之覃商标,传统加工工艺与现代科学科技相融合,已研发出健康食品6个系列特色农产品,其中2个产品生产工艺正在申请专利保护。公司牵头成立抚州市东乡区葛根协会,2019年公司被认定为抚州市农业产业化龙头企业,同年"东乡葛"获得国家农业农村部颁发的农产品地理标志登记证书,2020年东乡葛被认定为绿色食品A级食品;2021年第十八届国际农产品交易会(重庆)荣获最受欢迎农产品奖;2021年东乡葛粉被全国名特优新农产品名录收集登录。

典范一 东乡葛粉

设计采用具有透明度的表现用中国传统工艺加工葛粉的插画、地理标志、舒体字体现东乡葛粉的地域性及当地的人文色彩,"全国名特优新农产品"标识突出产品品质。塑料瓶采用食品级材料,易拉罐加螺旋盖双重封口,安全简约大气,提升产品档次。圆柱形立体结构,物理性能优良,具有非常好的陈列效果。

典范二 东乡葛面

表现古法加工场景的中国风插画为背景，呈现产品的古法制作特点及当地良好的自然生态环境。地理标志、舒体字体现地域特色。包装材料采用专业的食品塑料袋，抗拉抗爆，节省成本，可完美呈现产品品质。包装结构采用常规盒型，易于制作，包材利用率高，便于装箱运输仓储，空间利用率高，总体成本更低。

典范三 葛根茶

便携装便于旅行、外出携带饮用。插画主题轻松欢快，贴合外出愉悦放松的使用场景。地理标志体现产品区域特性，绿色食品标识突出产品品质。内袋为食品级，保障食品安全，密封性强，防漏防潮。包装外盒采用方形金属盒，易于制作，包材利用率高、成本低，可回收及循环使用。

江西三山实业有限公司

江西三山实业有限公司成立于 2007 年，注册资本 1 000 万元，是一家主营茶叶、香榧和苗木的集生产、加工和销售为一体的省级农业、林业产业化龙头企业，同时也因为产业扶贫效果突出被评为省级扶贫龙头企业。截至 2020 年 12 月 31 日，企业总营收 6 505 万元，运行良好。企业旗下的玉山怀玉牌三清山白茶是国家农产品地理标志产品、绿色食品和江西名牌产品，2021 年入选赣播正品首批 50 强认证品牌，公司现有基地面积 2 000 亩以上，春秋两季季节性用工超过 2 000 人，近些年通过白茶产业带动玉山县全县 1 500 户以上农户增收。

典范 三清山白茶

设计风格简约明朗，融入中国风设计元素，诠释礼品茶的品牌形象。

一盒两铁罐，内有铝箔袋，每袋 50 克，其中铝箔袋有一面透光，消费者可直接看到内部茶叶的情况，垫托采用珍珠棉材质，带手提外包装袋，方便携带。包装盒采用仿布特种纸，产品名称为名家题字，凸显中国风韵味。整个产品不增加过多的装饰元素，着重凸显产品的品名和商标，让消费者一目了然，加深对产品的印象。

通信地址：江西省上饶市玉山县马塘铺日安小区三清山白茶门市部
联系电话：17307936915　　夏 巍
推荐单位：江西省农业技术推广中心农产品质量安全处

好想你健康食品股份有限公司

好想你健康食品股份有限公司创始于1992年，主要从事红枣等健康食品的研发、采购、生产和销售，是红枣行业第一家上市公司。公司在红枣行业做出了六大贡献：一是改变了中国红枣的品质；二是改变了人们吃枣的方法；三是把红枣带入了品牌时代；四是塑造了河南一张靓丽的名片；五是成为中国红枣上市第一股；六是助推红枣品类期货上市。

公司在规模扩张的同时，也逐步延伸红枣产业链，由生产、销售向种植、冷藏保鲜、科技研发、生产加工、销售、观光旅游综合发展。生产基地由河南新郑扩展到河北沧州、新疆若羌、新疆阿克苏，保证了原材料供应与产品质量。

典范 新郑红枣

本品包装基于家庭使用的理念，一次购买可以分多次食用，杜绝过度包装。包装材质完全符合食品用接触材料的国家安全标准。采用PET/VMPET/PE的阴阳袋包装结构，内层PE材料无色、无味、无毒，在保障产品内在品质的同时，让消费能够看到内在产品的设计，方便消费者比较分析并产生购买欲。在产品设计时充分考虑了内在产品的特性及所需材料结构配材，在保障产品质量的同时尽可能减少包装的厚度及层数，起到环境保护作用。

通信地址：河南省郑州新郑市薛店镇S102与中华北路交叉口
联系电话：13526761699　　王永斌
推荐单位：河南省农产品质量安全和绿色食品发展中心

郑州市鑫益丰生态农业科技有限公司

郑州市鑫益丰生态农业科技有限公司位于新郑市辛店镇黄岗村，基地占地 120 亩。基地的主要任务是为种植户、养殖户提供技术咨询、技术培训等各类服务，推广普及先进实用技术和优质品种、发展特色产业等。公司与西南科技大学、河南农业大学、河南省农业科学院特色杂粮研究室签订合作协议，与专家积极对接，做好新品种新技术引进以及示范区建设，不断示范新品种，并在专家老师指导下发展特色种养殖结合生态循环农业，积极举办各类培训活动，解决农户在生产经营中遇到的各种难题。公司秉承让"农业强起来、农民富起来、农村美起来"的宗旨，努力为实施乡村振兴战略汇聚更多力量。

典范 新郑小米

产品整体包装设计以小米本身的黄色为主色，以种植小米的农田和稻谷为图案，提升产品的形象价值。包装结构简单大方。外包装材料采用三层瓦楞纸，箱内产品真空包装。纸箱采用彩印 + 覆膜工艺让包装主色与产品颜色相互映衬，增加产品附加值且符合品牌定位。

通信地址：河南省新郑市人民东路丽珠水岸 2 号楼 1202 室
联系电话：15286846777　李 燕
推荐单位：河南省农产品质量安全和绿色食品发展中心

河南中农华盛农业科技有限公司

河南中农华盛农业科技有限公司成立于 2013 年，注册资本人民币 6 525 万元，致力于农业高新技术开发及成果推广，智慧农业的研究，设计和推广应用，农产品种植、销售及加工，健康食品开发，农业观光旅游等业务。公司的使命是：打造软籽石榴专业品牌，延伸农产品产业链、实现现代农业企业的一二三产业融合。

公司自成立以来，与中国农业科学院郑州果树研究所、河南农业大学等单位建立了战略合作伙伴关系，注册子满堂商标，通过了 ISO9001 质量体系认证、绿色食品认证、有机产品认证、良好农业规范认证。至 2017 年，公司在荥阳的高山、汜水、高村和巩义的河洛镇 4 个乡镇流转土地近万亩，设立 4 个基地、16 个片区，涉及 14 个行政村、68 个村民组，辐射人口 50 万人，完成种植面积约 1 万亩。相继获得郑州市农业产业化龙头企业、河南省农业产业化重点龙头企业、省级国家级农业标准化示范园等称号。

典范一 子满堂软籽石榴

子满堂，主打软籽石榴的水果品牌，秉承积极向上的农业精神，以产品包装体现匠人之心。

礼盒装白底与高饱和度的图文碰撞，色彩鲜艳明丽，刻画石榴成熟的美感，以扁平化的手法展现空间感，打造产品的"超级符号"。包装结构简单大方，天地盖 + 泡沫托盘 + 垫片。外包装材料采用三层瓦楞纸；内包装使用泡沫托盘和珍珠棉垫片固定产品，可充分保护石榴籽粒不受磕碰。纸箱采用彩印 + 覆膜工艺，让包装主色与产品颜色相互映衬，增加产品附加值且符合品牌定位。

通箱的整体包装设计以成熟的软籽石榴为主，让消费者能够直观获取产品的属性。鲜明的视觉效果，可形成强烈的冲击力和识别记忆。包装结构简单大方，天地盖 + 卡格 + 垫片。外包装材料采用三层瓦楞纸；内包装使用纸质卡格与纸质垫片，环

通信地址：河南省荥阳市高山镇穆沟村牛寨组
联系电话：13526631000　张军啸
推荐单位：河南省农产品质量安全和绿色食品发展中心

保无污染且方便回收利用。纸箱采用彩印+覆膜工艺，让包装主色与产品颜色相互映衬，增加产品附加值且符合品牌定位。

典范二 果蔚软籽石榴

产品整体包装设计以石榴、石榴籽与石榴花的红粉色为主色，以超写实风格手绘图搭配简约设计排版。高饱和度的颜色更易建立产品独特的视觉效果，尽显软籽石榴果大、皮薄、粒大、颜美、甘甜的特点。包装结构简单大方，天地盖+卡格+垫片。外包装材料采用三层瓦楞纸；内包装使用泡沫托盘和珍珠棉垫片固定产品，可充分保护石榴籽粒不受磕碰。纸箱采用彩印+覆膜工艺，让包装主色与产品颜色相互映衬，增加产品附加值且符合品牌定位。

杞县诚乘农业种植专业合作社

杞县诚乘农业种植专业合作社是农民专业合作社开封市市级示范社，还是农业农村部第五届、第六届农合之星优秀合作社。基地以绿色生产为宗旨，采用"以养带种、以种供养、种养一体"的绿色循环生态链。以生猪绿色养殖为基础，无抗生素，中药喂养，猪肉质好味佳。以生猪粪便为主要肥料的绿色水果种植，利用生物农药、矿物质农药防病治虫，全生产过程中无一滴化学农药，机械压青形成绿肥。

文棒苹果产自河南省杞县沙沃乡尚庄村，是全国名特优新农产品沙沃苹果的主要品种，产品是全国绿色食品，且质量标准符合粤港澳大湾区"菜篮子"产品质量要求。

典范 文棒苹果

内包装采用制模放置包装，用发泡塑料托让每个苹果都放置在适当的位置并加以固定，起到了很好的保护作用，避免了运输过程中的机械损伤，且美观性强。外包装采用纸质包装箱，可降解、能回收，避免了对环境的污染。外包装盒子正面中间印制了"傻子尚品""文棒"商标以及企业名称。"傻子尚品"体现了企业精神——傻子精神，用傻劲儿去种植最优质的水果，用傻劲儿去经营最质朴的土地。包装盒子上从左至右依次是苹果、果树、桃3个图案，表明了企业以苹果和桃子为主要经营产品。在包装的左上角印制了绿色食品标识，右上角依次为名特优新农产品标识、粤港澳大湾区"菜篮子"标识以及名特优新农产品的二维码，让消费者购买更加放心。

通信地址：河南省杞县沙窝乡尚庄村
联系电话：13781122628　　尚文棒
推荐单位：河南省农产品质量安全和绿色食品发展中心

杞县康丰家庭农场

杞县康丰家庭农场于 2018 年在国家工商总局注册了"蔡文姬"品牌商标，于 2019 年 11 月被中国绿色食品发展中心认定为绿色食品 A 级产品。农场被评为杞县"巧媳妇"工程基地，是农民专业合作社国家级示范社成员单位。"杞县小米"以该农场为主要生产经营单位之一，2021 年被农业农村部农产品质量安全中心纳入全国名特优新农产品名录。

典范 蔡文姬小米

采用食品级聚乙烯材质真空包装，防潮、防虫、保鲜。外包装采用纸质包装盒，最大程度实现可降解、能回收，减少对资源的浪费和环境的污染。外包装整体色彩以小米的鲜黄明亮色为主，从上至下、从左至右依次为绿色食品标识、证书号、产品商标、名称、产地、小米产品图片、产地图片。简单明了的图片和文字表明了小米的优良品质、悠久的历史渊源以及绿色安全品质。包装侧面除注明产品的营养标签、保质期等产品、企业信息外，也向消费者描述了蔡文姬小米的历史渊源，介绍了康丰家庭农场优良的企业文化。

通信地址：河南省杞县苏木乡刘武屯村
联系电话：13460755655　　胡培霞
推荐单位：河南省农产品质量安全和绿色食品发展中心

洛阳众森农业有限公司

洛阳众森农业有限公司于 2011 年 7 月注册成立，注册资金 3 136 万元，位于河南省洛阳市洛宁县上戈镇，现有职工 42 名，大专以上科技人员 9 人，其中级技术职称 8 人，高级职称 1 人。公司拥有苹果基地两处，总面积 2 464 亩，位于洛宁上戈镇"上戈苹果"核心种植区，种植基地区域属于中国地理标识产品（农产品地理标识）保护范围，品种包括华硕、锦绣红、金冠、红将军、红富士等，年产量 3 000 余吨。其中杜河基地 1 300 亩，2016 年通过了有机转换认证，2018 年正式通过了有机产品认证，基地食宿、停车等设施齐全，已初步建成了采摘观光生态文旅基地"众森苹果庄园"。上戈基地 1 164 亩，2017 年 1 月通过了绿色食品认证。公司申请注册了香腮牌苹果类目商标，开启了有机苹果品牌化运作。

典范 香腮有机苹果

香腮有机苹果精品礼盒采用拥有自主知识产权的洛神卡通形象，与洛水风土生态背景相结合的设计，文字及配图设计突出了鲜明的品牌个性、自然优美的山水田园风貌，精准地传递出了用户画像及行为诉求，展示了绿色、有机、生态、自然、和谐的产品理念。

包装材质为可轻松降解的纸品，内盒采用上下紧密相扣的瓦楞纸设计，内衬使用简易泡棉起到固定及运输缓冲作用，同时与外部时尚手提袋相结合，美观、便携。包装整体重量轻、用纸少，设计新颖、时尚、简约，材质可重复利用。多产品共用通用礼盒规格，更符合环保、节约的理念。

通信地址：河南省洛阳市洛宁县上戈镇众森苹果庄园
联系电话：13903715046　　秦　博
推荐单位：河南省农产品质量安全和绿色食品发展中心

孟津县琪琪种植专业合作社

孟津县琪琪种植专业合作社位于孟津县朝阳镇南陈村，是一家集水果、蔬菜种植、培育、产品销售于一体特色高效农业园区。采取土地流转、联耕联种、代耕代种等合作模式生产，基地面积500亩。绿色食品梨355亩，年产量440吨；猕猴桃150余亩，年产180吨，品种有徐香、翠香。2019年通过国家绿色食品认证。获2016年第十六届全国农产品（上海）交易博览会、第四届河南洛阳名特优农产品（上海）展销周最佳农产品品牌。2019年中国北京世界园艺博览会国际竞赛优质果品大赛"雨露香"梨获铜奖；2019年获得第十二届中国绿色食品博览会金奖；2020年"神都朝阳"梨荣获河南省知名农业品牌"农产品品牌"。合作社秉承"诚信、创新、合作、共赢"企业精神，坚持"品质优、服务周、乡村兴"发展方向。

典范 玉露香梨

手提礼品箱精致便携、结实耐用、设计新颖、绿色环保。黄、白、绿、红配色，极简主义，用低调质朴的产品让消费者一睹琪琪生态园新的果品套装。

通信地址：河南省洛阳市孟津县朝阳镇琪琪生态园
联系电话：15937949816　姚晓军
推荐单位：河南省农产品质量安全和绿色食品发展中心

平顶山市彩虹星球绿舟鸣农牧发展有限公司

平顶山市彩虹星球绿舟鸣农牧发展有限公司成立于 2018 年 9 月，是一家集禽蛋产品开发、生产及销售为一体的国家科技型中小企业。现有员工 42 人，其中科研人员 4 人，已开发绿舟鸣品牌系列 6 个单品，产品入驻多家知名连锁商超及供应线上渠道。公司先后被认定为平顶山市农业产业化龙头企业、平顶山市有机蛋类技术工程研究中心。2021 年被郏县人民政府授予食品安全工作先进单位称号。目前公司流转土地 1 000 余亩，种植日本清香核桃、软籽石榴 130 余亩，黑凤鸡存栏数达到 2 万只，日产鸡蛋 1 万枚。带动周边村民劳动力 1 000 余人，贫困户 62 户。

典范 绿舟鸣有机鸡蛋

大面积蓝色调的运用从视觉上营造一种有机鸡蛋健康、高质量的感觉，鲜明的色彩呈现增强了品牌的记忆点。欧式徽标风格的插画设计，描绘了一只母鸡在小山上孵蛋的场景，周围环绕着藤蔓和花朵，母鸡身后则是一片美丽的绿色田野，生动表明了优质的养殖环境。穿插分布的文字内容，以不同的排版形式清晰呈现产品信息，在丰富了画面层次的同时，也适度留白，给予包装一定的呼吸空间。产品包装设计贴近自然气息，品牌故事表达得也更有趣味性。

通信地址：河南省平顶山市郏县安良镇任庄村
联系电话：13213811909　　薛 皓
推荐单位：河南省农产品质量安全和绿色食品发展中心

卢氏县杨献民茶业有限公司

卢氏县杨献民茶业有限公司成立于 2017 年 5 月，茶厂坐落在卢氏县范里镇，占地 5 660 平方米，有科研人员和外聘专家共 13 人。公司为河南省连翘茶叶标准化生产和消费扶贫示范基地，是集茶业种植、加工、销售为一体的现代化一二三产业融合农业龙头企业。先后荣获省、市、县级 18 项荣誉。

企业探索出"公司＋基地＋合作社＋贫困户"的产业发展路径，建立利益联动机制，采取多种模式，以茶富民，直接和间接地带动群众实现脱贫增收。把产业融合发展与电子商务结合起来，搭建网络销售平台，提高连翘附加值，力争经济效益、社会效益和生态效益协调发展。

典范 连翘绿茶、连翘红茶、蒲公英茶

卢氏连翘于 2004 年被确定为全国唯一野生保护基地和地理性标志产品，于 2019 年获评地理性标志农产品。茶叶产品按高、中、低端和流通款来设计，符合不同的消费群体需要，并以白色、红色、黑色、金色、蓝色为不同层级包装主色调，透出深厚的中国茶文化色彩。外包装为纸质材料，符合用纸技术规范要求和生态环保要求。内包装用镀铝聚酯和聚乙烯塑料袋，茶叶罐是 304 食品级铝罐材质，印刷油墨是无苯无酮环保油墨。包装材料具有防潮、阻隔氧气和水蒸气特性，对茶叶起到了保质、保鲜、保风味的作用。

通信地址：河南省卢氏县城关镇电商园 21 号连翘茶
联系电话：15138170360　　陈惠花
推荐单位：河南省农产品质量安全和绿色食品发展中心

河南旺晟食品股份有限公司

　　河南旺晟食品股份有限公司成立于 2017 年 10 月，位于河南省三门峡市渑池县天池镇。公司一期工程是于 2013 年 10 月成立的三门峡天池山食用菌公司，是一家食用菌种植企业，总投资 1 800 万元，共有食用菌种植大棚 60 余个，占地面积 286 亩，年产袋料香菇 60 余万袋，基地"韶菇"香菇通过绿色产品认定。公司有标准化食用菌加工车间 3 500 平方米、自动化食用菌产品生产线 3 条，并于 2018 年 5 月底获得生产许可证，注册臻不凡商标。臻不凡香菇系列调味酱、香菇素肉、香菇素肚休闲食品 3 个系列 30 余个单品目前销售良好。公司具备年加工食用菌和果蔬各 2 000 吨生产能力。

典范 香菇酱、香菇花酱、果蔬脆

　　设计新颖，包装及使用方便，材料普通，成本低廉。版面印刷凸显商标，产品说明详细、文字清晰。采用纸质包装箱，内托稳固，可重复使用，安全环保。

通信地址：河南省三门峡市渑池县天池镇张吕村
联系电话：13939832029　　刘学伟
推荐单位：河南省农产品质量安全和绿色食品发展中心

渑池县南村花椒种植专业合作社

渑池县南村花椒种植专业合作社成立于2010年5月，注册资金300万元，固定资产140余万元，入社社员356人。合作社位于县城北50余公里的黄河小浪底库区南岸的南村乡，东与新安县接壤，西、北隔黄河与山西省垣曲县相望，是豫西地区最大的无公害花椒标准化生产基地。合作社种植区四面环山，空气清新，土壤肥沃，光照充足，昼夜温差大。合作社所产的大红袍花椒，果柄较短，果粒大，果实紫红色或棕红色，皮色红艳，散有多数疣状突起的油点，挥发油含量高；麻香持久，香气浓郁。合作社被评为国家级示范社，澧津花椒获河南省知名农业品牌"产品品牌"称号，渑池花椒通过了国家地理标志登记保护产品认证。

典范 花椒

主要采用袋式包装和桶装。包装设计新颖，使用方便。产品有明确标签及产品质量合格证，标签内容包括：产品名称、商标、产品执行标准、生产者及详细地址、净含量及包装日期。包装材料符合国家强制性技术规范要求，可回收利用，安全环保。

通信地址：河南省渑池县南村乡北仁村
联系电话：13513882223　王章锁
推荐单位：河南省农产品质量安全和绿色食品发展中心

湖北驹龙园茶业有限公司

湖北驹龙园茶业有限公司位于大别山腹地医圣李时珍故里——湖北蕲春县。境内山高林密，土壤肥沃，生态环境纯净天然，是中国养生之都。茶叶种植始于汉，盛于唐，茶圣陆羽在《茶经》中称蕲春（州）出好茶、产名茶，是历朝御用贡品之一，20世纪70年代，曾被选为"湖北绿茶"标准样品，以其"香高味浓"的独特品质驰名省内外。驹龙园是湖北省著名商标。驹龙园牌系列产品先后通过国家无公害农产品和有机产品认证，多次获得中茶杯银奖、鄂茶杯金奖，被授予鄂东名茶、湖北十佳文化旅游名茶等称号，并获湖北名牌产品等荣誉。公司先后通过ISO9001和国家GAP体系认证，是湖北省茶叶行业先进企业和重合同守信用单位。

典范一 驹龙园牌银针茶

产品整体包装设计以银白色与绿色为主色，以金色驹龙园商标和李时珍头像为图形，突出了产地和主题，升华产品的形象价值。包装结构简单大方，为天地盖+卡格+垫片。包装盒材料为纸板；盒内使用纸质卡格与纸质垫片固定产品，环保无污染且方便回收利用；纸盒采用彩印+覆膜工艺，增加产品附加值。

通信地址：湖北省蕲春县大同镇大同街253号
联系电话：13872005279　田　江
推荐单位：湖北省农产品质量安全中心

典范二 驹龙园牌精品茶

产品整体包装设计以米黄色与绿色为主色，以银色驹龙园商标和金色李时珍头像为图形，突出了产地和主题，层次分明，体现了产品系列化的特征，升华产品的品牌价值。包装结构简单大方，为天地盖＋卡格＋垫片。包装盒材料为纸板；盒内使用纸质卡格与纸质垫片固定产品，环保无污染且方便回收利用；纸盒采用彩印＋覆膜工艺，增加产品附加值。

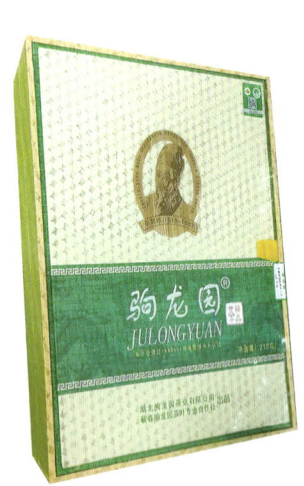

典范三 驹龙园牌毛峰茶

产品整体包装设计以淡绿与草绿色为主色，以银色驹龙园商标和金色李时珍头像为图形，突出了产地和主题，层次分明，体现了产品系列化的特征，升华产品的品牌价值。包装结构简单大方，为铁听包装盒。盒内使用食品级铝箔袋，环保无污染且使用方便；铁听外观简洁大方，符合茶叶产品定位，采用彩印＋凸形字工艺，增加产品附加值。

宜昌市龙江农业科技开发有限公司

宜昌市龙江农业科技开发有限公司是世界文化名人屈原诞生地——秭归县屈原镇最具影响力的农业产业化龙头企业。公司专注于宜昌本土精品水果的产业链式经营，着力打造集良种繁育、绿色品质、独特工艺与品牌营销四大核心竞争力为一体的现代农业科技型企业。

公司坚持以"合作社＋自营农场＋农户"的模式发展农业产业化，始终以本土特色、有机绿色、安全健康的经营理念，建立健全田间地头到消费者餐桌的农产品供应链管理体系，将依托浓厚的屈原文化、青滩精神和秀美的三峡风光实现农旅产业整合发展，逐步培育好楚果皇产业链品牌、屈原志橙类品牌和屈原人家乡村旅游品牌，把公司打造成三峡地区独具特色的现代农业企业。

典范一　秭归桃叶橙

包装方式为便携手提＋飞机礼盒＋"福"字独立包装。外包装材料为纸箱，符合环保原则。包装外立面显示"二品一标"，体现品牌价值赋能，为产品提供较高附加值。产品外观正反双色设计，橙黄＋大红，体现产品本色与丰收的寓意，漂亮整洁，符合高档年礼定位。包装扁平化设计，轻薄但显精致大气。内包装为开盖哑光白纸内衬＋老式"福"纸独立包装，是中华古典美与现代美的完美结合。以红色为主基调，加以手写"福"字，符合中国礼的喜庆氛围。产品宣传册采用"娃娃书"式折页，以图片加文字介绍产品及食用方式，令人耳目一新。

典范二　鄂柑一号

包装方式为天地盖纸盒＋气泡膜防震隔板＋怀抱省力式手柄。气泡膜防震垫防震效果好，适合线上线下双流通，保障在运输过程中不被挤压损坏，美观性强，客户满意度高。外包装纸箱左右及底部都打孔，透气性好，保证产品的新鲜度。外部礼盒简洁美观，既方便携带又不失档次。内包装为红色环保袋独立包装，极大地减少了鲜果间的碰撞，坏果率低。产品宣传单描述了鄂柑一号的产品简介及收到货后的注意事项。

通信地址：湖北省宜昌市夷陵区平安街 20 号
联系电话：13872649993　　杜 涛
推荐单位：湖北省农产品质量安全中心

邵东市映日红农业开发有限公司

邵东市映日红农业开发有限公司成立于 2014 年，总投资 500 万元，位于湖南省邵东市黑田铺镇建龙村。公司建有无花果生态种植基地 300 亩、苗木大棚 2 座 10 亩及无花果烘干房、冷藏室等配套设施，长期专业生产、加工、销售映日红无花果。现公司年产无花果鲜果 200 吨以上、无花果专用种苗 10 万株以上。公司一贯坚持"质量第一，用户至上，优质服务，信守合同"的宗旨，凭借着高质量的产品、良好的信誉、优质的服务，产品畅销全国各地。

典范 映日红无花果

产品整体包装设计以紫皮无花果的紫色为主色，以手绘插画的形式表现无花果成熟时的香甜美味吸引来小鸟觅食的画面，来体现自然、健康、生态、和谐的理念。品名采用艺术字体，突出、醒目，左侧采用镂空开窗，可以直观地展示产品的品质，提升了产品的形象价值。包装结构简单大方，为手提正扣平底盒 + 垫片托盘。外盒材料采用三层瓦楞纸；盒内使用常规的泡沫托盘和珍珠棉垫片固定产品；纸箱采用彩印 + 覆膜工艺，让包装主色与产品颜色相互映衬，增加产品附加值且符合品牌定位。

通信地址：湖南省邵东市黑田铺镇建龙村
联系电话：18273323688　　陈曙宽
推荐单位：湖南省绿色食品办公室

湖南满师傅食品有限公司

湖南满师傅食品有限公司创建于2001年6月，集生产、加工、销售、观光、休闲为一体，坐落于世界自然遗产地崀山国家级风景名胜区的夫夷江畔工业园区内，是湖南大型的卤豆干生产企业之一，系中国豆制品行业50强企业。公司多年来始终坚持"公司+基地+农户"的共同发展模式，开发了卤豆干、辣椒酱等五大系列的50多个单品。公司年产农产品4 200余吨，年销售额近亿元，并拥有15个注册商标、8个专利，安排农民工就业400余人。

典范一 满师傅元气豆干

设计思路以"简洁大气"为基调，符合大众审美。包装透明，便于消费者能够清晰地看到产品。在包装上下两头的位置展示产品信息。浑圆饱满的字体在一笔一画间都展现了"元气"特征，与产品名称相呼应。标出以"辣"为卖点的特征，增加包装的辨识度。小文案则向消费者传达满师傅的品牌精神。这套包装通过视觉色彩的延展形成系列包装。不同口味有不同配色，有助于帮助消费者尽快识别口味差异。

典范二 满师傅卤豆干

将国潮风与满师傅的品牌故事相结合，通过画面来讲述满师傅品牌故事。礼盒整体采用明亮轻松的色调，却不失端庄大气。

典范三 满师傅石磨豆干

包装设计的思路是能充分展现和突出石磨豆干的"原汁原味"感。整体色调采用了一个低饱和的黄色，介于豆子本身颜色和豆干成品颜色之间，突出其朴实的本色。简洁的设计配上略微粗犷的字体，塑造出石磨豆干经典口味的形象。

通信地址：湖南省邵阳市新宁县金石镇观瀑桥头
联系电话：15211912211　　刘昭贤
推荐单位：湖南省绿色食品办公室

湖南云中君茶业有限公司

湖南云中君茶业有限公司成立于2016年，注册资金为1 000万元，是一家集茶叶种植、加工生产、销售于一体的股份制私营企业，公司长期用工38人，31人是当地农民，季节性用工300多人，带动周边100多农户从事茶叶生产。公司基地位于石门县维新镇古城堤村，基地土地流转面积800亩，已通过了中绿华夏有机食品认证中心的有机认证。公司基地茶园2016年获得了由湖南茶业协会、湖南茶叶学会、湖南日报社三家联合评选出的"湖南十大最美茶园"称号。公司2017年成为湖南省大湘西茶产业发展促进会的会员单位。2020年茶叶生产车间被县人社局授予"扶贫车间"称号。2021年成为湖南省茶业协会副会长单位。2021年成为农业农村部指定的全国农产品全程质量监控体系试点经营单位。2021年公司生产的云中君牌石门银峰在华铭杯2021绿茶、红茶产品质量推选活动中获得了特金奖。

典范 石门银峰、云中君系列茶

石门银峰是一款高档绿茶，包装设计以马卡龙绿色为底色，与产品的干茶色泽和茶汤颜色相呼应。云中君春芽包装采用浅黄色和绿色搭配，这样既凸显该产品高贵的品质，又巧妙喻示了该产品是绿茶中的珍品。云中君红茶包装整体设计以"中国红"为主色，喻示该产品是红茶且汤色红亮，"中国红"是中华民族最喜爱的颜色，代表着喜庆、热闹与祥和。

3款包装设计均印有公共品牌和企业子品牌标识，这样既符合地方品牌战略，又突出了企业产品的特点，同时在包装背面还印有产品独特优质的生长环境和产品品质特点的文字说明，包装的整体设计都在围绕产品生长环境和品质特点做文章，通过颜色搭配、图案、文字的描述表达出来。

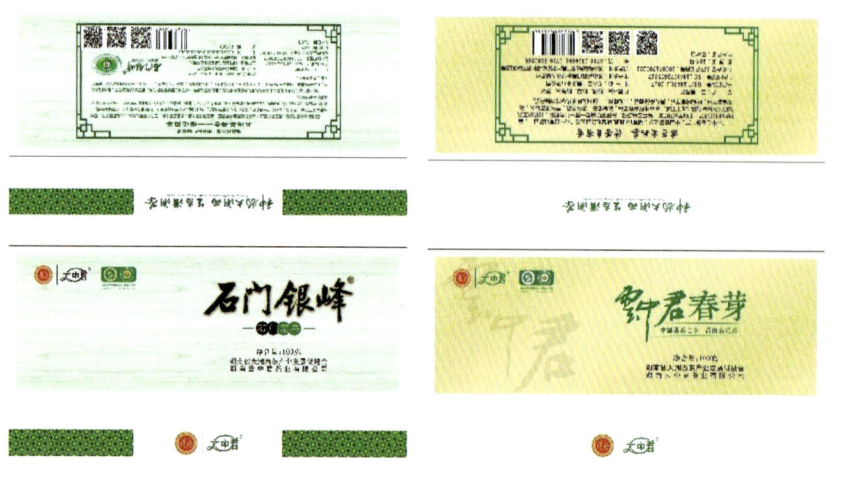

通信地址：湖南省常德市石门县楚江街道西溶路225号
联系电话：17707367999 孙云霞
推荐单位：湖南省绿色食品办公室

广东千庭茶业投资有限公司

广东千庭茶业投资有限公司是"互联网+农业"创新企业，专注凤凰单丛茶，传承潮州正宗工夫茶，产品先后获奖30余项，与广东茶叶研究所及华南农业大学的专家成立千庭单丛研学院。企业现有庄园1 000亩，契约茶园5 000亩，自有工夫茶馆4家，加盟体验空间400家，拥有自己的供应链公司、标准化产品。千庭庄园是集茶园、茶厂、山居驿站、工夫茶博物馆于一体的山居，构建工夫茶文化全体验，以文化带动品类发展，创新优秀的运营团队及商业模式。公司是潮州工夫茶标准起草单位、凤凰单丛茶地理标志标准起草单位。旗下千庭茶舍·梨园公所工夫茶慢生活体验坊是市重点文物保护单位，是潮州工夫茶标准示范店及全国百佳茶馆。旗下庄园获得广东高级生态茶园、广东省现代化农业产业园项目支持。千庭构建单丛产业链，从好茶到茶文化体验，带给人们工夫茶慢生活方式，并在联农带农，品牌营销及产业孵化板块发力，受到社会各界认可。

典范一 崇顶凤凰茶集

图标突出潮州工夫茶"三杯品字形"视觉元素，同时也表达出凤凰山的故事，传播出千庭单丛的魅力。包装上老茶树图案寓意好生态出好茶。铝罐安全可回收。外盒采用原色特种纸，材质天然无异味，可自然降解。整体包装设计体现出寂静气质、生态气息，环保实用。

典范二 千庭单丛·庄园东方红

礼盒为特种纸，天然无异味，安全。烫金凹凸工艺显精致质感，铝罐环保、安全，可回收利用。

通信地址：广东省潮州市湘桥区明园路北关千庭大厦
联系电话：15322710009　　谢　垒
推荐单位：广东省"一村一品、一镇一业"办公室

广西宏元茶业有限公司

广西宏元茶业有限公司成立于 2007 年，主要以茶叶出口深加工为主，厂房共计面积 2 400 平方米、其中包装车间面积 600 多平方米、仓库面积 1 200 平方米、实验室和办公场地 320 多平方米。公司人员 23 名，其中专业技术人员 8 人。公司设备齐全，年产能 500 多吨，年产值 1 000 万元以上。公司主要生产加工茉莉花茶、绿茶、红茶、黑茶、乌龙茶、六堡茶、袋泡茶等 30 多个品种，以销往俄罗斯、东欧、东南亚市场为主。

典范 出口版袋泡茶

产品主题特征鲜明，识别性高；符合传统出口茶制品的产品属性；产品的延展性、文化内涵丰富；产品设计有原创性，使用便捷，与出口品牌定位相符。

通信地址：广西壮族自治区南宁市江南区五一西路 80 号 7 栋南宁茶厂内
联系电话：18677088501　　陈尚军
推荐单位：广西壮族自治区优质农产品开发服务中心

横县南方茶厂

横县南方茶厂成立于 1992 年，位于享有"世界茉莉花之都"美誉的广西横县，是一家集茶叶和茉莉花种植、生产、科研和销售于一体的国家知识产权优势企业，主营莉香品牌系列茉莉花茶，产品涵盖绿茶、红茶、乌龙茶、黑茶等五大茶类。

横县南方茶厂又于 2019 年成立莉香茶业集团，集团现有三厂两基地，厂区占地 2 万多平方米，有 600 亩的茶叶和茉莉花基地、12 条茶叶生产线，茉莉花茶年产量达 2 000 吨以上。工厂自成立以来一直致力于产品的研发及生产工艺技术的改造与创新，设有企业技术中心，拥有 24 项国家发明专利。2021 年被评为广西壮族自治区农业产业化重点龙头企业。

典范一 横州八景

每盒茶叶被压成 12 小块，无需茶针等辅助工具即可抽取冲泡，非常方便。横州八景，融茶香、书香为一体，封面采用壮锦布艺为代表色彩，又形似一本中国古书籍，两者相结合寓意为"布书"（不输）。

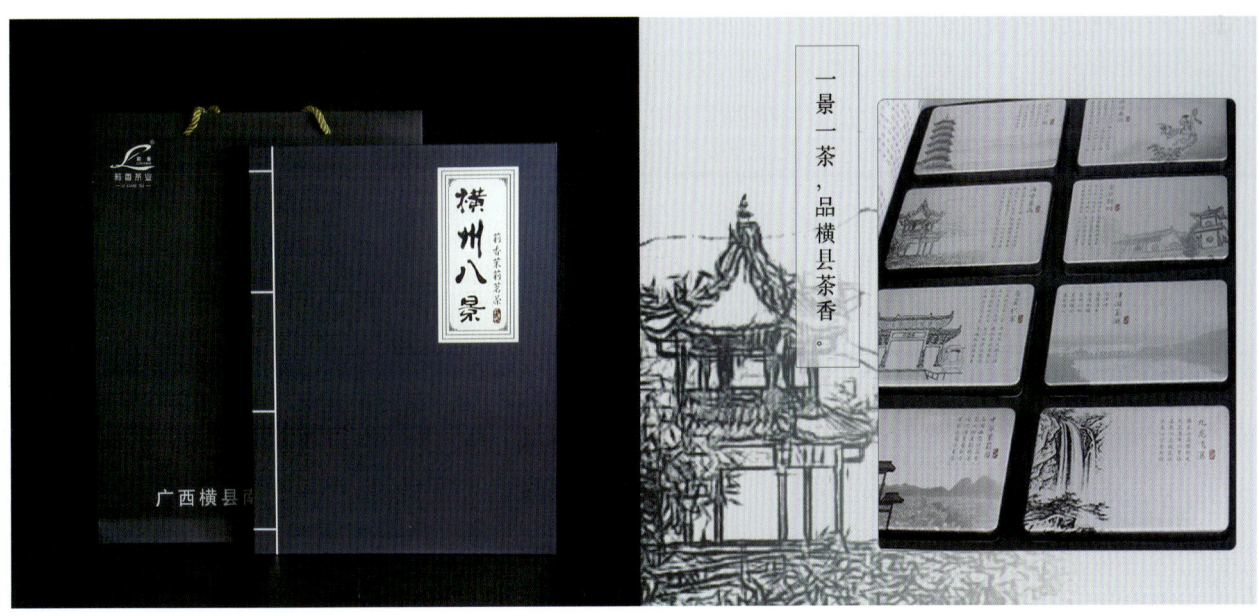

通信地址：广西壮族自治区南宁市横县横州镇长安路 396 号
联系电话：13788318904　　谢慧叶
推荐单位：广西壮族自治区优质农产品开发服务中心

典范二 一带一路茉莉茗茶

公司响应"一带一路"倡议，结合东盟十国特色元素设计出一带一路茉莉茗茶礼盒。礼盒正面"一带一路"字体采用古代丝绸之路的骆驼穿越沙漠的元素，象征着丝绸之路经济带。礼盒中部的一条波浪带图案，象征着海上丝绸之路，波浪带设计成一条平行带，象征着风平浪静、一帆风顺。礼盒四周围绕着东盟十国和中国的特色建筑物图标，充分展示东盟各国在"一带一路"建设中发挥的重要作用。中国元素位居礼盒中间，东盟十国元素围绕在四周，象征东盟各国齐心协力，携手共同发展东盟经济，促进东盟各国和谐发展。

典范三 横县茉莉花茶

包装左右两面是插画，描绘一幅"劳作丰收尽开颜"的景象，展示横州花农辛勤劳作的形象，他们的帽子上标有"中国梦"元素，向所有勤奋且无私奉献的横州花农致敬。背面图案是"中华茉莉园"景点，人物是茉莉花茶制作技艺非遗代表性传承人谢大高。包装的正面设计标题"非遗好花茶，匠心谢大高"，体现品牌理念——以工匠的精神去精益求精做好品质茶。底部打开，是两个抽屉，分别是横县南方茶厂标志性建筑和横州市中华茉莉园的图案，让消费者了解横州市的茉莉花文化。茶袋饮完后外包装盒子还能作为一个小型收纳盒被消费者保存使用，提倡环保。

广西螺霸王食品科技有限公司

广西螺霸王食品科技有限公司成立于2015年，目前拥有员工400多人，是具备研究、开发及销售预包装螺蛳粉、螺蛳鸭脚煲能力的全面型食品研发企业。2019年，公司在柳州鱼峰区建设了螺霸王洛维螺蛳粉产业园，包括螺蛳粉以及米粉、豆角、酸笋等原材料生产车间，使原材料本地化，实现一二三产融合，同时形成研发、中试、检测、营销、金融、文创、旅游等完善的服务链，形成大食品产业生态圈和新的区域产业格局。公司从执行柳州螺蛳粉行业领先的生产水准，到自建米粉加工厂，注重新品研发、新技术应用，严格管控工艺，加强品牌建设。

典范 螺蛳粉、螺蛳鸭脚煲

利用铝膜袋进行原料包装，包装密封，阻隔产品气味外散，阻挡外部光线照射，保护产品质量稳定性。铝膜袋耐高温，可有效杀菌，真空包装延长产品保质期。菌菇螺蛳粉以《向往的生活》（第五季）关键的核心元素——蘑菇屋、五位嘉宾和桃花元素打造视觉画面，借助国民综艺塑造值得信赖的产品形象，以米粉构成的瀑布流、笋山和石螺点缀桃花坞风景，直观而形象地展示该品类螺蛳粉的核心元素。

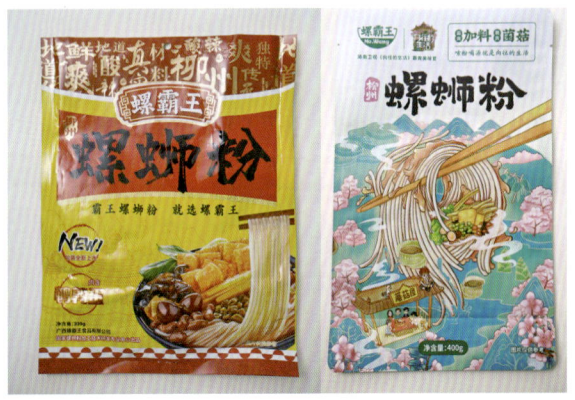

通信地址：广西壮族自治区柳州市洛维工业集中区A-01-2地块
联系电话：18578902678　　周文玲
推荐单位：广西壮族自治区优质农产品开发服务中心

广西融安蚂蚁农业发展有限公司

广西融安蚂蚁农业发展有限公司成立于2018年，同年建成5 000平方米融安金桔云仓，配置法国迈夫诺达光电分选生产线，具备日分选7.5万~10万千克、电商标准件打包9.3万件的生产能力。现有基地产能部、市场部、电商传媒部、车间生产组等多个部门，固定员工32人，季节性临时工人100~300人。公司于2019年12月获批为柳州市农业产业化重点龙头企业。现有融安金桔产业联合体基地5 800亩，沃柑基地1 300亩。2020年开始建立融安金桔智慧农业云平台，自建示范智慧农业基地300亩。公司自有品牌"大桔已定"获得中国香港优质"正"印认证，为融安优质特色产品销往我国香港乃至国际市场开启了绿色通道。公司秉承开拓创新精神，不断拓宽经营范围，丰富产品种类，着力于成为一家专业的综合农产品云供应链企业。

典范 融安金桔

包装融入了融安的传统文化及少数民族特色，采用手绘国潮风格。山水图案，凸显融安地理环境山清水秀；果实图案、融安骑楼建筑图案居中，突出融安当地民族特色；仙鹤和麋鹿代表着产品来源于自然生态；整个画面色彩鲜艳，金黄色的LOGO、橘色的侧边与产品特点相映成辉，充满新鲜活力。纸质外箱可回收利用，环保。内包装采用薄膜单独包装，美观大方，对果品保护效果更佳。

融安金桔（过年款）采用桶装包装设计结构，提升产品档次。设计偏向过年喜庆的元素和颜色。过年讲究的是团团圆圆，所以桶装的品牌又叫"欢桔一家"。四周绘画出一家人欢声笑语的场面，颜色以大红和粉色色系为主，给人以温馨感。

融安金桔礼盒装（飞机盒款）礼盒配备有绳子，能手提送礼。包装设计主要色系为橙色，绘画出融安金桔果实，抽象化的背景线条描绘出融安金桔的发展历程和理念。

通信地址：广西壮族自治区融安县长安镇桂北农批电商园10栋
联系电话：18376259375　　陈天安
推荐单位：广西壮族自治区优质农产品开发服务中心

广西融水县天珍大苗山生态农业有限公司

广西融水县天珍大苗山生态农业有限公司成立于2014年,是一家优质的集茶叶育苗、种植、加工、科研、打造品牌、市场营销和茶旅观光为一体的科技型有机食品民营企业,也是柳州市农业产业化重点龙头企业之一。

公司基地位于华南第三高峰元宝山东北麓的红水乡黄奈村黄奈坡,是平均海拔650多米的高寒山区,自然生态环境独特,常年云雾缭绕,天然洁净,无任何污染源,是种植有机茶的最佳环境。茶叶种植基地1 100多亩,其中获北京中绿华夏有机食品认证中心的有机认证137亩;培育和利用苗族野生茶资源,生产红茶、绿茶、白茶、黑茶等苗茶系列产品。有产品研发技术团队,并聘请了茶叶研究专家作为公司的常年技术顾问。公司日加工能力可达3 000千克鲜叶茶,具备年产绿茶、红茶、白茶、黑茶等产品250吨的生产能力。拥有发明专利12项。

典范 苗魅大苗山红茶隐茶杯

苗魅大苗山红茶精选优质有机红茶为原料,主要用于隐茶杯,使用原木浆纸、食品级铝箔纸和植物纤维滤网制作,茶水分离。把有机红茶藏于杯底,滤网与纸杯固定,茶叶不上浮,设计双层隔热,不烫手,久泡不软化不变形。以最简单非专业的茶具,在最短时间内泡出专业茶具才能泡出的好喝好茶,让普通人也可以感受安全、高效、健康的中国茶文化,满足人们对美好生活的追求,让更多的人都能喝上大苗山的"杯中有茶,茶中带福"的好茶。方便快捷,适合当今快节奏的工作现状,冲入90℃饮用水浸泡润茶轻摇茶杯即出茶汤。

通信地址:广西壮族自治区柳州市融水县华强路80号(大苗山红茶展示中心)
联系电话:15778280686　韦晓琴
推荐单位:广西壮族自治区优质农产品开发服务中心

龙胜县脊地绿色农业有限公司

龙胜县脊地绿色农业有限公司成立于 2019 年，坐落于全球重要农业文化遗产地——广西龙胜龙脊梯田，是一家致力打造原生态产品的公司。龙胜县森林覆盖率近 80%，有"九山半水半分田"之称。公司拥有自己的种植养殖基地，注重品质，以有机种养为基准，打造放心品牌，引领健康生活。

典范 龙脊地龙胜凤鸡

包装设计以简洁为主，采用冷白色调为底色，放大"PHOENIX CHICKEN+ 龙胜凤鸡"字样，突出产品名称，用一个凤鸡的图案更加突出产品内容。盒子的设计能够锁鲜，保障送到消费者手中的产品还是新鲜的，可让消费者品尝到原汁原味的凤鸡。在顶部设计提手更加方便拿取。

通信地址：广西壮族自治区桂林市龙胜县桂龙路 393 号
联系电话：18276310563　　　石宝琳
推荐单位：广西壮族自治区优质农产品开发服务中心

广西善元食品有限公司

广西善元食品有限公司成立于 2015 年，是一家集生产、研发、加工及营销为一体的现代化食品生产企业，以预包装螺蛳粉为主营业务，注册商标佳味螺、遇螺倾心、螺干味及鼎螺鲜等。

目前公司渠道已覆盖天猫、京东自营等众多知名电商平台。公司先后荣获了 2020 中华品牌商标博览会金奖、柳州市狂欢节－螺蛳粉美食百家宴特别贡献奖、共青团鹿寨县疫情防控爱心企业奖、柳州市红十字会 2017—2020 年度爱心事业奉献奖，是广西壮族自治区小微企业个体工商户专业市场党建工作示范点。

典范一 佳味螺紫荆花款

包装上采用了柳州紫荆花元素，以白色为主色调，字体上运用了青花瓷的花青色，高雅端庄。佳味螺紫荆花款螺蛳粉同时申请版权"趋势向上螺蛳粉"，它是柳州城市名片代表之一。

典范二 冲泡精装版（有螺肉）

以肥美螺肉食材组合成图案，配以螺蛳实景拍摄图，富有形式感和设计感，诠释"佳味螺，有螺才地道"的螺蛳粉品牌理念，强化视觉重点。以黑色的底色，简洁的设计画面，突出"有螺"的特点。

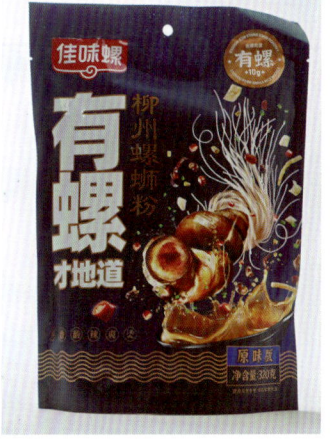

典范三 水煮型（有螺肉）原味、浓汤、加辣加臭款

以螺肉为核心，强化视觉重点，设计简洁有质感，高端大气。

通信地址：广西壮族自治区柳州市福馨路 12 号 5 号标准厂房 3-1
联系电话：13707720204　文 艺
推荐单位：广西壮族自治区优质农产品开发服务中心

融安县悠悠桔香金桔种植专业合作社

融安县悠悠桔香金桔种植专业合作社成立于 2020 年,合作社种植面积 300 余亩,拥有 1 000 余平方米采后分选、包装场地。具备日分选 5 000 千克、电商标准件打包 5 000 件的生产能力,现有部门员工 25 名,季节临时工 50~100 人。

典范 融安金桔

融安金桔作为壮乡广西融安的一个地标特产,包装融入了壮乡的少数民族特色。以风景优美、浪溪江环绕的三马金桔示范区元素原创手绘插画,采用可回收纸质包装,内衬采用新型的环保包装 EPE 珍珠棉,成本更低,档次更高,美观大方,对果品保护效果更佳。

通信地址:广西壮族自治区柳州市融安县雅瑶乡章口村破背屯 7 号
联系电话:15019209149　韦　松
推荐单位:广西壮族自治区优质农产品开发服务中心

忻城县宏宇商贸有限公司

忻城县宏宇商贸有限公司位于忻城县城关镇板河村内城屯，成立于 2017 年，是一家持有自主品牌"林管家"商标地方民营企业，注册资金 500 万元，办公场地占地 480 平方米，生产加工场地占地 500 平方米，现有职工 18 人，其中高级技术工人员 8 人、专业技术人员 10 人。甜糯玉米棒产量为 2 000 根/天，2020 年上半年销售额达 50 万元。企业拥有现代化的标准厂房及内部管理体制，公司技术力量雄厚，采用先进的生产设备，秉承"优质、创新、健康、时尚"的经营理念，利用忻城县典型的喀斯特地形地貌进行原种原耕，采取现代工艺进行食品生产，主要经营谷物种植、蔬菜种植、农副产品深加工、销售等业务。

典范一 林管家甜糯玉米

展现忻城县得天独厚的喀斯特地形地貌条件、历史悠久的"老唐朝"原种、原耕的方式，体现勤劳的农民一辈子的劳作成果。以天然的绿色为主色调，与玉米苞叶绿色相似，外包装盒子形状是上窄下宽的梯形，从侧面看就像当地的丘陵地貌，更能从众多方正形状外观的包装中脱颖而出。配有绿色双绳，手提更方便，体现礼盒的实用性。

典范二 忻城糯玉米糁

外包装材料采用高密度棉麻布面料环保可重复利用。包装袋束口处精工车双提耳，结实耐用。布袋圆柱形，印刷人脸表情，画面简约美观又大方，描绘了稻农自信的精神面貌。

通信地址：广西壮族自治州来宾市忻城县城关镇芝州一路忻城县电子商务产业园
联系电话：19178035882　　黄利金
推荐单位：广西壮族自治区优质农产品开发服务中心

广西立腾农牧发展有限公司

广西立腾农牧发展有限公司成立于 2015 年 4 月，注册资本 5 000 万元。公司已发展并设立 7 家子公司，是一家集肉鸡养殖、禽苗育种、蛋鸡生产、肉类加工及销售为一体的全生态链循环养殖型农业产业化国家重点龙头企业。公司生产符合质量管理体系 GB/T 19001 和 ISO 9001 标准。公司获评广西畜禽现代生态养殖场、国家现代农业产业技术体系广西肉鸡产业创新团队示范企业、三星级党组织、广西壮族自治区民生保供重点企业、农业产业化国家重点龙头企业，多系列产品通过国务院扶贫办扶贫产品认定。

典范一 立腾鲜鸡蛋

方便消费者手提，美观大方、实用。颜色底色为泥土黄色，突出鸡蛋的"土"，生态自然生产。正面图片选择公司基地附近山峦照片添加雾霭效果，显示生产环境的优越。鸡和鸡蛋的实图体现产蛋鸡的特性和品种。"鲜鸡蛋"几个字位置鲜明、字体有趣味性，给人以轻松明快的感觉。包装侧面印刷公司品牌标志及公司详细信息。

典范二 立腾绿壳蛋

方便消费者手提，美观大方、实用。颜色底色为绿色，是该鸡蛋的标志颜色。正面图山峦和雾霭凸显生产环境的优越。鸡蛋和鸡的实物图清晰地体现蛋的特性。"绿壳蛋"几个字位置鲜明、字体有趣味性，给人以轻松明快的感觉。包装侧面印刷公司品牌标志及公司详细信息。

典范三 立腾东兰乌鸡蛋

方便消费者手提，美观大方、实用。颜色底色为蓝色，表达产品追求蓝天的颜色，源自生态自然产出的工艺。正面图山峦和雾霭凸显生产环境的优越。鸡蛋和鸡的实物图清晰地体现蛋的特性。"乌鸡蛋"几个字位置鲜明、字体有趣味性，给人以轻松明快的感觉。包装侧面印刷公司品牌标志及公司详细信息。

通信地址：广西壮族自治区南宁市江南区江西镇同良村维罗坡 24-1 号
联系电话：15177772206　杨斯伊
推荐单位：广西壮族自治区优质农产品开发服务中心

广西螺状元食品科技股份有限公司

广西螺状元食品科技股份有限公司的螺状元作为柳州螺蛳粉行业领先品牌，推出的爆辣方便螺蛳粉备受瞩目。近年来，螺状元不断更新品牌的特色产品，满足消费者对螺蛳粉的各种需求，通过线上线下结合的方式，不断加深消费者对品牌的新鲜感及依赖度，品牌不断年轻化，迎合着社会、时代的发展需求。

典范 方便螺蛳粉

主体色彩是红与藏青色，盖子是深蓝色。"红"是一种鲜艳的颜色，象征着喜庆和火热。大红的颜色体现喜事的风采、节日的祝贺、内心的喜悦，也象征着吉祥，传递恒久的喜庆气息。"藏青"色彩是一种内涵丰富但不容易被发现的颜色，主要是想表达出"热情似火、高品质、专业水平、对团圆和未来的向往"的理念。方便螺蛳粉包装套件，又分为螺蛳粉的内包装桶和螺蛳粉的外包装箱。内包装桶可以使人们方便食用，插画设计元素在于产品螺蛳粉本身，提取代表性元素与复古的设计手法做结合，给消费者国潮风格的视觉享受。流行的锦鲤图案给产品赋予幸运寓意，配以放射性背景元素使画面视觉集中且充满活泼感。

通信地址：广西壮族自治区柳州市鱼峰区葡萄山路7号洛维工业集中区祥兴科技孵化器项目4号厂房
联系电话：18579938826　张平衡
推荐单位：广西壮族自治区优质农产品开发服务中心

横县清雷茶业有限公司

横县清雷茶业有限公司主要加工生产销售茉莉花茶、六堡茶，拥有3个大型生产车间，分别为隔离窨制花茶车间、传统茉莉花茶窨制车间和黑茶加工车间。2020年被评为自治区级农业龙头企业，同年"2013茉香六堡茶"在第八届中国茶业博览会荣获黑茶－六堡茶类银奖。茉莉花茶年产量达到1 000多吨，产值8 000多万元，六堡茶年产量500多吨；产值达到3 000多万元。获得国家农产品地理标志广西六堡茶授权使用。

典范 广西六堡茶

2021年，横县改设为县级横州市。为庆祝横州市成立，横县清雷茶业有限公司特别推出一款"横县撤县立市'横州市'纪念版"茶，这是以特有的现代发酵工艺精心制作出来的品质六堡茶。包装设计主要围绕横县的历史痕迹，正面采用的20世纪70—80年代的旧横县汽车总站图，见证了横县的发展变迁。历史是岁月留下的痕迹，是挥之不去的记忆。典藏精品，很有纪念价值意义。

通信地址：广西壮族自治区横县横州镇清江村委雷屋村
联系电话：18376014818　　雷大焰
推荐单位：广西壮族自治区优质农产品开发服务中心

广西桂平市金田一宝生态农业发展有限责任公司

广西桂平市金田一宝生态农业发展有限责任公司成立于 2016 年，注册资金 300 万元，拥有强大的研发能力，研发种植加工设备和淮山的系列产品。公司目前拥有自己标准的生晒挂面生产线，通过销售并对市场的深入了解，公司与淮山协会一起与高校产、学、研合作，延长产业链，提高淮山的附加值。

典范一 金田一宝淮山面条

采用古汉简洁朴素主义风格，素白极简风，以质朴见真知。牛皮纸标"金田一宝"4 字贴标字体采用手工自创标宋体，字形清秀雅致，横平竖直中带棱角，比一般电脑字更为俊美。配图为印章，采用古隶变体，体现传统文化的经典传承，红色的印章更是整个包装的点睛之笔。

面条包装采用传统的圆形经典款，内包材牛皮纸色与淮山本色一致。外包材用塑料覆膜，起到密封作用，防潮防虫。

典范二 农家礼淮山面条

采用农家小屋为外形设计原型，可容纳 2.5 千克产品。礼品装设计采用中国唐风传统元素，农家礼字体用颜味行楷，壮美逸秀。盒体颜色为渐变色大红、橙黄，花纹采用传统经典福字、祥云等吉祥元素，传承经典，发扬经典。

通信地址：广西壮族自治区桂平市西山镇西山村（碧云天商住中心）A 区 1107 号
联系电话：15077558865　彭　蔚
推荐单位：广西壮族自治区优质农产品开发服务中心

广西福民食品有限责任公司融安分公司

广西福民食品有限责任公司设有总公司和分公司，前身为融安县福民凉果厂，始建于1985年，拥有冠泉、小洲2个注册商标。经过36年的精心经营，公司已成为广西壮族自治区颇具规模的现代化专业生产名优土特产的企业。公司坐落在美丽的融江河畔的融安县和壮族发源地田阳县，交通便利。公司经营范围为：凉果蜜饯、糖果糕点、果蔬汁饮料、酱腌菜、干鲜果加工、农副产品加工销售。公司所有产品原料均为广西山区野生水果及农林特产，生产工艺流程符合绿色食品生产标准。

典范 小洲头菜

小洲头菜自古以来一直是广西四大名镇之一融安县城的名食，其名美扬两广地区。但从前头菜散装销售不耐储藏，不耐运输。用瓦坛运输笨重易碎，不用瓦坛运输头菜则易变味、变黑，所以头菜虽是融安特产，终因受产品本身弱点限制，新中国成立后也仅在融安周边地区销售，很少能销售到区外。

为了解决不易运输、易腐坏的难题，本款小洲头菜采用透明真空包装，高清呈现腌制菜品本身色泽，质朴而真实。

通信地址：广西壮族自治区融安县长安镇新民二区54号
联系电话：13633080498　　杨南康
推荐单位：广西壮族自治区优质农产品开发服务中心

融水苗族自治县农业农村局

融水苗族自治县农业农村局位于广西柳州市北部，于 2019 年合并农业、畜牧、农机、糖业，划入财政、水利、国土、林业等相关涉农职能组建而成，负责贯彻落实上级关于"三农"工作的方针政策和决策部署，是广西脱贫攻坚先进集体单位。全局共有 8 个内设机构，下辖 18 个直属二层单位。共有编制 179 名，现有在职人员 179 人。

典范 融水地理标志产品

把 6 种融水地理标志产品集中在一个高档、精美的礼盒中，采用"中国芦笙斗马文化之乡""苗族自治县"等元素，集中全县之力统一宣传、推介和销售，代表全县高质量、高端、名牌产品。专用于全县大事活动，参加国内、国际展会，是脱贫攻坚、乡村振兴成绩的集中体现。融水地理标志产品的礼盒通过政府采购，委托专业、正规、有生产资质的厂家，用符合国家安全标准的材料制作而成，采用加厚纸板和环保无毒无异味的内托；展示融水地理标志产品的高贵、上档次的高大形象和高质量。

6 种地理标志产品，还可以进行多种组合搭配作伴手礼，进一步丰富了礼盒的内容。

通信地址：广西壮族自治区柳州市融水县金冠路 70 号
联系电话：18078232202　　刘佳佳
推荐单位：广西壮族自治区优质农产品开发服务中心

广西瑶老同酒业有限公司

广西瑶老同酒业有限公司始创于 2019 年，总部位于广西河池地区南丹县，是寿乡广西的本土酒坊，采用古法传统酿酒工艺，纯米酿制出各种高品质的米酒。

公司追求简朴，使用好的原料，运用古老的传统工艺，酿造优质的纯米酒。

公司依托投资人的外贸优势，主要向全球推广中国的传统米酒，把米酒推向全球酒类的舞台。

典范一 瑶王糯米酒

采用米黄色瓦瓶包装，瓶体设计简约，采用陶土烧制而成，瓦瓶装有利于酒体的保存和陈化。瓦瓶体现中国传统包装文化，还可重复使用。"瑶老同"采用手写毛笔书法字体，与历史悠久的米酒文化相呼应。产品的外箱采用可以降解的纸张制造，卡扣设计。全部产品不使用封口胶，环保。

典范二 瑶乡米酒

采用磨砂玻璃瓶，瓶体简约，瓶盖为铝合金制造，外套热缩膜，前后标签采用环保 PVC 印刷。磨砂玻璃瓶有利于酒体的保存和陈化，还可以回收回炉，所有 PVC 标签和瓶盖全部采用环保食品级材料制造。手写毛笔书法字体，与历史悠久的米酒文化相呼应。产品的外箱采用可以降解的纸张制造，卡扣设计。全部产品不使用封口胶，环保。

典范三 瑶家白香果酒

采用磨砂玻璃瓶，瓶体简约，瓶盖为铝合金制造，外套热缩膜，前后标签采用环保 PVC 印刷。磨砂玻璃瓶有利于酒体的保存和陈化，还可以回收回炉。底部镂空设计使其可以堆叠，便于展示和冰箱内存放。所有 PVC 标签和瓶盖全部采用环保食品级材料制造。手写毛笔书法字体，与历史悠久的米酒文化相呼应。产品的外箱采用可以降解的纸张制造，卡扣设计。全部产品不使用封口胶，环保。

通信地址：广西壮族自治区河池市南丹县城关镇民行北路城北路
联系电话：18978762787　　唐月旺
推荐单位：广西壮族自治区优质农产品开发服务中心

广西一起同柑科技农业发展有限公司

广西一起同柑科技农业发展有限公司隶属于广西乐土科技集团,主要从事大农产业链农业生产、研发、销售一体化工作。成立至今已创立"一起同柑"沃柑 IP 品牌,获得广西第一个供港、出口欧美双标品牌。获得绿色食品认证、ISO 9001 认证、中国香港 STC 质量检测认证、出口认证、富硒食品认证、出境水果包装认证、出境水果基地认证。

典范 一起同柑

突破传统包装图文,采用广西本土人文、地理、风情面貌作为背景。

通信地址:广西壮族自治区南宁市青秀区凌顶大厦 5 层
联系电话:18587783551   孙晓棠
推荐单位:广西壮族自治区优质农产品开发服务中心

广西钨龟三农业科技有限公司

广西钨龟三农业科技有限公司成立于2015年，注册资金1 000万元。拥有伶俐镇龟鳖生态繁育示范基地（基地2008年最早成立南宁市必兴龟鳖养殖农村专业合作社）、南国钨龟三龟鳖生态养殖示范园、南国龟鳖生态产业园3个基地，总面积共1 400亩。公司致力于发展龟鳖生态繁育、养殖及产品深加工，主要品种有石龟、安南龟、小鳄龟、黄沙鳖等。公司以"合作社+基地+农户"的模式运营。公司及旗下合作社养殖的黄沙鳖、小鳄龟等3个产品2019年获得无公害农产品证书。公司发展理念是从种苗、养殖到加工形成产业链，在基地开展乡村生态游服务，以产业带动旅游业，实现养殖、加工及旅游文化三产业融合。

典范一 钨龟三黄沙鳖生鲜

内包装材料为PET/PE真空食品包装袋，外箱为环保纸质箱。真空食品包装袋可以有效地保障产品安全，延长保鲜期。外包装纸箱耐穿刺性能好、阻隔性能强，能够良好避光。

典范二 钨龟三冰冻鳄龟肉

内包装材料为PET/PE密封食品包装袋，外箱为环保纸质箱。内包装袋外观透明，有良好的光泽度，密封良好，可延长食品的保质期。环保纸箱防潮、防尘、防细菌，方便运输。

典范三 钨龟三龟干

内包装材料为PET/PE密封食品包装袋，外箱为环保纸质箱。密封包装袋具有良好的气密性，阻氧、防潮、避光、保香，延长产品保质期。环保纸箱安全环保，着色好，外观精美。

通信地址：广西壮族自治区南宁市青秀区伶俐镇伶俐村武伶坡
联系电话：13978858763　　蒋洪峰
推荐单位：广西壮族自治区水产技术推广站

桂林鱼伯伯生态农业科技有限公司

桂林鱼伯伯生态农业科技有限公司位于桂林市雁山区，成立于2014年6月，注册资本为2 000万元，主要以淡水鱼养殖为主，养殖、加工、休闲一二三产融合发展。养殖基地是广西壮族自治区特色农业现代化示范区、农业农村部质量安全中心CAQS-GAP试点生产经营主体、农业农村部水产健康养殖示范基地、无公害农产品认定企业、广西农业产业化重点龙头企业、广西富硒农产品认证企业等，获国家多项专利证书及注册有鱼伯伯、渔伯伯等60多个关联商标，年产鲜活鱼600多吨，鱼类加工产品100多吨。公司致力于推广现代化渔业科技特色生态农业带动渔农户共同致富，把鱼伯伯品牌打造成广西的一张名片。

典范一　鱼伯伯生态活鱼

整条活鱼（草鱼）销售，每条鱼背脊上配有合格证、追溯码牌，标牌上标识有鱼伯伯品牌、联系方式、产地代号、池塘代号及编号，每一条鱼拥有一个独立的编号。手提装外观为透明塑料袋，上标识有鱼伯伯品牌、品名、生产日期、出产地、联系方式、合格证、追溯码及桂林山水简图等。鱼伯伯品牌  生态鱼产品，手提袋装水后装入活鱼（草鱼），挂合格证标志，封口充氧，冬天可存放3天，夏天可存放1~2天。可直接配送或者冷链运输配送。

典范二　鱼伯伯腊鱼干

手提箱+内真空包装。外包装为纸箱，内包装为透明塑料真空包袋，外包装上标识有鱼伯伯商标、产品名、生产日期、出产地、联系方式、合格证、追溯码、公司荣誉、公司公众号和淘宝网二维码、桂林山水简图等。

 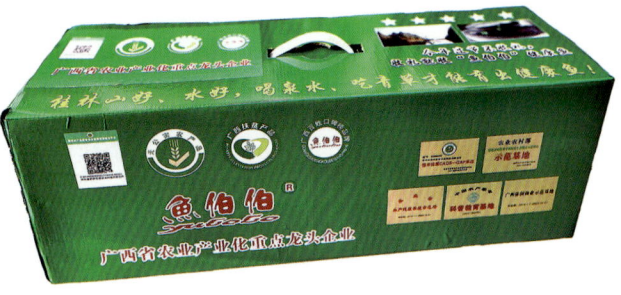

通信地址：广西壮族自治区桂林市叠彩区北和路青城苑17栋1号
联系电话：13737732988　　吕建明
推荐单位：广西壮族自治区水产技术推广站

尚南堂海南生态农业科技有限公司

　　尚南堂海南生态农业科技有限公司是一家集鹧鸪茶种植技术、种质驯化、应用开发、产品研发、精深加工、品牌销售为一体的全产业链型现代化农业企业，也是国家地理标志保护产品——"万宁鹧鸪茶"的标准主要起草单位。

　　尚南堂本着挖掘鹧鸪茶价值和传播健康生活方式的发展理念，独家研发出鹧鸪乌龙茶、鹧鸪小青柑茶、鹧鸪即饮茶等40多个SKU的系列鹧鸪茶产品，连续荣膺2018年、2019年博鳌亚洲论坛宴会用茶、外交茶礼和首届中国消费品博览会"海南名特优新"品牌的荣誉。

　　尚南堂聚焦鹧鸪茶这一健康品类，秉持产品优先、科技为核、产业扎根、文化为体、品牌致胜的发展理念，旨在为顾客提供安全、健康、自然、愉悦的产品和一种健康的生活方式，为社会创造一个健康、可持续、生态的绿色产业。

典范一 小黄罐礼盒

　　汲取骑楼建筑灵感，复刻南洋文化瑰宝。小黄罐拥有独家外观设计专利，设计结合骑楼建筑经典造型"天元顶+罗马柱"元素，体现尚南堂品牌始于南洋、诞于骑楼、复号老街重焕新彩的文化内蕴。马口铁罐美观坚固耐用，可重复利用或储物，增加附加价值。茶球包材采用棉纸包装，绿色环保，外盒结构采用常规天地盖盒型，与南洋骑楼元素呼应，简约高档，易于制作及装箱运输，空间利用率高，节约成本。

通信地址：海南省海口市中山路78号
联系电话：13876264300　　夏冰
推荐单位：海南省农产品质量安全中心

典范二 MINI 黑白礼盒

　　黑白至简，构筑东方智慧美学，相生相弈，彰显"致中和"养生法则。马口铁罐造型灵感取自中国围棋，棋盘中央为太极，棋两色表示阴阳。棋盘有九星，最中间称为"天元"。结合骑楼经典"天元"建筑元素，与围棋太极天元文化呼应，并体现了品牌始于南洋、诞于骑楼、复号老街重焕新彩的内蕴。马口铁罐便于携带，可重复利用或储物，茶球采用棉纸包装，绿色环保，外盒采用书型盒盒型，简约高档，易于制作及装箱运输。

典范三 海红七号 1985

　　复刻 1985 年金奖品质，特色条烟盒外观结构，富有创意。设计元素结合 20 世纪 80 年代广告海报、招牌元素，复古与创新碰撞，经典包装 + 经典红茶，经典永不过时。包装装饰花纹与主画面采用骑楼元素，体现了品牌始于南洋、诞于骑楼、复号老街重焕新彩的内蕴。外观采用书形盒结构，简约环保高档，一盒 10 小盒，便于携带易于制作及装箱运输。

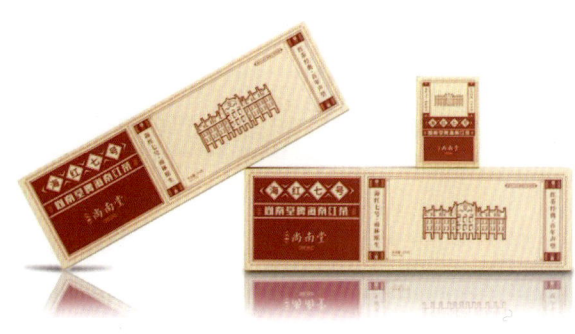

重庆巨地农业发展有限公司

重庆巨地农业发展有限公司成立于 2013 年 2 月，注册资金 600 万元，位于巴南区安澜镇巴联村四社。公司是重庆市农业产业化龙头企业，有得天独厚的自然条件，海拔 700 米左右，植被覆盖率 70% 以上，依山傍水，风景优美，常年雨量充沛，土地肥沃，无任何工业及环境污染，以绿色有机生态为主，形成自然的环境保护条件，很适宜猕猴桃生长。公司打造的巴廉寺生态园占地面积 1 500 余亩，其中园区内主要种植绿色水果巴南高山红心猕猴桃 350 余亩。2016 年生产的红心猕猴桃被评为国家绿色食品，到期后续展合格至 2023 年；2017 年荣获第十八届中国绿色食品博览会金奖；2018 年被评为重庆市名牌农产品、巴南区十大最美采果地；2020 年参加第十七届中国—东盟博览会"农产品包装标识专展"，获特等奖。

典范 三宜庄红心猕猴桃

此款包装为纸盒装，内装 28 个红心猕猴桃精品鲜果，每盒 3 千克左右，增加包装整体颜色以生态绿色为主，把绿色环保、安全健康放在首位。包装运用插画这种新颖的设计手法，区别于以往农产品的传统包装形式，让人眼前一亮。包装色彩、图文内涵丰富，美观大方，标识清晰规范。把猕猴桃品质、品相、品味完美融合，美观大气。

通信地址：重庆市巴南区鱼洞新市街 91 号 2 单元 26-4#
联系电话：13996460666　黄利强
推荐单位：重庆市农产品质量安全中心

重庆阳春巴人农业开发有限公司

重庆阳春巴人农业开发有限公司于2014年成立,是集生产、种植、文化传播、乡村旅游于一体的综合型企业,是重庆市农业产业化重点龙头企业、最美绿色食品企业。

公司创建了100亩标准化示范果园,具有示范性和带动性,通过"公司+基地+专业合作社+农户"发展模式及一系列惠农措施,带动农民种植生产打包,帮助农民增收致富。同时通过"水果+互联网",全面提升产品销售和品牌影响力,公司利用自身资源和区域优势,大力开展农旅融合,修建农场文化体验园,开办了各项业务板块,成为公司经济增长点,助推产业发展、乡村振兴。

典范一 贵妃梨

产品包装采用食品级PET复合膜、纸质材料,环保健康。以原木色木浆纸板作为产品包装的主色调。翻开式设计更具仪式感、层次感及安全感。"贵妃梨"标志图案,主题鲜明,整体包装大气、典雅。外包装印制了企业电话,将线上线下销售渠道打通。

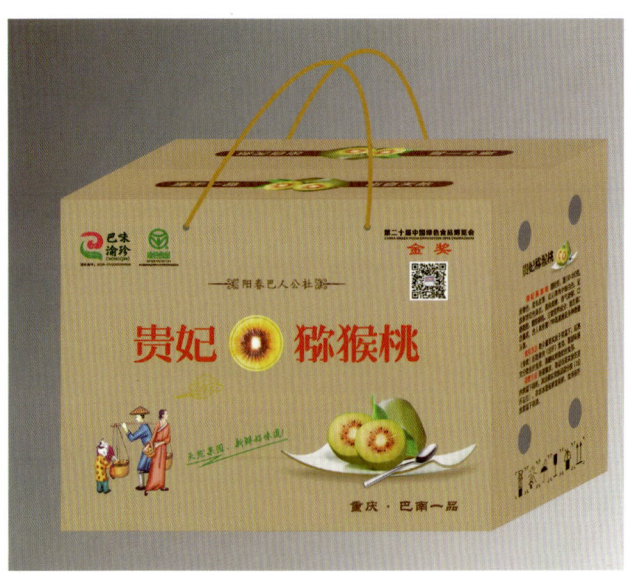

典范二 贵妃猕猴桃

产品包装采用食品级PET复合膜及定位包装复合膜,外包装由加厚版纸质材料制作,环保健康。以原木色木浆纸板作为产品包装的主色调;翻开式设计更具仪式感、层次感及安全感。"贵妃猕猴桃"标志图案主题鲜明,整体包装大气、典雅。外包装印制了企业电话,将线上线下销售渠道打通。

通信地址:重庆市巴南区一品街道乐遥村二社
联系电话:15215111118　　杨桂泽
推荐单位:重庆市农产品质量安全中心

重庆农升隆农业专业合作社

重庆农升隆农业专业合作社成立于 2019 年 4 月，位于重庆市合川区龙凤镇普场村。合作社主要种植、销售龙凤红苕、龙凤山稻、蔬菜等，不仅在线下进行销售，还利用互联网销售农副产品，提供农产品配送服务。同时，合作社还开展农业种植养殖技术信息咨询服务以及提供农业观光旅游服务。目前，种植龙凤红苕 250 亩、龙凤山稻 100 亩，计划后期采取"专业合作社 + 基地 + 农户"的形式，扩大龙凤红苕的种植。合作社以农业科技为先导，以种植、加工为主业，充分发挥了示范带动作用，带动周边农民尽快致富，取得较好的社会经济效益。

典范 龙凤红苕

精美的盒装包装让红苕不再那么"土"，提升红苕的附加值，使其能够成为人们日常交往的时尚礼品。外包装为硬板纸，可回收再利用，充分体现了环保和亲近自然的目的。包装盒方便商品运输、存储，能可靠地保护商品，避免磕碰外力损伤。包装采用土黄色为主色调，土黄色作为大地色，使人联想到红苕种植收获离不开的土地。正面简笔画体现了原始农村风貌，表明农耕文明源远流长，现代农户始终保持对农业的热情，保持了相对传统的生产方式，使龙凤红苕的品质得以延续。背面的龙凤红苕简介使消费者能快速了解龙凤镇优越的自然环境条件，树立良好的品牌形象。

通信地址：重庆市合川区龙凤镇普场村
联系电话：13272738636　　何友平
推荐单位：重庆市农产品质量安全中心

重庆市骑乡枇杷种植股份合作社

　　重庆市骑乡枇杷种植股份合作社成立于 2012 年 5 月，注册地址为合川区古楼镇骑龙场镇熊家街，是一家集枇杷种植、管理、加工、销售为一体的合作社。合作社目前流转土地 500 余亩用于枇杷种植，现有大五星、早钟六号、白玉枇杷等不同的枇杷品种，均已申请绿色食品证书。合作社积极为广大种植户举办技术培训和管理指导，规范种植户疏花疏果、果实套袋、树干涂白等农事操作，不断提升种植户的种植水平，为枇杷品质的提升打下了良好的基础。

典范 合川枇杷

　　天地盖礼盒产品包装样式为天地盖盒型，内包装为散装有隔板，内部用网状泡沫隔开枇杷，避免相互挤压，中间用纸板隔开可上下两层存放枇杷，设计净含量为 2.5 千克，主要用于电商物流运输。包装标识设计正中间用枇杷切面，左边配有合川名胜古迹钓鱼城，下边三江汇聚，能体现出合川的人文历史和自然景观。其 LOGO 为采用于"合川"二字，"川"字犹如三江流动。

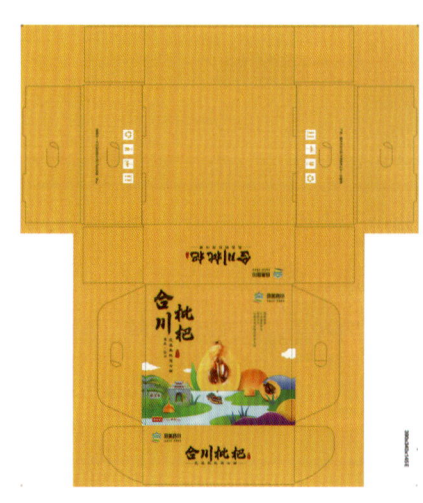

　　手提礼盒产品包装样式为手提礼盒盒型，内包装为散装无隔板，直接将枇杷堆放在盒内即可，包装设计为 5 千克，主要用于购买枇杷时自行提取。包装标识设计正中间用枇杷切面，左边配有合川名胜古迹钓鱼城，下边三江汇聚，配以合川特色景点位于三江汇聚的文峰塔，同时有文峰街牌碑，极具辨识度。

通信地址：重庆市合川区古楼镇骑龙场镇熊家街
联系电话：13389635009　　秦　勇
推荐单位：重庆市农产品质量安全中心

重庆新太祥合农业发展有限公司

重庆新太祥合农业发展有限公司位于重庆市合川区太和镇石岭村，是一家科技型农业企业，主要从事黄桃种植、新技术推广、果树种植技术服务，入库重庆市和国家科技型中小企业。

公司种植规模 300 余亩，基地管理参照四位一体生态种植技术，严格执行绿色食品种植标准，用生物菌肥、有机肥、矿物源肥料做底肥，用氨基酸和腐殖酸水溶肥补充营养，叶面喷中微量元素增加光合作用，用生物农药和物理方式为主防治病虫害。基地采用果园生草模式，不施用除草剂，全程人工除草，产品已获国家绿色食品认证。

太和黄桃在当地已有 30 多年种植历史，果皮红黄色，果肉黄肉红心，口感香脆甜，深受消费者欢迎，是国家地理标志农产品，第四届全国名特优新农产品。

典范 太和黄桃

包装主色调为橙黄色，寓意重庆人民对客人的火一般的热情，太和黄桃和祥桃标志配以浅色突出品名品牌。产品用热烈的橙色搭配烫金山水工艺，能有效地吸引消费者的目光，同时也能体现产品礼盒的特性，凸显高端定位。字体设计符合大众审美。产地卖点提炼，暗含北纬 30° 太和镇地理位置。黄桃插画设计，更凸显产品质感。方型飞机盒设计，外包装纸箱采用双层 E 瓦结构，外贴专色印刷铜版纸覆哑膜，内衬采用双层珍珠棉，单桃独立包装，减少了运输环节的损耗。

通信地址：重庆市合川区太和镇祥桃生态种植基地
联系电话：13308333068　　查宏翔
推荐单位：重庆市农产品质量安全中心

重庆市江津区轩宸柠檬股份合作社

重庆市江津区轩辰柠檬股份合作社成立于2014年，位于江津区白沙镇金保村十字路社，距白沙镇7千米，紧靠长江南面。海拔235~290米，测绘面积1 500亩。主要种植柠檬，平均亩产柠檬鲜销果3吨，年总产量3 300吨。公司持有欧盟有机认证、良好农业规范认证等相关证书。每年新产柠檬都会送检，获得SGS的200多项农残检测认证。公司致力于生产有机柠檬、健康柠檬，倡导健康生活，安全饮食。

典范　精品柠檬

2千克装采用天地盒规格的包装，套用精致腰封，体现出庄重和仪式感。腰封上印有欧盟有机认证、GAP认证等检测LOGO，牛皮纸外壳加鎏金LOGO，整体简洁明快，提升产品档次。

2千克礼品装最外层采用牛皮纸包裹，加麻绳固定，再加LOGO吊牌。从外观上凸显古朴简约又不乏精致与仪式感。内盒侧面印有SGS、欧盟有机等LOGO，整体简洁明了，包装整体给人一种低调又富有内涵的感觉。

1千克小型礼盒是简单的飞机盒包装，加中部透明镂空，可令消费者一眼看清内部产品。正面LOGO下方印有SGS、欧盟有机等LOGO。外形小巧，方便携带，利于做随手礼。包装外盒结构采用常规盒型，易于制作，包材利用率高，成本低，可回收及循环使用，绿色环保。

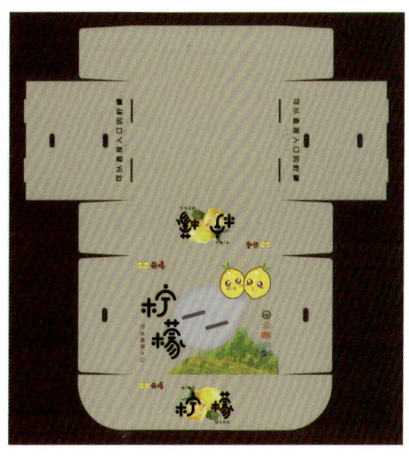

通信地址：重庆市江津区白沙镇金宝村6组
联系电话：18623099682　王渝涵
推荐单位：重庆市农产品质量安全中心

重庆果珍友民农业发展有限公司

重庆果珍友民农业发展有限公司成立于 2016 年 2 月，主要从事蔬菜水果种植销售、果苗培育销售和对外技术服务等。公司入驻重庆市（江津）现代农业园区核心区域慈云镇凉河村，流转土地 100 余亩，主要发展集休闲旅游和特色蔬菜、水果采摘为一体的综合农业基地。截至 2021 年，基地大棚种植面积 60 亩，累积总投资超过 500 万元。公司于 2018 年、2020 年获得江津区级农业龙头企业称号，并在 2019 年江津第四届创业创新技能大赛中荣获三等奖。基地主要产品有红心火龙果、富硒冬草莓等。有市级火龙果标准化农业示范果园，红心火龙果、巧克力草莓等多个产品已通过国家绿色农产品体系认证。

典范一 精品红心火龙果

飞机盒设计，正面包含产品图片信息、认证标识标志和联系购买方式。采用五层牛皮纸彩印，外壳美观耐用，外观整体简洁明了，还是一款可用于快递包装的手提礼盒。

典范二 红心火龙果

正面包含产品图片信息、认证标识标志和联系购买方式，侧面包含产品要素和价值介绍。采用三层牛皮纸彩印包装，图片逼真，色彩鲜明，让人看见包装就对里面水果有食欲，包装整体给人一种低调又富有内涵的感觉。

典范三 精品草莓

正面包含产品图片信息、认证标识标志和联系购买方式，侧面包含产品要素和价值介绍。采用三层牛皮纸彩印包装，外形小巧，方便携带，利于做随手礼。所有包装外盒结构采用常规盒型，易于制作，材料可回收循环利用，成本低且环保。

通信地址：重庆市江津区慈云镇凉河村 2 组
联系电话：13012363538　赵志平
推荐单位：重庆市农产品质量安全中心

重庆市江津区照杰黄豆专业合作社

重庆市江津区照杰黄豆专业合作社集黄豆的种植、收购、加工于一体，与重庆照华豆制品研究所合作，从事黄豆种植和豆腐乳加工。豆腐乳以绿色食品黄豆为原料，数种天然名贵中药为配料，严格按照绿色食品安全规程生产，采取祖传秘方与现代工艺相结合的酿造技术，产品具有入口化渣、陈香细嫩、余味绵长的特点。

典范 重豆豆腐乳系列产品

采用传统手磨图案等体现产品特点。走新趋势、新文化、新潮流的包装设计方向，扎根品牌文化内核，提取重庆特色为包装元素。选用红色、橙色、绿色作为主色调，色泽鲜艳，吸引年轻消费者。

通信地址：重庆市江津区石门镇永安村
联系电话：18883178788　　曹照杰
推荐单位：重庆市农产品质量安全中心

重庆尚果农业科技有限公司

重庆尚果农业科技有限公司由森美（集团）食品有限公司全资投资，项目于2013年4月开业建设，于2014年10月建成并投产。项目总投资1.2亿元，项目占地100亩，设有先进的100%鲜榨橙汁（NFC）生产线、5万吨级冷冻冷库单体及研发培训中心。NFC项目引进先进的生产设备及加工技术，处理能力达12 000包/小时，加工柑橘达16万吨以上，可实现年产值10亿元以上，生产规模位居全国同行业前列。该项目的落成对重庆地区的柑橘产业良性发展以及柑橘品牌的提升具有积极推动作用。

典范 森美零添加鲜榨果汁

产品外包装采用七层屋顶盒，具有独到的设计感及特有的材质和结构，能适度防止氧气和水汽进入，降低氧化作用对产品风味和色泽的影响。屋顶盒不透光的特性，可以避免产品中的维生素C受光线破坏，从而保护橙汁的营养、鲜度和口味。屋顶盒外观颜色大气、时尚，受广大消费者的青睐。

通信地址：重庆市开州区赵家街道东浦大道8号1幢
联系电话：13996657983　　陈和英
推荐单位：重庆市农产品质量安全中心

重庆市开州区金满甜农业科技开发有限公司

重庆市开州区金满甜农业科技开发有限公司位于丰乐街道黄陵村，自然气候条件优越，是开州区重点春橙基地之一。公司成立于 2014 年 5 月，主要从事农业开发服务，水果、蔬菜种植，淡水鱼养殖，食用农副产品冷冻、仓储、销售技术服务，进出口本企业生产的产品的原辅材料等业务。2014 年，为充分发挥龙头企业的优势，走"公司＋合作社＋市场"的道路，不断盘大盘强柑橘产业，带动农民增收致富。2015 年 9 月成功获得无公害食品证书，2018 年 9 月成功获得绿色食品证书，2018 年成功获得名牌农产品证书，2018 年获三峡杯银奖，2019 年获三峡杯"果王"称号，2021 年获三峡杯金奖。

典范 W-默科特柑橘

产品包装将地域文化融入农产品包装设计中，能够实现品牌的自主创新，提升产品美誉度和企业的知名度，能让更多的人去了解不同的文化，接受文化的熏陶，从而推动地域特色文化的传播。内包装采用泡沫网套单个包装，防止果实相互挤压。

通信地址：重庆市开州区丰乐街道黄陵村 1 组
联系电话：13075483398　　田学美
推荐单位：重庆市农产品质量安全中心

重庆市钱江食品（集团）有限公司

重庆市钱江食品（集团）有限公司是一家从"农场到餐桌"的全产业链企业，拥有进出口经营权，现有员工 700 多人，总资产 4.2 亿元，年综合产值达 6 亿元。公司已发展成集生猪饲养繁殖、冷鲜肉生产、肉制品精深加工、冷链物流、生鲜连锁、出口贸易等"产加销、贸工农"产业化、多元化经营格局。下辖 6 个子公司和 1 个控股公司（其中有市级龙头企业 3 个、区级龙头企业 1 个），即民意食品公司、鑫隆养殖公司、聚鑫农业公司、万顺食品公司、开鑫养殖公司、万顺肥料公司、锦前食品公司。公司先后被国家或相关部门考核审定为农业产业化国家重点龙头企业、全国生猪标准化示范场、全国农产品加工示范企业、重庆市安全出口猪肉生产示范基地、重庆市放心肉工程示范屠宰加工厂、重庆市脱贫攻坚先进集体、开州区工业二十强企业、重庆市出口食品农产品质量安全示范区等光荣称号。

典范 开州麻辣香肠

产品外包装画面采用手绘的方式体现当地特色景点，突出地域特色与当地特色产品相结合的方式，提高产品的推广度。内包装袋采用复合拉伸膜，单根独立包装，提高了使用和保存的方便度。

通信地址：重庆市开州区云枫街道桔乡路 428 号
联系电话：13709441399　　钱　辉
推荐单位：重庆市农产品质量安全中心

重庆兆宏农业开发有限公司

公司成立于 2014 年，自有柑橘种植地 2 368 亩，主要盛产塔罗科血橙，年产量 5 920 吨。公司注册资本 1 600 万元，总投资规模为 2 600 万元。现有专家团队 6 人、员工 86 人、专业技术骨干 36 人、营销人员 8 人。公司已带动当地 1 256 余户农户创业增收，是重庆市荣昌区农业产业化龙头企业。2019 年，重庆血橙 23 年来首次自主出口到印度尼西亚，是柑橘出口的一大进步。2020 年，兆宏农业血橙出口到马尔代夫，出口创汇。产品获三峡杯优质晚熟柑橘评选血橙类金奖、重庆名牌农产品称号。公司获评重庆市荣昌区贫困农村致富带头人培育基地、全国农牧渔业丰收奖一等奖、出口示范基地、农业产业化市级龙头企业。

典范 鲜果林

箱体主材选用食品级 350 克白卡瓦楞纸，并采用环保型油墨印刷，安全无毒。食品级材质，可直接接触产品。外箱面以白色与橘色为主色调，以鲜橙图案为主视觉，简洁清新，体现产品的绿色、生态、健康之意，该包装作防水处理，厚实坚固、精巧耐用，易于存放运输，使用后可回收再利用，符合国际标准。

通信地址：重庆市荣昌区清流镇马草村 5 社
联系电话：13512395552　钟　山
推荐单位：重庆市农产品质量安全中心

重庆艾迪食品有限公司

重庆艾迪食品有限公司成立于2018年,系农业农村部国家生猪市场运营机构全资子公司,公司定位是基于互联网、大数据、物联网等新一代信息技术重构中国生猪、猪肉安全品质,打造中国第一款猪－肉全程大数据溯源猪肉产品(ID-pig)。

2018年以来,公司以中国地方优良猪——荣昌猪为基础,通过互联网、物联网、大数据等现代信息技术,对生猪养殖、防疫、检疫、交易、运输、加工、质量、检测等关键环节进行实景数据映射,实现猪－肉全程溯源,全程管控,成功开发ID荣昌猪系列产品,得到消费者的认可,品牌溢价达到100%。

公司愿景:依托国家生猪市场1 000万级交易量及平台公信力,基于互联网、大数据、物联网、人工智能等信息科技,破解中国猪肉食品安全难题,为消费端呈现一款安全"三品"(品种、品质、品牌)猪肉,让消费者买得安心、吃得放心。

典范 荣昌猪香肠、腊肉、腊排

主题色调为深红,突出喜庆热情。正面配产品高清图片,生动形象;背面采用天窗工艺,方便消费者看到产品,"一头有身份证的猪""中国名猪"字样突出产品特色。包装结构简单大方,采用天地盖+真空包装。材料采用三层瓦楞纸;箱内产品使用真空包装;纸盒采用UV+覆膜+凸印工艺,突出产品特色,增加产品附加值且符合品牌定位。

通信地址:重庆市荣昌区国家高新区灵方大道22号
联系电话:13896041813　杜青炼
推荐单位:重庆市农产品质量安全中心　中国肉类协会

巫山县果品产业发展中心

　　巫山县果品产业发展中心为县农委所属公益一类事业单位，经费形式为财政全额拨款，其宗旨是为巫山县果品产业发展提供服务，其职责任务是：配合主管部门拟订果品产业发展规划和年度计划，并推动落实；具体管理果品产业项目，指导果品产业结构调整；协调和指导果业服务体系建设、果品经营主体建设；承担果品科研、技术推广、新品种培育、引进等工作；承担果品品种资源的保护与开发利用工作，参与果品质量安全管理和果树种子、苗木检验检疫等工作；提供果品生产、加工、储藏、流通、等环节的技术指导、信息咨询服务；承担果品区域公用品牌管理、品牌与市场建设等工作。

典范 巫山恋橙

　　采用长江三峡巫峡口为背景，传递"绿水青山就是金山银山"的设计理念。

通信地址：重庆市巫山县高唐街道平湖西路 402 号
联系电话：15310528303　　吴　勇
推荐单位：重庆市农产品质量安全中心

云阳县南山峡黑木耳种植专业合作社

云阳泥溪黑木耳源自七曜山自然保护区,野生青杠木上长出的纯天然食用菌,干耳片小,正面黑褐色,有弹性、肉厚胶质多,有清香、有光泽、口感爽脆。

云阳泥溪黑木耳获得国家有机食品、国家农产品地理标志产品、全国名特优新农产品、GAP良好农业等认证。青杠树牌黑木耳先后获评重庆市著名商标、重庆市名牌农产品、重庆市优质气候农产品品牌、第十二届中国国际农产品交易博览会金奖,入选全国百家专业合作社百个农产品品牌。

典范 木耳

450克、150克精装礼盒设计以当地地形、气候、自然环境为原型,以漫画的风格表达出青杠木耳自然、健康的品质。

225克精装礼盒设计以木耳实际生产环境为元素,给消费者呈现原汁原味的青杠木耳原生真实的生长状态,以此来体现青杠有机木耳的无添加、纯天然的健康理念。

通信地址:重庆市云阳县泥溪镇泥溪社区
联系电话:13452612209　胡太华
推荐单位:重庆市农产品质量安全中心

重庆捷鑫生态农业发展有限公司

　　重庆捷鑫生态农业发展有限公司是集黔江藤茶种植、加工、营销于一体的茶叶专业化企业。公司自有藤茶示范基地520亩，在正阳工业园区食品加工园建成藤茶加工厂，已通过食品加工SC认证，获得塞上藤商标；获2018年度区级龙头企业、2018年优秀农业企业、2019年优秀农业企业、2020年区级扶贫龙头企业等荣誉称号。公司塞上藤黔江藤茶系列产品，获2020年重庆名牌农产品、全国名特优新农产品、绿色食品证书，多次受邀参加国内知名的农产品展销会，在第十九届中国西部农产品交易会上获得最受市场欢迎农产品称号，在第21届中国绿色食品博览会上获得金奖，成功入驻市农产品公共品牌"巴味渝珍"平台，是巴味渝珍新华99农产品代言产品。

典范一　黔江藤茶

　　礼盒装采用外盒＋内盒形式。内盒保证产品的密封效果；外盒采用的"拉开"的盒子。罐装包装材料采用175g面纸、纱管纸。以"轻奢食品"为出发点，"宫廷龙纹"为主打图案，突出黔江藤茶龙须的珍贵。

典范二　仙女茶

　　本产品主要为网销产品，针对的主要人群为女性，颜色整体以女性喜爱的粉色为主，独立的小包装，便于携带。

通信地址：重庆市正阳工业园区四期标准化厂房5栋4层
联系电话：13908278698　　　罗启合
推荐单位：重庆市农产品质量安全中心

云阳县果品产业发展中心

云阳县果品产业发展中心为云阳县农业农村委员会管理的正科级事业单位。负责指导全县水果产业规划布局、结构调整、资源配置，以及水果产前、产中、产后的技术指导、培训和咨询服务；承担全县果业科技知识的教育培训工作；负责全县水果产业新品种、新技术的引进、试验示范和推广；指导全县水果标准化生产，拟订全县水果栽培技术规程、质量标准和行业标准；指导柑橘商品化处理线建设；指导全县水果产业服务体系建设；协助开展全县水果营销推介，指导全县水果品牌创建、加工、储藏、物流和销售；承担全县果品信息的收集和发布工作；为全县果品产业科技成果转化提供技术指导和协调。

典范 云阳红橙

10个礼品盒装包装表层采用3毫米厚工业纸板裱157克铜版纸，覆哑膜。"云阳红橙"4个字邀请书法名家书写。采用烫金工艺，内托用珍珠棉开模成型，摆放的果品均采用直径8.5厘米以上的果子有序摆放，外配300克白卡纸手提袋，便于携带。

5千克、10千克手提箱装包装表层采用250克白卡纸印刷，覆哑膜，"云阳红橙"4个字邀请书法名家书写。采用高强度瓦楞对裱成型，包装方正，侧面开有透气孔，便于运输。

通信地址：重庆市云阳县云江大道1544号
联系电话：18580217102　张洋洋
推荐单位：重庆市农产品质量安全中心

蒲江县三湖丑柑专业合作社

蒲江县三湖丑柑专业合作社于 2015 年 6 月在成都市蒲江县工商行政管理局注册成立。朝阳湖镇现有柑橘 2 万余亩，以新品种、新技术、新模式为依托，以新型经营主体（合作社、家庭农场、种植大户、农业企业）为基础，服务于广大农户，致力于蒲江县有机柑橘产业整体推进和良性发展。组织采购、供应成员种植柑橘所需的生产资料；组织收购、销售成员及同类生产经营者种植的柑橘；开展成员所需的储藏、包装、销售服务；引进柑橘种植新技术、新品种，开展与农业生产经营相关的技术培训、技术交流和咨询服务。

典范 三湖春丑柑不知火

春见产品 + 吸管的图案直观体现产品特点——柔嫩汁多。侧边图案设计和英文的融入让产品好记忆、易传播，极大降低了企业品牌推广成本。包装结构简单大方，采用天地盖 + 卡格 + 垫片。以每年超过 1 200 小时日照作为产品卖点，强调排他性优势，明确告诉消费者"我有什么优势"，在同类产品中更具竞争力。色调以春见的橙色与米黄色背景做对比，右下角体现产品名称，告诉消费者"我是谁"；英文的融入让包装更具高级感，侧面黄白格子作为超级符号，提取的是餐桌布人人都熟悉的元素，色彩鲜艳。

通信地址：四川省成都市蒲江县朝阳湖镇银杏路 50 号
联系电话：13980034677　　李建军
推荐单位：四川省农产品质量安全中心

成都升悦农业科技有限公司

成都升悦农业科技有限公司成立于2014年9月，注册商标花涧和鸣。2014年9月公司于成都市蒲江县朝阳湖镇石象村新建花涧和鸣·蓝莓谷，园区占地300余亩，是集有机果蔬种植、蔬果采摘、旅游观光、餐饮住宿、萌宠亲子、商务会议、蓝莓制品加工、有机健康生活体验、科普教育为一体的农业综合园区。2018年1月获四川省省级示范休闲农庄称号；2018年10月成功入选成都十大优秀农创项目、成都十佳优秀特色农庄；2019年1月成功入选"新旅游·潮成都"农业创意旅游目的地；2019年获中国有机30年有机产品品牌奖；2020年获评全域研学试点基（营）地；2021年获评成都市农业农村局评为成都市农业产业化重点龙头企业。公司的有机蓝莓产品在市场上取得了认可，顺利进入盒马鲜生、伊藤洋华堂、邻你等高端生鲜流通渠道。

典范 花涧和鸣有机蓝莓

外观采用传统青花瓷纹样设计，将古典与现代审美相结合，让传统文化与现代农产品更好地融合，利于文化的传承和发扬。产品标签采用绿叶形状，让人赏心悦目，既能将内盒中的蓝莓全面真实地展示在消费者面前，又寓意产品有机、健康，与自然和谐共存、发展。

包装方式为外纸箱+泡沫箱+环保PET盒子。PET盒子具有支撑性，能有效抵抗外力的挤压，更好地保护鲜果。125克的包装更方便保存和单次食用，避免造成浪费。PET包装盒保证了蓝莓卫生安全。在外纸箱内采用了泡沫箱加冰袋的内箱，更有利于蓝莓的夏季保鲜和长途运输，延伸了产品的供应半径，让更多的消费者能够享用到健康优质的农产品。

通信地址：四川省成都市蒲江县朝阳湖镇石象村9组
联系电话：13668157075　杨秀娟
推荐单位：四川省农产品质量安全中心

成都鲜农纷享有机农业发展有限公司

　　成都鲜农纷享有机农业发展有限公司是家立足新品种研发、示范种植、标准化生产社会化服务、仓储冷链、品牌营销的农业全产业链服务提供商。公司以符合中国及欧盟食品安全标准的出口型产区建设为根基，促进品种资源的良好发展，提升农业种植的标准化发展水平，改善农业生态环境，不断提升农业产业价值。公司服务的猕猴桃、柑橘、蔬菜等标准化种植基地已逾万亩，其农产品100%符合中国及欧盟农产品质量安全标准，已实现出口新加坡、马来西亚等东南亚国家，并搭乘"蓉欧快铁"出口俄罗斯、法国、荷兰等欧洲市场。

典范一　蒲江春见耙耙柑

　　产品整体包装设计以耙耙柑本身的黄色为主色，带鲜枝的柑橘实物照片体现"鲜活"，传递新鲜、美味，缤纷的色彩体现活力、朝气，"私享农场，我有一棵树"突出展示公司种植理念，私享农场定制农业服务。人人都可以养自己的一棵树，沐浴阳光，绿色种植，喜获丰收，升华产品的形象价值。

　　包装方式为三层瓦楞手提箱＋EPE珍珠棉。材料采用三层瓦楞纸；用EPE珍珠棉替代常规的泡沫托盘，除环保外结构防震抗撞，能更好地保护产品完好无损；纸箱采用彩印＋覆膜工艺，让包装主色与产品颜色相互映衬，增加产品附加值且符合品牌定位。

通信地址：四川省成都市蒲江县鹤山镇工业南路13号
联系电话：18054795445　　李　旭
推荐单位：四川省农产品质量安全中心

典范二 金艳猕猴桃

产品整体包装设计以国外对应市场流行元素为主，追求简洁大方，缤纷的色彩体现活力、朝气，简单的英文标识明确传递产品信息。

包装方式为三层瓦楞纸卡板箱 + 新型 PET 透明盒。材料采用三层瓦楞纸；新型 PET 透明盒，除环保外结构防震抗撞，能更好地保护产品完好无损，直观展示产品，方便拿取；纸箱采用彩印 + 覆膜工艺，让包装主色与产品颜色相互映衬，增加产品附加值且符合品牌定位。

典范三 萨姆营养小南瓜

产品整体包装设计以绿色为主，体现绿色种植、绿色食品的理念，简洁大方，传递公司产品"安全、营养、新鲜、美味、好看"的五维哲学，提高品牌价值。

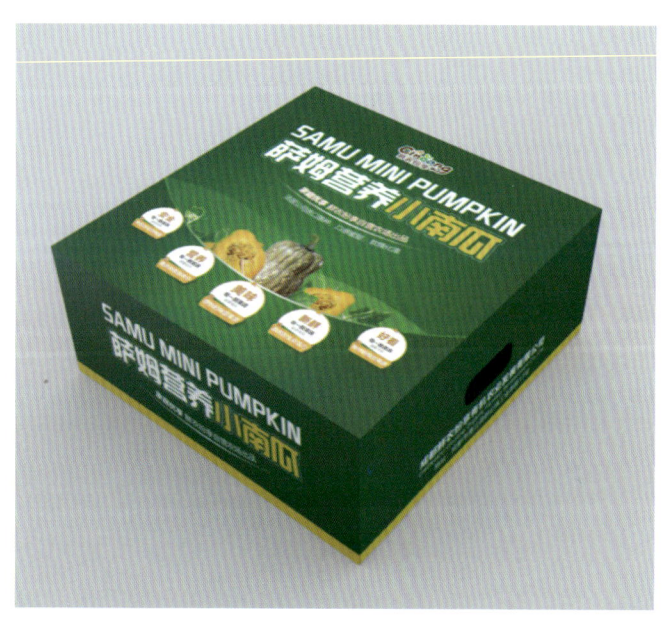

包装方式为采用天地盖 + 卡格 + 垫片。材料采用三层瓦楞纸；箱内产品保护物料使用纸质卡格与纸质垫片替代常规的泡沫托盘和珍珠棉垫片固定产品，环保无污染且方便回收利用；纸箱采用彩印 + 覆膜工艺让包装主色与产品颜色相互映衬，增加产品附加值且符合品牌定位。

蒲江县叶彩家庭农场

蒲江县叶彩家庭农场筹建于 2011 年，地处蒲江县五绵山脉东经 103°、北纬 30°。流转土地 580 亩，主要种植柑橘品种为春见、不知火、明日见、小叶爱媛 38、蜜柚等新品种，2018 年 3 月，农场不知火、耙耙柑、小叶爱媛 38 成功通过各种标准的检测，登陆北美高端市场进入加拿大，成为四川省首家，2019 年成功签约家乐福，成为家乐福最高品质家优鲜自采果园供应商。

2014 年被评为成都市示范家庭农场；2015 年被评为四川省示范家庭农场；2017 年被评为出口基地同时被成都海关连续监控为出口最高标准质量农场；2019 年成功转换成为有机农场；2020 年成功通过 GAP 生产管理认证。

典范 来香见蒲江爱媛橙

以"今年过年送什么"明确产品定位为年货，解决消费者选择困难；以"来香见"（谐音"来相见"）吸引消费者，附地标标识，增加产品附加值；详细介绍产品特色、优点，吸引消费者眼球，增加购买欲望。

包装方式为 PP+PE 手提桶式包装，方便回收再利用。PP 食品级材质，耐冷热，耐高温，性能稳定，几乎不吸水，环保无异味，可安心存放食品。保温层材质 EPS/PU，是冷冻冷藏设备的理想绝热材料。外壳聚乙烯具有良好的力学性能，耐冲性强、绿色环保。长时间有效保温冷，上盖密封性能好，旋转式手提设计，坚固耐用、舒适。冷藏 12~24 小时，保温 3~5 小时（常温下）。

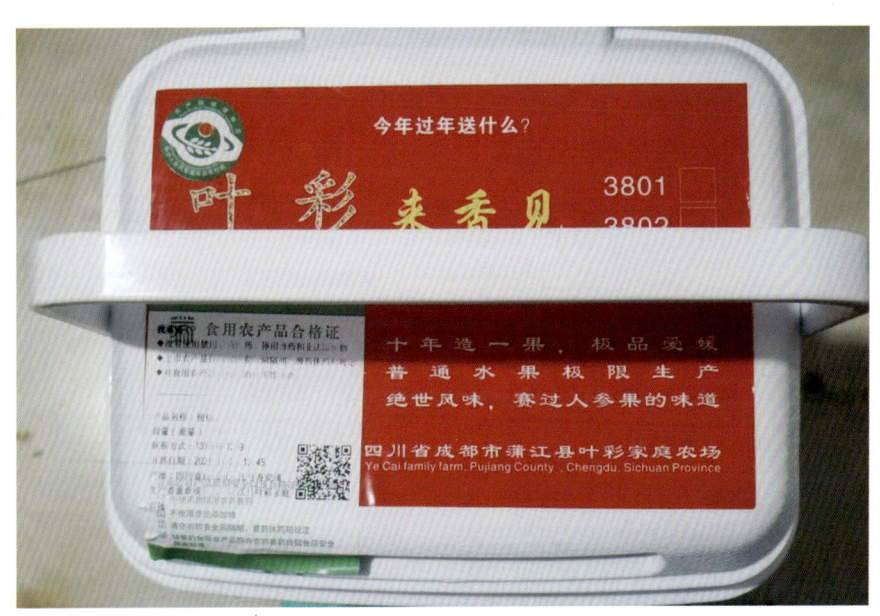

通信地址：四川省成都市蒲江县寿安镇松华社区五会村
联系电话：13730611299　　叶其斌
推荐单位：四川省农产品质量安全中心

四川善品公社农业科技有限公司

四川善品公社农业科技有限公司是中国扶贫基金会旗下的社会企业，以"让诚信生产实现价值"为使命，以"耕者有尊严，食者得健康"为愿景，在全国农村地区通过培育新型农业经营主体、培训新型职业农民和小农户，提高生产标准化能力和提升产业链条增值收益，探索"上游共耕、链条共建、品牌共享"产村融合发展模式，带动小农户更多分享发展成果和实现生活富裕，进而推动村庄绿色、协调、可持续发展，促进乡村全面振兴。截至2021年8月，善品公社已经在云南、贵州、四川、新疆等19个省区落地开展合作，助农产品涵盖饮品、坚果、粮油、生鲜等75个产品。示范基地种植57 094.5亩，覆盖面积种植258 123.7亩，在14个省份建设了35个仓储中心，受益农户数达44 561户，网络传播量累计超过20亿次，参与支持的消费者超过50万人次。

典范一 石棉黄果柑

产品整体包装设计以黄果柑本身的黄色为主色，以女性劳动者的不同职业形象为图形，致敬奋斗在一线的勤劳女性，同时体现"怀抱灿烂千阳"的主题。包装结构简单大方，天地盖+卡格+垫片。材料采用三层瓦楞纸；使用纸质卡格与纸质垫片，环保无污染且方便回收利用；纸箱采用彩印+覆膜工艺，包装主色与产品颜色相互映衬，增加产品附加值且符合品牌定位。

典范二 蒙顶山红心猕猴桃

以农家小院及劳作的父母为主画面，通过邮戳家书的设计，传情达意之间突出"猕足珍贵，有你真好"的主题。包装方式为飞机盒+EPE珍珠棉。纸箱材料使用三层瓦楞纸，彩印+覆膜；EPE珍珠棉环保、防震抗撞，能更好地保护产品完好无损；飞机盒形式的开箱方式与游子、家书的设计理念相结合，给消费者情感寄托。

典范三 石城白莲

以典型的石城县域特色建筑与荷花田为设计元素，彰显石城地域特点与产品环境。清新手绘风格，绿色与白色为主色调，符合产品生产季节与消费者对产品的感知。整体包装凸显江西省石城县特产、中国国家地理标志产品石城白莲的文化内涵。包装方式为PET透明食品罐+三层瓦楞手提箱。产品内置于食品级PET透明罐，防潮易存放；手提箱设计便于携带。彩色印刷，外观精美，简洁大方，突出品牌特性，增加产品附加值。

通信地址：四川省成都市高新区世纪城路208号中国扶贫基金会
联系电话：17780020216　冯忠德
推荐单位：四川省农产品质量安全中心

典范四 富平柿饼

以当地特色传统艺术"富平剪纸"展现柿饼和陕西农民形象，凸显陕西省富平县地域特色与人文特色，彰显中国国家地理标志产品的特色及内涵。包装方式为独立包装柿饼＋抽屉盒＋天地盖＋手提袋。天地盖加手提袋的设计方便客户携带，加上红色喜庆的颜色基调，适合在产品上市的冬季用做伴手礼；纸质箱盒，方便回收利用。礼盒设计，增加产品附加值。

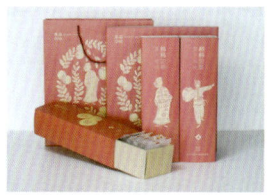

典范五 南疆干果大礼包

以红色为主色调，传达喜悦，表现民族大团结。包装方式为独立牛皮纸袋＋手提外箱。纸箱材料使用环保材质，可回收利用；牛皮纸袋同等尺寸，可根据消费者需求提供多种干果组合；外观喜庆且有产地特色，符合干果营养健康的产品定位。

典范六 善品月饼

包装采用绿色、深蓝色、黄色 3 种主色调，以插画的形式呈现因丰收而大笑的农民伯伯、带有善品公社标志比心的阿姨以及可爱的孩子，展现中秋全家团圆的喜悦。礼盒内独立的小包装也有代表产品的手绘图案，更好地展示出产品特点。包装方式为翻盖礼盒＋独立月饼纸盒＋手提袋。手提袋设计让消费者携带更便捷；不同口味有不同外观图案，符合善品月饼甄选各地原料的产品定位。

典范七 五彩蜂蜜

以线条勾勒出青山绿水，表示蜂蜜源自深山，表达其公益助农的特性，同时凸显 5 款蜂蜜的优良品质。包装方式为翻盖盒＋独立小袋装蜂蜜＋手提袋。独立小袋蜂蜜符合消费者便捷、时尚的消费需求；根据蜂蜜来源，设计具有当地特色的蜂蜜外袋。

典范八 舒兰大米

根据舒兰大米原产地的地域特性，提炼出稻田、旭日、云彩、白鹤等元素，体现原产地优越的生态环境。以剪影插画表现质朴的劳作场景。整个包装以暖色调为主，传递吉祥的祝福。包装方式为手提盒＋独立纸箱＋真空包装米砖。纸箱材料使用环保材质，可回收利用；真空包装米砖，保护产品不受潮发霉；手提礼盒设计方便客户携带且增加产品附加值。

四川省荥经县塔山有限责任公司

四川省荥经县塔山有限责任公司前身为国营雅安第三茶厂，为四川省七大农垦企业之一，成立于1956年。公司是集名优茶种植、加工、销售、茶文化旅游为一体的雅安地区知名、专业茶企业。现为四川老字号、四川省著名商标、全国百佳农产品品牌，公司被认定为四川省农业产业化经营重点龙头企业、四川省第一批扶贫龙头企业。公司自有园林式加工基地占地35亩，高山生态茶园基地近7 000亩（具有60余年树龄的小叶种老川茶树种），于2009年通过有机产品认证，2021获良好农业规范认证GAP证书。主营塔山牌有机、绿色食品绿茶、红茶、藏茶以及茉莉花茶系列产品。产品获历年茶博会金奖，2016年塔山甘露、红茶获世界茶联合会国际名茶评比金奖。

典范一 塔山·颛顼·红茶

天地盖设计，以红木实木为底座，棉质朴实手感面纸，礼盒低调奢华，更显品质。

典范二 塔山·牛背山·有机甘露

以棉质环保可降解材料制成，软弹盖板设计。

典范三 塔山·小竹条藏茶

以传统秘法烘干竹条编制成筐，天然环保，透气性好。非常适合藏茶的存放和后期转化。

通信地址：四川省雅安市荥经县严道街道南罗坝村
联系电话：15881205616　　徐娟
推荐单位：四川省农产品质量安全中心

雅安市一民农业科技有限公司

雅安市一民农业科技有限公司成立于 2013 年，位于雅安市荥经县农业产业园区，占地 40 亩，注册资金 200 万元，现有员工 36 人。主营农产品加工、储存、销售，冷链物流仓储，以及蔬菜水果种植、化肥销售、货运等农业业务。

公司是一家集特色农产品种植、收购、储存、加工、销售为一体的农业产业化企业，亦是雅安地区首家加工、研发天麻系列产品的企业。公司下设天麻和竹笋加工中心、冷链物流配送中心、电子商务中心、特色农产品交易中心及有机农产品种植基地。公司秉承"诚信经营，一心为民"的企业宗旨，坚持围绕"特色农产品"这个中心点发展现代农业，突出公司"产—储—销"优势，使种植与加工有机结合，打造特色农产品品牌，将雅安地区特色农产品更好地呈现在广大消费者眼前。公司生产的竹笋 2019 年参加 CAQS-GAP 试点，2021 年获良好农业规范认证 GAP 证书。

典范一 瓦山龙须笋、笋干

包装以绿色为主，加入竹笋元素以及淳朴的农户形象，体现竹笋原料的纯天然、健康，体现公司做产品的初衷。

典范二 精制干天麻

木质包装，更有分量感，内盒展现产品的小而精致，整体包装主色为黄色，突出"雅雨皇麻"的产品特点。

通信地址：四川省雅安市荥经县青龙乡桂花村三组（荥经农业物流园区内）
联系电话：13551567752　　洪远航
推荐单位：四川省农产品质量安全中心

四川荥泰茶业有限责任公司

四川荥泰茶业有限责任公司成立于 2017 年 2 月。是一家集茶叶加工和销售、茶文化传播、茶旅融合发展于一体的综合性公司。公司拥有非遗传承人、四川省制茶大师、四川茶产区十佳匠心茶人、国家级高级评茶师、国家级高级茶艺师、国家初级食品检验员等技术力量。

公司于 2019 年被四川省经济和信息化厅评定为"专精特新"中小企业；2020 年 6 月，被四川省扶贫开发局评为"四川省扶贫龙头企业"；2020 年 10 月，被四川省农业农村厅评为第十批农业产业化重点龙头企业；2019 年，被纳入 CAQS-GAP 试点企业；2019 年获 HACCP 体系认证；2021 年，获良好农业规范 GAP 认证证书。

典范一 瑞吉隆兴紧压藏茶

采用无纺纸和卡纸盒包装。用无纺纸将茶叶包裹，既可以让茶叶与空气接触，继续进行发酵，又可以防潮，抑制霉菌生长。然后装入可再回收利用的卡纸盒内，隔绝光线，保证茶叶质量。

典范二 瑞吉隆兴紧压藏茶竹篾装

古时，人们为了方便运输，将茶叶装在这种竹篾之中，这种包装古朴而独具特色，藏茶的浓郁加上竹篾的清香，两者完美结合，绿色、生态、环保。竹篾来自四川省荥经县高山生态竹林中的竹子，经洗净、浸泡后再用于茶叶包装。

传统的竹篾包装，具有传统茶马古道的"古味"。但传统的大竹条已不适合现代人的需要，便对其加以改进，将其改变为小竹条，使其既有传统的韵味又不失时尚。

通信地址：四川省雅安市荥经县新添镇下坝村
联系电话：18981627487   任 浩
推荐单位：四川省农产品质量安全中心

荥经县中黄壹号黄茶专业合作社

荥经县中黄壹号黄茶专业合作社基地位于茶马古道重镇——荥河,是集茶苗培育、种植、茶园旅游观光、茶叶生产加工、茶叶产品营销于一体的茶叶专业合作社。合作社自创立以来就坚持绿色生态有机的理念,按有机种植要求进行标准化规模化种植,积极推进"公司+基地+农户+销售"产业化经营模式,实现公司发展、农民增收致富的目标。合作社注册生产的涧峰纯黄茶茶香浓郁、汤色黄亮、入口清爽、回味甘醇,连续6年取得有机产品认证证书,2020年获得绿色食品认证证书,2019年参加CAQS-GAP试点,2021年获得良好农业规范认证GAP证书。获2018中国(上海)国际茶业博览会绿茶类评比金奖、2019中国(上海)国际茶博会优质好茶金奖、2019四川茶博览会金奖、2020年第九届海峡两岸茶文化季暨鼎白杯两岸春茶茶王擂台赛黄茶金奖、蒙顶山杯第五届中国黄茶斗茶大赛银奖。

典范 茶礼盒

纯天然棕色棉布提袋。礼盒是稳重的棕色基调,仿皮革木质外盒,纯天然无异味。内装2个米白色陶瓷茶罐,铝制金色茶盖。食品级塑料内膜,外观大气典雅,可储茶,也可作摆件,方便实用,利于茶叶储存。

通信地址:四川省雅安市荥经县廊桥左岸3-2-103
联系电话:13881612707 陈 明
推荐单位:四川省农产品质量安全中心

成都缇娜餐饮有限公司

　　成都缇娜餐饮有限公司主打台湾蕃薯藤品牌。台湾蕃薯藤在中国台湾地区已经有 20 多年历史，从 1996 年最早成立的蕃薯藤有机卖店开始，20 多年来不断扩大发展，目前旗下已有蕃薯藤有机专卖、TINA 厨房、TINA 咖啡、TINA 面包茶屋、TINA 甜心茶屋、瑞士乡村及春天农场等品牌，共有 10 多个据点、30 多家店，每个品牌皆有其定位及特色，但相同的理念是提供有机、天然、健康的商品，只把最好的提供给消费者，同时也致力于绿色消费主义，希望让消费者在生活中都能时时接触到自然、环保、有机的好东西。

典范　蕃薯藤面包

　　蕃薯藤面包提袋以土黄色为基调，象征蕃薯藤做食品的理念"坚持天然、原味呈现、真材实料、用心手作"。面包袋既有蕃薯藤品牌特色，也融入了新津独特的地方特色。提袋 A 面为"蕃薯藤 TINA"标识，传播品牌理念、展示产品风貌；B 面为"花漾新津"，传播与新津共发展的理念，同时具有一定的宣传作用。面包提袋上还标注了面包糕点的保存方式和食用方式，确保每一位消费者能享用健康美味的好面包。包装原料上采用可降解纸质，鼓励消费者重复使用，爱护地球。

通信地址：四川省成都市新津区兴义镇万兴路 288 号附 1 号
联系电话：18982089506　　黎志红
推荐单位：四川省农产品质量安全中心

成都翔生大地农业科技有限公司

成都翔生大地农业科技有限公司于 2010 年 10 月成立，位于新津台湾农民创业园，注册资本 2 000 万美元。经营范围包括：现代农业产业化生产基地以及配套设施建设；有机蔬菜、菇菌种植；自然生态观光设施建设和经营；有机农庄经营等。

公司引入中国台湾地区现代生态农业技术，整合全球有机生态产业资源，协同发展农业生活和生活农业，已连续 11 年有机认证，陆续获得全国有机农业示范基地、国家有机食品生产基地、全国青少年农业科普示范基地、川台农业合作示范基地等荣誉，现已成为天府农业博览园、新津台湾农业创业园的核心产区。

公司顺应农业供给侧改革趋势，采用全有机种植方式进行种植和运营。搭建了第一家被国际有机运动联盟认可的企业有机标准体系——翔生大地有机标准体系，构建"田园到餐桌"有机产业链系统，整合农业 ERP、物联网、生物动力、可追溯食安等要素，建立 iGarden 线上线下综合产业服务平台，全年为消费者供应逾 150 个品类的蔬菜、水果、粮油等高品质有机食材及初加工产品，并提供二十四节气食农教育、劳动技能培训、农业素质教育、有机美食、农创体验等田园学习场景和休闲服务。

典范 世界田园公民菜篮子

CSA+"菜送俺家"有机蔬菜宅配服务是与 iGarden 平台在技术和业务逻辑层面相融合的线上农产品服务系统，是 iGarden 体系下农产品线上流通部分的强化，对应"世界田园公民"菜篮子包装箱使用场景，除农场直接发货给会员家庭以外，还与第三方实体合作在成都市建立城市提货网点，方便市民以社区支持农业的模式获取农场新鲜产品。

菜篮子包装不过度使用彩色印刷，以丰富的蔬果图案为底，加上以萝卜图形与家为元素的"菜送俺家"系列 LOGO，反映出有机健康食材与家的密不可分，同时添加了"园到餐桌""社区支持农业""24 味节气餐饮"等图案以及"线上市集"公众号的二维码，让消费者清晰透明地了解农产品的产地信息及执行标准，还可通过线上和线下相结合的方式体验有机生活。

横竖累叠纸箱尺寸与公司物流车容纳尺寸相契合，最大化减少运损，亦可直接作为终端展示或堆头的材料，视觉传播效果明显。

通信地址：四川省成都市新津区兴义镇三新路 388 号
联系电话：18161266755　　肖 雷
推荐单位：四川省农产品质量安全中心

成都市中以津惠农业科技有限公司

成都市中以津惠农业科技有限公司创建于 2015 年，注册资金 5 000 万元，位于成都市新津区安西镇柏杨村（天府农博园核心区内），是一家致力于发展现代农业生物工程技术的四川省高新技术企业、市级产业化龙头企业、科技创新十佳企业。在引进世界先进的以色列技术的基础上，自主研发出行业唯一的控温、控光、控水、控肥、控气"五控合一"大棚技术，总占地面积 1 000 亩。公司取得了 28 项专利、4 项软著作权，于 2019 年完成了"高效全自动大棚种植技术"科技成果转化 1 项、获批全国基层农技推广体系改革与建设项目"农业科技示范基地"。

典范一 蔬菜、水果

蔬菜、水果包装采用 PET 绿色包装，它是可循环利用的、清洁的、高质量的塑料包装，同时保护环境和节约资源，对生态环境和人类健康无害。

典范二 大米

用复合材质 PA/PE、PET/PE、PET/PA/PE 制作，符合食品真空包装袋相关规定，具较强的机械性能、防爆防撕裂，阻隔空气，防水防潮，无味无害，符合食品、药品使用标准。

通信地址：四川省成都市新津区津惠大酒店
联系电话：18382701485　　马春梅
推荐单位：四川省农产品质量安全中心

贵阳筑南商贸有限公司

贵阳城南投资发展（集团）有限公司按照打造竞争类综合性市场化专业国有企业的总体定位，2020年11月设立子公司贵阳筑南商贸有限公司，注册资本金3 500万元，公司现有人数14人。贵阳筑南商贸有限公司主要围绕本地和周边区域农贸、建材贸易、特许经营等商业贸易业务板块进行布局发展，逐步实现一二三产三轴并行战略目标，力争成为花溪区范围商贸交易龙头企业。

花小莓系列产品，在设计上实现了识别度高、差异化充分等特点，同时强化了花溪和草莓元素，契合产品定位，有助于提升顾客消费决策速度，加强品牌与顾客的亲近感，传达出有温度的品牌理念。

典范一 雪花酥

在包装形态上，为了凸显和市面同类产品的差异化，雪花酥采用天地盖小方盒的形态，便于携带和分享，同时在零售终端便于码放及制作堆头。

典范二 草莓冻干

在色彩选择上，选择和内容物相关的明快鲜亮的色彩，符合产品目标客群——年轻用户的审美，还可作为商品和旅游伴手礼。

通信地址：贵州省贵阳市花溪区田园南路关口寨安置小区综合办公楼301
联系电话：18798850304　　张星宇
推荐单位：贵州省农产品质量安全监督管理站

贵州丰颐万石季粮农业开发有限公司

贵州丰颐万石季粮农业开发有限公司成立于2020年3月，公司为独立法人机构、民营实体企业，公司的宗旨为"良土、良种、良技、良心、良缘、良市"。以地方优质稻品种安龙红谷发展为主，注重地方优质稻品种的提纯复壮，开发本地优质稻产业（资源），以基地连接市场、多方共赢的方式推动地方优质稻产业的发展，创优质知名品牌。公司注册资金501万元，在招堤街道办事处海联村投资3 990万元建设大米加工厂，厂区占地面积10余亩，厂房面积4 755平方米，其中稻乡文化展示厅600平方米；已建成成品冷藏库3 000平方米；300吨钢板仓5座，可储粮1 500吨；粮食干燥设备1套，日烘干稻谷30吨；有完善的生产检验设备；建成种子选育基地10亩；注册打造丰颐万石知名品牌。公司加工开发了地标产品安龙红谷、金边晚、满口香等6个品种21个包装规格。

典范 安龙红谷樱花米

包装体现了人与自然的和谐相处，展现了原始的生产方式。产品包装内层采用PA/PE复合材料真空袋，外袋采用PA印刷膜复合PE六色印刷制作而成的彩印袋，嵌塑料手提扣。产品包装可以回收利用，环保、安全。内包装材料伸缩性小，不受热和光的影响，稳定性好；外包装袋具有良好的弹性、韧性、透气性、强度及可控的撕裂性能，也起到遮光隔离的作用，可对内包装物提供良好的保护作用。

通信地址：贵州省安龙县招堤街道办事处海庄村朝门组
联系电话：15329914774　刘 伟
推荐单位：贵州省农产品质量安全监督管理站

贵州高山生物科技有限公司

贵州高山生物科技有限公司成立于 2004 年，前身是 1979 年成立的贵州省生物所食用菌推广站，为贵州科学院下属实体，曾获贵州省人民政府科技成果二等奖、三等奖，并获贵州省科技成果扶贫先进集体称号，为贵州食药用菌产业的发展做出了积极贡献。公司下设贵州梵净山灵芝育种基地、贵州百益食用菌发展有限公司、贵州高山六芝园种植有限公司，是国内最早拥有灵芝产学研、育繁推一体的高新技术企业。

公司生产的六芝园牌多孢灵芝系列产品，所使用的灵芝孢子粉具有完全自主知识产权的多孢灵芝专利菌株，并获得贵州省非主要农作物认定为梵芝一号，该产品采用阔叶椴木栽培，取其优质孢子粉净化后，经低温物理破壁而获得，从育种、种植、采集到深加工，全过程 100% 无任何添加物，属纯天然的提高人体免疫力的保健食品。

典范一 六芝园破壁灵芝孢子粉

六芝园商标是由 3 个"六"组成：绿色的"六"寓意着无污染的绿色产品；红色的"六"寓意着红色的背景；金色的"六"寓意着金色的前程。仙鹤寓意着长寿健康，灵芝图案体现产品内容。

典范二 黔贵新三宝

本产品涉及贵州省著名的风景区——黄果树瀑布、梵净山、织金洞。梵净山的灵芝、织金的红托竹荪、贵州安顺的羊肚菌，这三宝都是贵州的珍稀食用菌。此款设计同时宣传了景区和产品。

典范三 "黔六珍"菌煲

本产品意在宣传一荤一素一菇的饮食理念，产品包装上主要采用了茶树菇、红托竹荪、羊肚菌、黑皮鸡枞、玉木耳、姬松茸等珍稀食用菌图案，主要推广贵州省珍稀食用菌让其走上市场。以喜鹊图案寓意产品恒常、稳定、明确、坚毅、始终如一。

通信地址：贵州省贵阳市白云区牛场乡阿所村白云现代农业科技园
联系电话：18275320964　　罗　丹
推荐单位：贵州省农产品质量安全监督管理站

贵州美味鲜竹荪产业有限公司

贵州美味鲜竹荪产业有限公司是由贵州大学食用菌研究院、酿酒与食品安全学院，贵州科学院生物所，贵州省农业科学院农作物品种资源研究所，贵州师范大学分析测试中心，吉林农业大学食药用菌工程研究中心，贵州织金高原食用菌研究中心，贵州织金红托竹荪研究所红托竹荪技术研发精英团队共同发起成立的科技型企业。公司拥有国际先进食用菌生产设备和一流食用菌专家团队，有较强的科技创新力量，在红托竹荪遗传育种、品种选育、产品保鲜、精深加工、质量控制、高产高效栽培、基地建设、品牌建设推广和技术培训等方面获得成功，积累丰富经验，研究转化开发能力达国内同行业领先水平。

典范 觅山珍红托竹荪

随手礼盒内包装采用开窗设计，便于消费者能够清晰看到内部产品；包装上印着的竹荪与小鹿示意着产品有助于健康，浅黄色的颜色设计示意着产品有营养，整体设计语言以健康生态为主。

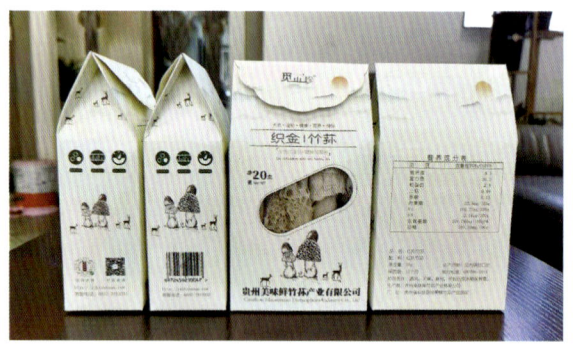

高级礼盒包装使用更为高级的纸张材料，内包装依旧采用开窗设计，便于消费者能够清晰看到内部产品，侧面印着的营养成分表能让消费者了解产品的营养信息。包装整体色彩采用更为高级的简约设计语言。

精品礼盒外观绿色，语言设计语言呼应了"觅山珍"主题，包装材料使用硬质纸张材料，能够有效保护产品，并且让消费者从包装质感就能够感知到内含产品的健康高品质。包装印着的"稀缺珍品"更是示意着内含产品的稀缺珍贵。

通信地址：贵州省织金县惠民街道木嘎村安作坝组
联系电话：13595705667　　陈光贤
推荐单位：贵州省农产品质量安全监督管理站

贵州黔东南伟诚农业发展有限公司

贵州黔东南伟诚农业发展有限公司成立于2015年，注册资本为1 200万元，是一家致力于发展地方特色有机、绿色农产品的开发、生产、加工、经营的民营企业。公司先后在三穗等县建立了1万多亩基地，原生态苗乡糯小米产量达1 200多吨。创建火烧坡品牌商标。产品获无公害农产品认证、外观专利证书、绿色食品认证、绿博会金奖。公司是黔东南州农业产业化经营重点龙头企业，获贵州好粮油称号、火烧坡品牌入选贵州省农产品品牌50强。

典范 火烧坡原生态苗乡糯小米

原生态苗乡糯小米，是当地一个种了上千年的老品种。老一辈人种小米是在山坡上烧一把火，随后撒小米种，任其自由生长成熟。"火烧坡"品牌让人们回想到那种自然生长、无农药无化肥、天然传统种植场面。

整体画面设计用农民传统种植、使用古作农具加工的元素，展示出产品质朴和原生态的特性。选用朴素简洁的金黄色调，让人一看就联想到金黄色的糯小米。有诗句说"谁言苗人身无银，客来奉上一碗金"，把苗乡糯小米的珍贵品质、颜色、外观都展现给了消费者。

通信地址：贵州省黔东南州施秉县城关镇云台村
联系电话：15186789438　　骆冰林
推荐单位：贵州省农产品质量安全监督管理站

贵州省施秉县黔香米业有限公司

贵州省施秉县黔香米业有限公司成立于 2013 年，是一家集稻谷种植、收购、加工及销售为一体的现代化粮食企业，注册资金 600 万元，占地面积 8 000 平方米，现位于贵州省施秉县城关镇桃子湾工业园区内。公司拥有年产能 2 万吨大米生产线 1 条，生产线设备均达到国内先进水平。公司主打产品陌上黔香、贵粮人牌系列大米，主要销售省内各县市，产品供不应求，深受消费者好评。公司成立以来，由于良好的信誉和过硬的产品质量，获得贵州好粮油、省级放心粮油示范加工企业、"守合同、重信用单位"、农业产业化经营重点龙头企业称号，获得 ISO 9001、ISO 14001 国际标准双认证、绿色食品认证等多项认证。

铜古村位于贵州省黔东南施秉县牛大场镇西北部，这里生态环境优良、空气清新、水质清澈、土地肥沃。特有的油砂土使这里出产的大米品质纯正、颗粒饱满，隐隐然有珠光，因此得名"铜古珠光米"。明洪武十四年秋明太祖派傅友德征讨云贵，路过铜古，对铜古珠光米赞不绝口。公司绿色水稻种植基地就坐落在铜古村这片神奇的土地上，坚持古法种植、施农家肥、人工除草、深耕细作，使铜古珠光米这一被埋没几十年的优良品种重新焕发生机。如今，陌上黔香牌铜古珠光米畅销省内外，供不应求。

典范 铜古珠光米

为了更好地让消费者记住产品和品牌，借用差异化的动漫设计思维，以包装画面作为引爆点，打造出一个有颜、易记、有差异的产品。龙头呈现蓄势奋发之势，龙环绕着美丽的乡村田园，寓意产品一定能迎来新的发展。所以，在包装的视觉呈现上，以龙环绕着美丽的乡村田园作为主元素来进行设计，表示产品源自中华大地美丽的乡村田园，加上旁白"好山好水出好米"，不仅加深了消费者对产品的印象，还能产生"取之于民，用之于民""绿水青山就是金山银山"的联想。当太阳出来时，雾色环绕着整个村庄和稻田，就像龙在环绕。龙文化源远流长，是中国文化的突出符号。劳作的稻农更能体现出稻谷特有的优质特征。

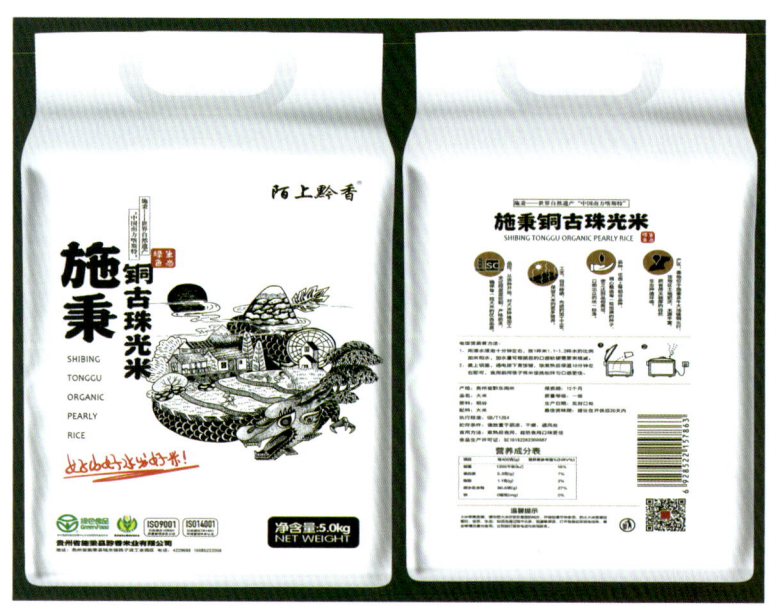

通信地址：贵州省施秉县城关镇桃子湾工业园区
联系电话：13398556343　管先青
推荐单位：贵州省农产品质量安全监督管理站

贵州修文猕香苑生态农业科技发展有限公司

贵州修文猕香苑生态农业科技发展有限公司诞生于 2011 年，注册资金 3 100 万元。在市、县有关部门的关心支持下，公司以有机种植为核心，围绕科学种植、规范管理、高效运行、持续发展的总体目标，经过几年发展，总投资超过 5 000 万元。公司建成有机猕猴桃示范基地 200 亩、绿色基地 1 200 亩、综合精品果园 200 余亩，六桶镇建成猕猴桃示范基地 1 500 亩，合作管理基地 20 000 亩。2015 年，首批获准使用"修文猕猴桃"国家地理标志保护产品专用标识，获贵州省绿色生态企业、贵阳市农业产业化重点龙头企业称号，获中国海关（原贵州省出入境检验检疫局）颁发的出境水果果园注册登记证书、出境水果包装厂注册登记证书。2016 年，获"贵州生态农业 100 张优强品牌名片"荣誉号称。2017 年，修文花塔基地全面通过有机认证，公司获评 2016 年贵阳市农产品质量安全诚信 AA 级企业。2018 年，加入中国有机行业诚信公约履约单位，获得贵州省名牌产品证书。2019 年成为粤港澳大湾区"菜篮子"生产基地。

典范 猕香苑修文猕猴桃

"猕香苑"LOGO 设计是以果香、阳光、生态为创作元素，根据猕猴桃切开的样子来设计的。上部分来看，以皇冠形状提示猕猴桃高维生素 C 含量的特性以及企业立志做到最好的愿景。中部勾勒出的地平线犹如一个微笑上扬的嘴角，富有亲和力。下部的发散线条抽象地展示了果园的视觉特点，又寓意企业对于生态农业多元化发展的愿景。

修文猕猴桃果肉翠绿，果心鹅黄色，清香爽口，软糯多汁。外盒采用猕猴桃切开的实拍图片，采用 UV 工艺，展示出猕猴桃青翠多汁的特性，让人垂涎欲滴。

包装外盒明显地展示了修文猕猴桃国家地理标志、农产品地理标志，并体现了产品"0 农药残留""0 合成化肥""0 膨大剂"的生产指标，倡导健康的种植方式，让客户放心食用。

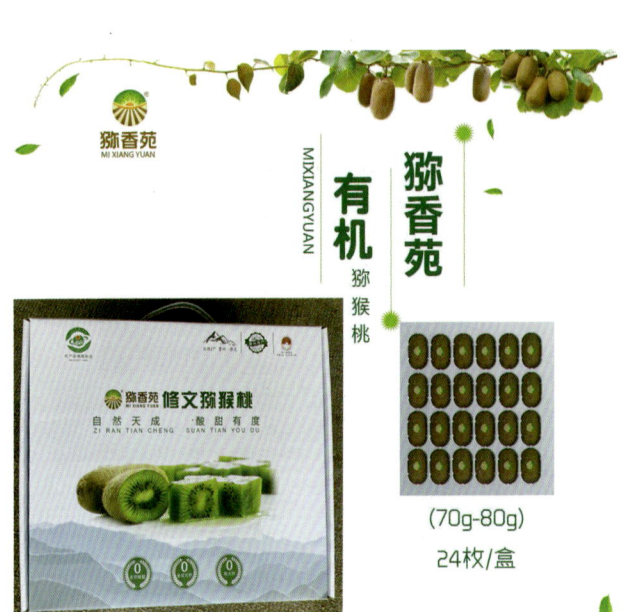

通信地址：贵州省贵阳市修文县谷堡镇
联系电话：18198221778　　谭艳
推荐单位：贵州省农产品质量安全监督管理站

贵州阳春白雪茶业有限公司

贵州阳春白雪茶业有限公司是一家集茶叶科研、基地种植、生产加工、营销为一体的茶业实业公司。总部位于贵州湄潭绿色食品工业园区，总投资1亿元，建有年产1 000吨名优茶清洁化生产线。其中绿茶全自动清洁化生产线是目前贵州省内最先进的绿茶生产线，同时建有茶叶检测中心和茶叶研发中心。公司获评农业产业化国家重点龙头企业、2021年度茶业百强企业、2021贵州十佳茶业企业等。

目前主打产品有贵芽、湄潭翠芽、遵义红等，其中贵芽为贵州省著名商标，且荣获米兰世博会金骆驼奖。十年成就信任，品质引领未来，公司一直以"阳春白雪·只做好茶"为企业理念，以"茶旅一体，工旅一体，茶文化庄园"为发展方向，追求"将茶道融入百姓生活"的经营目标。

典范一 仡佬茶

此包装设计采用中国风插画形式，造型灵感来自仡佬族储存食物的陶罐，结构采用天地盖式，具有非常好的陈列效果。仡佬族人创业、生活在崇山峻岭之中，包装主题画面是仡佬族人丰收的场景。

仡佬绿绿茶整体以绿色为主色调，配以仡佬族男性服饰上的鹅黄色和青绿色为辅助色，色彩明丽。仡佬红红茶整体以红色为主色调，配以仡佬族女性服饰上的胭脂色和杏红色为辅助色，色彩温馨。

通信地址：贵州省遵义市湄潭县绿色食品工业园区
联系电话：18788621997　　何琴琴
推荐单位：贵州省农产品质量安全监督管理站

典范二 遵义红（外交使节茶）

遵义红红茶创制于 21 世纪初，是在黔红制作工艺的基础上，结合现代人的口感，采用新的制作工艺，开发的一款名优红茶。为纪念遵义会议这一历史性会议，铭记中国革命的重大转折点，故名"遵义红"。遵义红外盒整体颜色以正红色为主，是对遵义会议革命精神的致敬。图案采用中式传统底纹设计，搭配贵州苗族银饰元素、少数民族刺绣图案，充分体现了贵州特色、民族文化。包装结构采用常规盒型，易于制作，包材利用率高，成本低，便于装箱运输仓储，空间利用率高，总体成本更低。

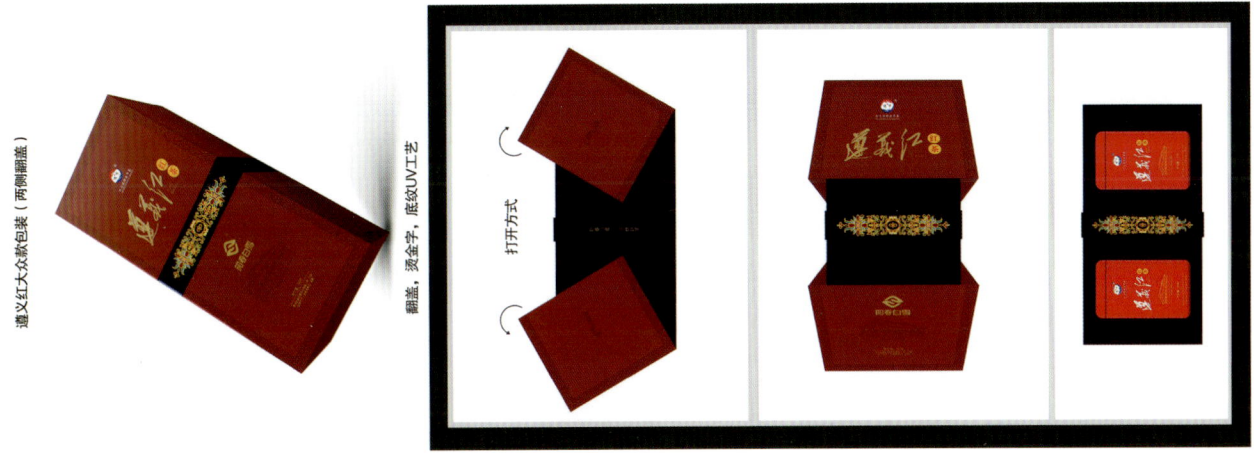

典范三 茉莉花茶

整体以小清新的配色凸显年轻化设计理念。中式的边框搭配简约线条山水、花茶插画，彰显自然和国潮风格。翻盖内页搭配中英文的歌词，体现中西文化共同点，引起消费者共鸣。内盒设置有茉莉花香囊，增加客户消费体验感。

贵州中科易农科技集团有限公司

贵州中科易农科技集团有限公司成立于2017年4月，公司注册资本1亿元，是一家集食用菌科研、初深加工、销售为一体的专业化企业，是中国民协食品安全健康委员会理事长单位、中国菌物学会羊肚菌产业分会副会长单位、贵州菌物学会羊肚菌分会会长单位、贵州省果蔬行业协会食用菌分会常务副会长单位、贵州省食用菌品牌集群执行主席单位、贵州省农民合作经济组织联合会副会长单位、贵阳市青年企业家协会副会长单位。截至目前，公司已申请并拥有专利12项，其中实用新型专利10项、发明型专利2项。

公司旗下已自主开发农产品、初深加工产品20余类，并注册孔小菌商标。长期以来，公司坚守初心，用心呵护每一朵菌，以产业带动、订单式回收等方式建立产业利益联结机制，带动广大菇农脱贫致富，通过食用菌深加工、食用菌大数据、供应链整合、食用菌产销对接等多维度助推行业产业发展。

典范一 孔小菌冻干羊肚菌

亚克力密封包装，保证冻干羊肚菌不被二次污染，减少产品营养物质的流失。

典范二 红托竹荪乳酸菌饮料

产品外观采用了红托竹荪与蘑菇相结合的独特造型，采用四层复合膜袋装技术，可耐100℃高温，能高效隔绝氧气和光照，密封性好，安全性更高。

典范三 羊肚菌鸡汤面（粉）/菌菇鸡汤面（粉）/竹荪芙蓉汤面（粉）

邀请国内著名插画师将食材与产品地域特征相结合定制插画，同时结合儒家与菌类的文化故事，以鲜明的底色、独有的画卷，让消费者在享用美食之余也能关注孔家文化。产品包装采用PP材质，耐高温，用作面（粉）食用餐盒更安全。

通信地址：贵州省贵阳市高新区西部研发基地4号楼15层
联系电话：17785158935　　周　雯
推荐单位：贵州省农产品质量安全监督管理站

威宁彝族回族苗族自治县农业区划中心

　　威宁彝族回族苗族自治县农业区划中心属威宁彝族回族苗族自治县县农业农村局下属事业单位，主要负责全县龙头企业管理、农产品两品一标认证及农产品区域公用品牌建设。威宁彝族回族苗族自治县是全国马铃薯种植大县，种植历史悠久，生产的马铃薯具有薯块大、产量高、品质优、退化慢、淀粉及干物质含量高等独特品质，2008年，中国食品工业协会马铃薯专业委员会授予威宁彝族回族苗族自治县中国南方马铃薯之乡称号；2009年，威宁洋芋获得国家商标局地理标志证明商标；2017年1月，威宁彝族回族苗族自治县被农业部认定为第一批10个国家马铃薯区域性良种繁育基地之一；2017年11月，中国食品工业协会授予威宁彝族回族苗族自治县中国薯城称号；2017年，威宁洋芋成功入选2017中国百强农产品区域公用品牌，2018年又获中国农民丰收节全国100个农产品品牌称号。

典范 威宁洋芋

　　天地盖装、手提礼盒装采用五层瓦楞纸箱，彩色印刷。根据威宁洋芋的四种颜色组成标志色调，富于色彩识别度，易于传播。采用纸盒包装，可避免产品受到光照变质。纸盒可回收利用，符合环保原则。

纸箱包装采用五层瓦楞纸箱，单色印刷。配以高原风景图案，体现"高山洋芋与众不同"的品牌口号。避光性较好，制作费用较低，适用于大批量运输和销售。

通信地址：贵州省威宁县中国薯城三楼312室
联系电话：18685338466　　田正林
推荐单位：贵州省农产品质量安全监督管理站

镇宁自治县良田开发有限责任公司

镇宁自治县良田开发有限责任公司成立于 2017 年，由镇宁布依族苗族自治县财政局和良田镇人民政府共同出资成立，是一家以农业为主的综合型企业。依托良田镇北盘江河谷万亩精品水果产业园，开展百香果、火龙果、蜂糖李、芒果种植与销售、商品化处理及贸易、农旅观光。建有水果商品化中心 1 座、有机肥厂 1 座、水果生鲜品牌"岜梢果果、黔锋鲜生"。公司以山地高效循环农业为发展模式，以"公司＋合作社（村支两委）＋农户"为生产结构，带动区域产业发展。

典范一 镇宁火龙果

包装盒采用五层 EB 瓦型，印刷采用四色印刷＋哑膜＋亮膜的工艺。采用纸箱的材质，无污染且可以重复的使用。盒子的外包装上不仅绘有当地特色的山水画，还印刷有火龙果的营养信息。

典范二 镇宁百香果

纸质箱子，里面为一层珍珠棉底垫，能容纳 20 枚的百香果。纸箱材料采用三层 EB 瓦型，印刷采用四色印刷＋哑膜＋亮膜的工艺。外观有橙色和橘色两种，橙色为黄金百香果，橘色为紫香百香果。外包装还印有生产地、百香果的营养信息，以及产品的原产地和生产单位。

典范三 镇宁蜂糖李

纸箱材料采用三层 EB 瓦型，印刷采用四色印刷＋哑膜＋亮膜的工艺。能容纳 50 枚的蜂糖李果子。盒子外包装上印有蜂糖李果子的标志，盒子的侧面标有产地——北盘江河谷以及生产单位，绘有隐形北盘江河谷的山水照。

通信地址：贵州省安顺市镇宁县良田镇坝草村马路田
联系电话：13688534412　　卢真凯
推荐单位：贵州省农产品质量安全监督管理站

镇宁自治县同景投资发展股份有限公司

镇宁自治县同景工业投资发展有限责任公司立成于 2021 年，属国有独资公司，后更名为镇宁自治县同景投资发展股份有限公司。公司管理于 2016 年 8 月 31 日纳入兴镇城投集团。

典范 镇宁蜂糖李

高端礼盒选取进口水果包装常用的深色为底色，绿叶与李子花图案凸显了鲜果的生命张力，成熟的果实展现了鲜果的甜美，采蜜的蜜蜂强调了蜂糖李的典故由来；花环形式的构图更是增添礼品装饰感。金色的标志与字体凸显了蜂糖李品牌，同时亮丽丰富的色彩也为消费者带来强烈的食欲。

50 枚装正面左上角手绘的微微探出头的李子花和叶子图片，凸显了鲜果特有的生命张力，同时增加了蜂糖李 3 个包装的系列感。正面使用成堆蜂糖李照片作为主视觉图，并在蜂糖李上增加水珠的装饰；背景虚化处理成墨绿色，强调李子的鲜甜可口的特征，这样的组合具有极强的视觉冲击力；文字标志融汇了李子外轮廓圆润的造型，既保证了可读性，又增加了独特性。

105 枚装整体视觉设计同镇宁蜂糖李 50 枚装。考虑到此款需要在运输中进行码垛堆叠，使用天地盖的盒形能更好地受力。两侧设置了透气孔，避免蜂糖李在缺氧环境中发酵。

通信地址：贵州省安顺市镇宁县三合路
联系电话：13595372015　　　杨卿南
推荐单位：贵州省农产品质量安全监督管理站

陕西果业集团扶风有限公司

陕西果业集团扶风有限公司是省属国有企业陕果集团的全资三级子公司，于2017年9月成立，是一家集果品生产、配送、销售、物流为一体的现代农业产业化龙头企业，先后荣获省级农业产业化重点龙头企业、省级文明单位、市级现代农业园区、市级先进扶贫基地、市级文明单位、市级产业化龙头企业等20多项荣誉称号。公司已注册扶果1号、扶裕圣果、禧妃果业3个商标，并成功入驻多个电商线上平台。

典范一 扶裕圣果

精品装设计体现"尊"自然之道、"做"品质好果的理念，对皮薄肉多、色泽诱人的果品画面进行展现，极大地提升了视觉冲击力，体现出与同类产品的差异，形成独特的产品亮点，实现品牌的有效传播。

典范二 猕猴桃

此款小板盒包装主要是针对批发市场、档口等客户。采用新型技术，盒盖和盒体可活动地连接在一起；盒上设置有多个透气孔，保证产品安全、新鲜；堆叠时既可以防挤压又具有稳定性，还可以机械化组装，提高工作效率，做到有效保护农产品、减少农产品的损耗，同时便于农产品运输、仓储。

典范三 扶果1号

以丝路文化为主要设计理念，合十舍利塔代表丝路古镇上的一个重要文化符号，苹果则彰显古镇核心的农产品，通过文化差异体现农产品区隔，实现"扶果1号"的品牌传播。

通信地址：陕西省宝鸡市扶风县新区东大街东段南宫村民俗园3号商住楼
联系电话：13772660222　成浩
推荐单位：陕西省农产品质量安全中心

陕西欣农兴农业开发有限公司

陕西欣农兴农业开发有限公司成立于2019年，运营建设国家级农村综合改革试点试验项目——礼泉县袁家村片区欣农兴现代农业产业园，已建成设施葡萄、樱桃、设施果蔬等八大板块，正在筹备建设研学、电商运营两大板块。

公司成立以来始终坚持促进区域农业结构调整和产业升级，以增加农民收入为目标，积极推动全县果品产业升级换代，打造现代特色种植业。

典范一 金礼粮源

"金礼粮源"意为给消费者金子般品质美好的礼品，产品盒印有农产品质量安全追溯码，让消费者吃得放心，捍卫农产品质量安全。金礼粮源系列产品中经典款分为"暖色系"和"中性系"。"暖色系"主打产品是绿色食品阳光玫瑰。该款颜色设计体现"农家温暖"和乡土情。镂空"礼"字，增加了包装品牌感，突出了农产品原生态、新鲜的特点。

"中性系"颜色设计简单明了，主要针对青年客户群体，主打产品是绿色食品阳光玫瑰。该款盒面设计沿用"暖色系"风格。

典范二 长寿果

"礼"字设计为中国印章风格，一语双关，体现了中国文化底蕴，"礼"与"孝"。版面设计美观大方，时尚新颖，为暖色系，增加包装品牌视觉感。突出"礼"，主要针对老人客户群体，其有创意的视觉设计，表达了儿女对长辈美好的祝福。

通信地址：陕西省礼泉县烟霞镇西屯村
联系电话：13279596222　　高增刚
推荐单位：陕西省农产品质量安全中心

铜川市王益区孟姜红果业产业协会

铜川市王益区孟姜红果业产业协会，2020年注册登记，2021年被铜川市老科学技术教育工作者协会确立为分会并挂牌。协会现有会员138户，主要业务为提供果业技术服务、培训、研发与咨询等。目前全区果园面积2.56万亩，种植有苹果、桃、樱桃、葡萄等，果品品质好，生产效益高，市场影响力大，对促进农村经济发展、农民增收、乡村振兴等方面起到重要作用。

典范一 孟姜红苹果

沿用传统高端礼盒的包装方式，内盒采用天地盖盒型，外置手提袋，以孟姜塬秦人部落为原型做主画面设计，给现代消费者视觉强有力的冲击，让人们对孟姜塬秦人部落有了新的向往，为当地旅游业的发展带来一个新的宣传渠道。

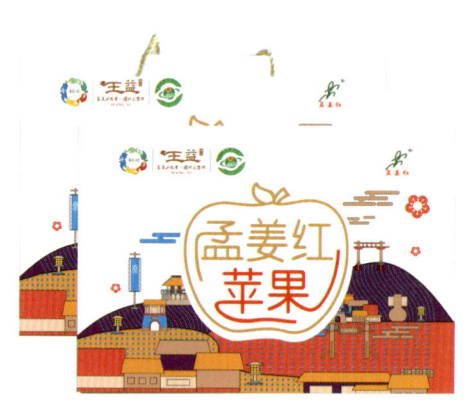

典范二 孟姜塬仙桃

采用高端手提式礼盒设计，外盒画面以孟姜红系列包装秦人部落为原型。此包装设计不但能有效保护农产品、减少农产品损耗，同时便于农产品运输、仓储。

典范三 孟姜红大樱桃

采用孟姜红系列包装的设计风格，继续沿用秦人部落设计元素。盒型采用高端手提盒设计，易于携带和运输，同时健康、环保、人性化，起到了保护产品、传达产品信息的作用，方便运输，促进销售，提高产品附加值。

通信地址：陕西省铜川市王益区黄堡镇孟姜塬村
联系电话：13909191102　　颜开昌
推荐单位：陕西省农产品质量安全中心

陕西金裕阳农业科技有限公司

陕西金裕阳农业科技有限公司成立于 2018 年，位于陕西省渭南市大荔县城关镇北新街，注册资金 30 万元，主营大荔冬枣、沙苑红萝卜等农产品研发、种植。公司生产产品以安全、优质、特色为根本宗旨，加入大荔县农产品质量安全追溯平台，粘贴二维码，使每箱农产品都有了身份证。企业注册了东府九阳春品牌，也是地理标志授权使用企业。先后参加了第十六、十七、十八届中国国际农产品交易会、国家农产品质量安全县（徐州）成果展、陕闽合作农产品推介会等 18 场农产品推介宣传活动。大荔冬枣获全国名特优新农产品认定、大荔冬枣评优活动金奖。

典范 沙苑红萝卜

天地盖礼盒包装方式为手提袋 + 纸盒 + 保鲜袋。手绘展示了沙苑红萝卜的种植环境，主色调为简洁的红萝卜色，正面插画表现了初升的朝阳照在红萝卜成长的土地上的场景，让消费者感受到红萝卜的新鲜与美味。侧面印制沙苑红萝卜品牌传播口号。材料安全环保，不易变形。PE 材质保鲜袋，保鲜效果好。天地盖包装采用 2.5 毫米灰板裱 250 克白卡覆哑膜，美观、防潮、耐压、耐贮运。手提袋采用 250 克白卡覆哑膜，防水，底座强度高，承受力高；精细折痕；优质材质尼龙绳，不勒手，韧度强。

手提礼盒包装方式为手提纸盒 + 保鲜袋。手绘展示了沙苑红萝卜的种植环境，突出大荔县沙苑地貌、沙苑红萝卜外形特征及公用品牌传播口号。材料安全环保，不易变形。保鲜袋为食品级 PE 材质，保鲜效果好。手提礼盒采用 2 毫米瓦楞纸裱 250 克白卡，覆哑膜，美观、防潮、耐压、耐贮运。塑料提手，美观结实，提升质感。

通信地址：陕西省渭南市大荔县城关镇北新街 8 号
联系电话：13991673909　　程红蕊
推荐单位：陕西省农产品质量安全中心

大荔县忠朝辣椒加工有限公司

大荔县忠朝辣椒加工有限公司成立于2012年,位于大荔县城东南15公里的朝邑镇沙底村,地处黄河、渭河、洛河平原东部,系沙苑地区东段。主要经营辣椒加工销售以及大蒜、洋葱、豆角、红萝卜等蔬菜的销售,合作社有以沙底莲花为注册商标的辣椒面、辣椒丝、辣椒段、油泼辣子等系列产品。辣椒产品销往国内北京、上海、广州、深圳、天津、兰州等城市,产品得到广大新老顾客的一致认可,越来越多的老百姓尝到了大荔味道,增加了大荔认知度,同时增加了老百姓经济收入。

典范 沙底辣椒

礼品盒包装材料采用单瓦楞纸箱材质,耐折、耐压、耐贮运,生态环保,质量安全。包装按GB/T 6543—2008标准生产,外表覆膜防水。箱面印刷图字清晰、位置准确。左侧是品牌标志和沙底辣椒的介绍,通过艺术排版,更具文化气息,正面中间是书法家题写的"沙底辣椒"及宣传语,大方醒目,富有艺术内涵。正面下方是手绘传统辣椒制作场景,通过绘画形式艺术的表达辣椒在老百姓生活中的重要性和普遍性,同时体现出旧时百姓生活劳动场景,将艺术、文化、生活完美结合。

通信地址:陕西省渭南市大荔县朝邑镇沙底村麻湾路口辣子厂
联系电话:13571900068　周磊
推荐单位:陕西省农产品质量安全中心

大荔县新禧冬枣专业合作社

　　大荔县新禧冬枣专业合作社于2016年成立，现在有冬枣种植户630多户，冬枣种植面积8 200多亩，合作社按照统一品种、统一技术、统一防治、统一指导、统一采摘销售的生产操作规程，为社员提供一条龙的技术指导和帮扶服务，"新禧"大荔冬枣先后出口3个国家。2018年引进陕西第一套冬枣智能化分拣设备，建有4 000平方米的标准化冬枣分拣包装车间，有储存4 000多吨的大型冷库。2019年被大荔县委县政府授予特色示范专业合作社和十佳专业合作社称号，被陕西省果蔬标准化技术委员会授予冬枣标准化生产示范基地称号。2020年通过绿色食品认证，在2020"美丽大荔 枣想约你"大荔冬枣评优活动中，新禧大荔冬枣荣获金奖，是中华人民共和国第十四届运动会的特许商品。

典范 大荔冬枣

　　包装方式为手提袋＋包装盒。整个包装简约大方，以虚化了的唐代仕女和水墨山水为背景人物和风景，体现出了大荔的历史和文化。以新鲜采摘的大荔冬枣为前实景，虚实结合，突出了大荔冬枣的鲜，视觉冲击力强。大荔冬枣的产品特点和特征等主要产品信息一目了然，包装盒的侧面有合作社的地址和电话，消费者可以随时咨询。

　　包装盒采用环保纸箱印刷，可回收、可降解，对环境无二次污染。整个包装设计视觉冲击力强，产品名称突出，能在众多的产品中脱颖而出，让人一下就能记住，吸引了消费者的注意力，增强了消费者的购买欲望。

通信地址：陕西省渭南市大荔县羌白镇东羌白村
联系电话：15891431166　　杨文江
推荐单位：陕西省农产品质量安全中心

韩城市孟一沟花椒核桃专业合作社

韩城市孟一沟花椒核桃专业合作社专注于发展和更新花椒优良品种，生产绿色、有机农产品，致力打造健康食品原料生产基地。现拥有 1 200 余亩花椒产区，建设有初加工厂区、包装车间及展厅。合作社有孟香娇等自主品牌。"优"与"真"是孟一沟花椒核桃专业合作社的核心理念，合作社通过农资采购、大田管理、产品销售"三统一"模式，让每一粒花椒都能实现质量可控、追根溯源。多年来与西北农林科技大学、杨凌馥稷生物科技有限公司等院校、企业合作，保障产品的高品质。产品通过多项食品安全检测。2019 年以来，连续 3 年获得北京华夏沃土技术有限公司颁发的有机转换证书，是中华人民共和国第十四届运动会的特许商品。

典范一 有机精品梅花椒

产品盒有产品防伪追溯码。包装采用简洁清新花椒元素符号及色块拼接，让人们对花椒产品更有兴趣、更有购买欲望。此包装能够有效保护农产品，便于储存运输和消费者甄选等。

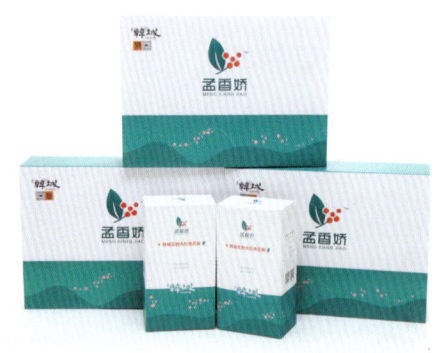

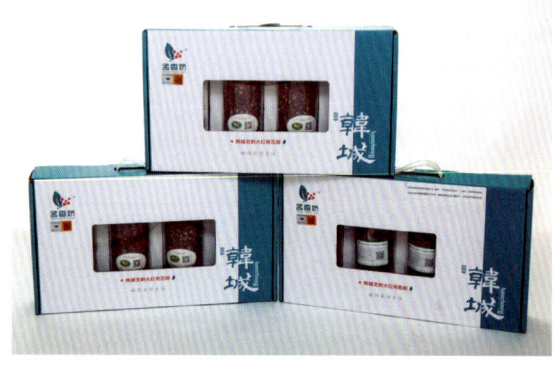

典范二 有机花椒

此款设计主要针对商场、电商及商超客户。既能够展示农产品，同时也便于携带运输，可防挤压。产品包装可以拆解回收，对环境友好。

典范三 一级花椒

此款设计主要针对批发市场、便利店的消费者。包装袋上有产品追溯码，可以扫描二维码了解产品情况。包装采用椭圆透明设计，让消费者既能够直观地看到农产品。适用于日常生活，同时也便于携带运输。

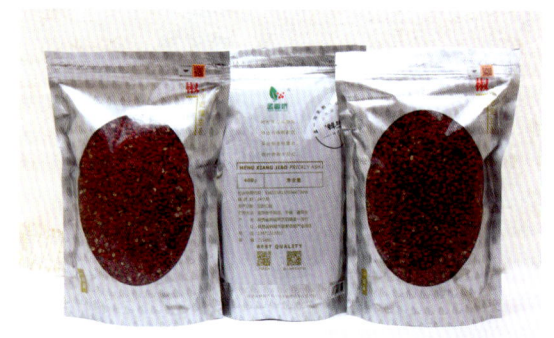

通信地址：陕西省韩城市芝阳镇孟一沟村村委会院内
联系电话：13571311033　孙　涛
推荐单位：陕西省农产品质量安全中心

韩城市神农果业专业合作社

韩城市神农果业专业合作社成立于 2008 年,主要以葡萄种植为主。合作社目前已投资 2 000 余万元,建成设施葡萄种植大棚 15 座、大田葡萄种植区百余亩、人工灌溉湖 1 个等。合作社目前经营模式为三产融合模式,最终实现生态效益、社会效益、经济效益的共赢。

典范一 彩妹葡萄

产品盒有产品追溯码,让消费者对绿色标准葡萄有更多的了解。选用绿色和白色打底,以红色旗帜做点缀,美观、人性化的包装设计让人们对农产品更有兴趣、更有购买欲望。

典范二 彩妹葡萄酒

产品箱有产品追溯码,让消费者对绿色标准葡萄酒有更多的了解。选用神农果业的标志性建筑办公大楼、农民学校和黄河"鲤鱼跃龙门"的图案,让消费者对彩妹红酒的产地黄土高原的黄河流域生态资源、风情文化、地理优势有更进一步的了解,加深产品印象。外加以葡萄作点缀的图案设计,让人们可以对红葡萄酒更有兴趣、更有购买欲望。

通信地址:陕西省韩城市新兴产业 1 号楼 915
联系电话:13892524810　孙文凯
推荐单位:陕西省农产品质量安全中心

延安绿谷田园食品有限责任公司

延安绿谷田园食品有限责任公司于2004年注册成立，注册资金1 000万元，为陕西省农业产业化重点龙头企业，注册绿谷田园、直罗贡米、吾悠3个商标，公司目前拥有占地面积4 000多平方米的办公、加工、经营场所，是集苹果生产、收购、储藏、销售和油糕、直罗贡米加工销售为一体的成长型综合农业进出口企业。

典范 直罗贡米

精选礼盒装有产品追溯码，通过扫描二维码，可以了解产品的种植、生产、加工厂商。一个手提袋，盒里面配5个小盒装设计。美观、人性化的包装设计让人们可以对农产品更有兴趣、更有购买欲望。此包装可有效保护农产品、减少农产品的损耗，便于农产品运输、仓储、消费者甄选等。

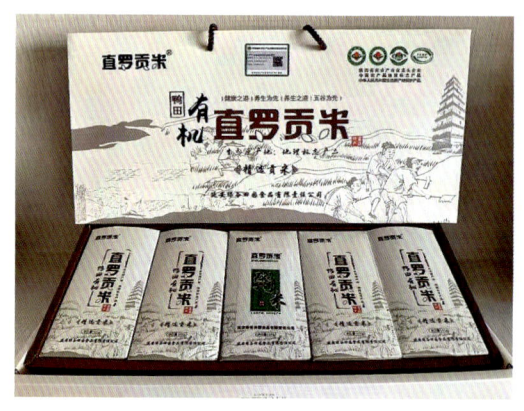

袋装版设计比较简洁，手提袋易于携带与运输，抽真空设计可以做到有效保护农产品、减少农产品的损耗，便于农产品运输、仓储。

普通版礼盒设计比较简洁，手提袋+单盒设计，易于携带与运输，同时健康、环保、人性化，既满足消费者需求，又可以拆解回收，对环境友好，起到了保护产品、传达产品信息、方便运输、促进销售、提高产品附加值的作用。

通信地址：陕西省延安市富县环城路绿谷田园特产店
联系电话：15891149502　　王　飞
推荐单位：陕西省农产品质量安全中心

陕西黄土高坡农林畜发展有限公司

陕西黄土高坡农林畜发展有限公司成立于2014年，建成苹果生产及加工仓储、电子商务、物流配送、同城配送、经贸等产业体系，初步实现了农产品从产地到终端消费者的全产业链规模。公司占地面积3 000平方米，注册资金1 000万元，拥有电子商务产业园区、陕西省就业扶贫基地和富县大学生创业孵化基地等，公司在多个平台上开设了多家网上店铺。建立县级配送仓储分拣中心，实现仓储、配送一站式服务。公司注册无公害果园1 887亩，认证进出口果园2 000亩，认证有机果园2 000亩，出口加工厂1座。

典范 延安苹果

包装设计贯穿"绿色生产产品＋红色记忆传承"主题，区域特色明显，识别度高，造型新颖，色彩和图形文字完美结合，材质绿色环保，达到包装对农产品的推广和价值提升的促进作用。

苹果电商专用装包装设计主打电商苹果销售，产品盒外贴产品追溯码通过扫描二维码，可以了解产品的种植、生产、加工厂商信息。包装可有效保护农产品、减少农产品的损耗，同时便于农产品运输、提升农产品仓储率，便于消费者甄选，价格低廉。

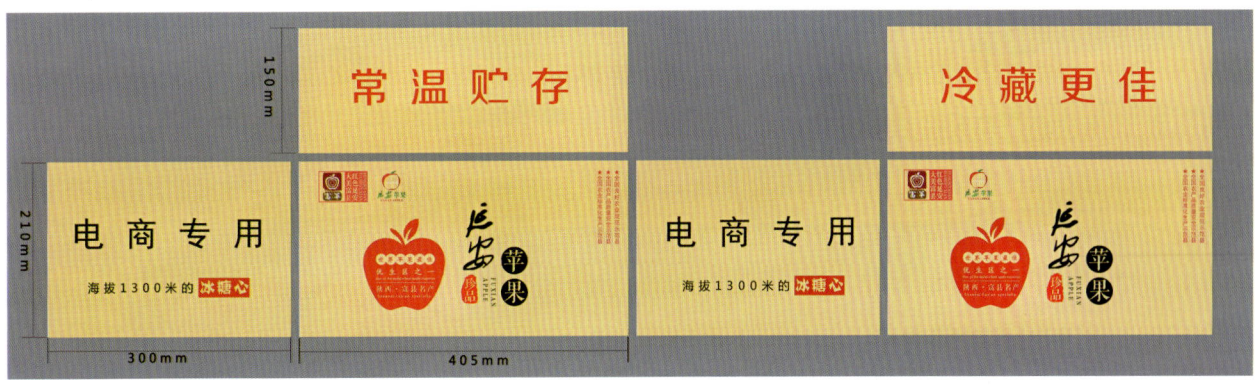

通信地址：陕西省延安市富县茶坊镇桥居观园小区
联系电话：15191129532　　武　峰
推荐单位：陕西省农产品质量安全中心

延安延农金色记忆农产品有限公司

延安延农金色记忆农产品有限公司是延安农业投资建设（集团）有限公司的销售子公司，2020年3月注册成立，注册资金1 000万元。组建延安延农金色记忆农产品有限公司是为了让延安农特色产品"走出去"，更大范围地辐射到全国各地，以此来带动延安农特色产品的销售，逐步形成完善的产品销售及产业链的一体化。

典范 凸凸苹果

凸凸尚品装为经典天地盖高端礼盒盒形，匹配经典黑色、金色，搭配元素设计。礼盒配备易携手提袋方便消费者携带，配备珍珠棉，在充分保护苹果的同时又能合理美观地展示苹果诱人的品质。以凸凸品牌的"凸"为核心造型，繁复的花鸟图案突显品牌源于自然的特点，向消费者传达的绿色健康理念。

凸凸生活装整体设计以白色为底，旨在凸显品牌天然纯洁的理念。经典的飞机盒盒形可保护产品，减少资源浪费，轻便快捷。

凸凸彩印流通装设计以稳重蓝色为底，辅以白色和红色元素相间，贯彻凸凸苹果天然绿色的理念。简洁的元素以"凸"字造型串联，突显品牌的核心符号，繁复的花鸟图案传达凸凸苹果的绿色健康理念。箱体采用一体式结实耐用的瓦楞纸结构，内衬辅以上下两层隔板隔条保证支撑性，对每一颗苹果都能做到独立保护，同时整体的支撑结构又可满足箱体打托运输的支撑强度，此款包装是凸凸苹果上乘的流通产品。

通信地址：陕西省西安市未央区经济技术开发区凤城十二路凯瑞B座502室
联系电话：13564605532   蒋文杰
推荐单位：陕西省农产品质量安全中心

陕西顶端果业科技有限公司

陕西顶端果业科技有限公司位于洛川苹果产业园区，成立于 2014 年 7 月，注册资金 2 100 万元，是以互联网电商平台为依托，集线上推广、品牌宣传、高端销售、储选运、产供销、苗木繁育、种植托管为一体的全产业链现代化果业企业。现有员工 100 余人。公司分西安电商运营中心、洛川仓储加工基地、果园托管事业、苗木繁育基地、农资供应等板块。公司总部设事业部、电子商务部、行政人事部、财务部及果业技术研发中心等。在京东、天猫、淘宝等互联网销售平台拥有网上店铺 42 个，建有 6 000 吨气调库，3 000 平方米包装车间、自动化 4.0 智能选果线 1 条、政府授权的洛川苹果官方旗舰店 10 个。公司先后获得延安市龙头企业、苹果优秀电商企业、陕西省商务厅电子商务示范企业、精准扶贫先进企业、陕西省名牌产品、2019 省级龙头企业等荣誉称号。

典范一 顶端礼尚佳享系列经典款

该产品包装设计主打简约风格。箱体本身有产品追溯码，通过扫描二维码，可以了解产品的种植果农、生产过程等，让消费者吃得放心、买得安心。除包装外，本产品还配有手提袋一个，满足了现代营销需求。包装本身贴有苹果塑膜，在体现产品本身特性的同时也满足消费者的生理与心理需求。提高消费者对产品的兴趣和购买欲望。

典范二 顶端礼尚佳享系列精品款

该产品包装设计主打简约风格，包装内部黄色绸缎与中国红色调搭配，将传统文化与苹果的寓意完美结合。手提袋＋箱体包装设计，易于携带与运输，在满足了消费者需求的同时也保护了产品，提高产品附加值的作用。

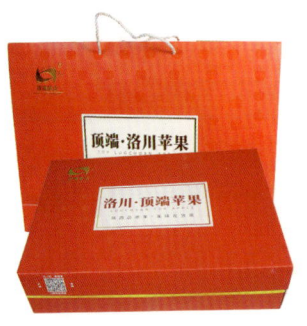

典范三 顶端白领专享系列宝宝果

该产品目标消费者是上班族及有儿童的家庭。箱体本身有产品追溯码，通过扫描二维码，可以了解产品的种植果农、生产过程等，让消费者吃得放心、买得安心。70# 小果小孩吃，一个刚刚好，满足了现代营销需求。包装上的卡通元素提高消费者对产品的兴趣，提高购买欲望。

通信地址：陕西省洛川县国家级苹果产业园区 5 号路西侧
联系电话：17395604201　　詹云莉
推荐单位：陕西省农产品质量安全中心

山阳县金桥茶业有限公司

山阳县金桥茶业有限公司成立于 2007 年 5 月，注册资金 2 000 万元，是集茶叶种植、加工、销售与茶文化开发、旅游观光为一体的现代化农业生产企业。现有员工 58 人，临时聘用人员（采茶工为主）350 多人。2020 年年底资产总计 7 014.25 万元，营业收入 5 121.46 万元，净利润 604.39 万元。

公司茶园基地坐落于漫川关镇莲花池社区黄花岭。目前拥有国内先进的绿茶生产线和红茶生产线，企业目前已通过 ISO 9001 质量管理体系认证和中国良好农业规范（GAP）认证，先后被认定为陕西省 AAA 级信誉单位、陕西省重质量创品牌示范单位、陕西省产品质量重点推荐企业、商洛市农业产业化经营龙头企业、陕西省高新技术企业。公司生产的莲花翠茗绿茶、莲花仙红茶等系列茶产品远销省内外，深受消费者的青睐。莲花翠茗绿茶在陕西省茶叶评选中荣获优质奖和金奖。

典范 莲花翠茗绿茶、莲花仙天竺红红茶

产品盒有产品追溯码，通过扫描二维码，可以了解产品的种植、生产、加工厂家。通过美观、简约、绿色、人性化的包装设计让人们可以对农产品更有兴趣、更有购买欲望。这样包装设计可有效保护茶产品，减少茶产品的损耗，同时也便于运输和消费者甄选等。

通信地址：陕西省商洛市山阳县城关街办五里桥社区
联系电话：15691666663　　李德全
推荐单位：陕西省农产品质量安全中心

陕西黄官酒业有限公司

陕西黄官酒业有限公司前身为始创于 1368 年的李记酒坊，以"5 000 年薪火传承中国传统黄酒技艺"为己任。公司旗下拥有黄关黄酒和汉调、终南米仓两个米香型白酒品牌。其中黄关牌商标获评陕西省著名商标，黄关黄酒复酿技艺被列入汉中市非物质文化遗产。公司相继获得了 ISO 9001 质量管理认证和 HACCP 食品管理体系认证，公司是汉中市优秀民营企业，汉中市带贫益贫先进企业、四星级非公党组织，2019 年、2020 年连续两届获中国特色旅游商品大赛银奖。酒厂占地 30 亩，预留土地 230 亩，现有建筑面积 15 000 平方米，在职员工 54 人，其中国家一级品酒师 2 人、二级品酒师 2 人、三级品酒师 2 人、生产技术人员 3 人，研究人员占总人数 25.78%。公司拥有原酒储量 2 000 多吨，年实现产值近亿元。目前是西北地区最大的黄酒陶坛储酒企业。

典范一　黄关·青梅（米酒）

该产品包装专为女性群体设计，颜色清新淡雅，符合女性审美。一手提袋配一盒装设计，盒内采用防撞棉加珍珠棉固定，有效保护产品，减少产品损耗、便于运输。

典范二　黄关·微凉（黄酒）

该产品包装设计专为年轻人代言：拒绝被标签，拒绝被量化。一个手提袋配一盒装设计，通过美观、人性化的包装设计让人们黄酒更有兴趣、更有购买欲望。这样包装设计可有效保护产品，减少产品损耗、便于运输。

典范三　黄关·大团圆（黄酒）

该产品为主要针对节日设计的礼品款，采用红色调，营造节日喜庆氛围，以"团圆"的文化为设计思路，体现温暖、包容的视觉感受。设计简洁，手提盒配两壶设计，内设珍珠棉易于携带与运输，同时健康、环保、人性化，既满足消费者需求，又可以拆解回收，对环境友好。起到了保护产品、传达产品信息、方便运输、促进销售、提高产品附加值的作用。

通信地址：陕西省汉中市南郑区黄官镇青龙桥
联系电话：18609167928　　吴昱松
推荐单位：陕西省农产品质量安全中心

陕西新美新农业科技有限公司

陕西新美新农业科技有限公司成立于2013年10月，注册资金1 000万元，是一家专业从事茶叶生产的综合型茶叶企业，是集茶叶种植、生产加工、研发、销售、文化推广于一体的"陕西省农业产业化重点龙头企业"。拥有优质茶园5 000亩，建设有1 500平方米的标准化生产车间。已通过ISO 9001质量体系认证及绿色食品认证，多次在省级茶业大赛及南郑赛茶大会上获得金、银奖项，被评为先进企业、守合同重信用企业、汉中市现代农业园及汉中市南郑区优秀民营企业。公司在西北地区有成熟的销售渠道，在西安、汉中建立直营店20家，通过招商开设销售网点4家或以直销的形势销往全国各地。有远山眉、福成公社、观点、汉砖等几个品牌。生产销售绿茶、红茶、黑茶等系列产品通过直营店、网络平台或直销的形式销往全国各地。

典范一 远山眉汉中仙毫

远山眉汉中仙毫系列产品中的经典款，采用一手袋配两盒的设计，盒身通体采用淡蓝色调，配以中唐莫高窟的壁画元素及远山眉品牌文字标识，并使用带文字的树叶图案作为点缀，寓意茶叶是一片蕴含文化的树叶，巧妙地将传统文化与茶文化相结合。盒侧身对汉中仙毫的生态及生产优势进行了描述。盒底印刷了品牌诠释，以及茶叶的生产日期、等级、产地、配料、执行标准，还有国家地理标识、商品条码及农产品追溯码等信息，消费者可以直观地了解产品详细信息。淡雅的色调、优美的构图，以及方便携带及存储等优势，极大地满足消费者的需求，刺激消费者的购买欲望。

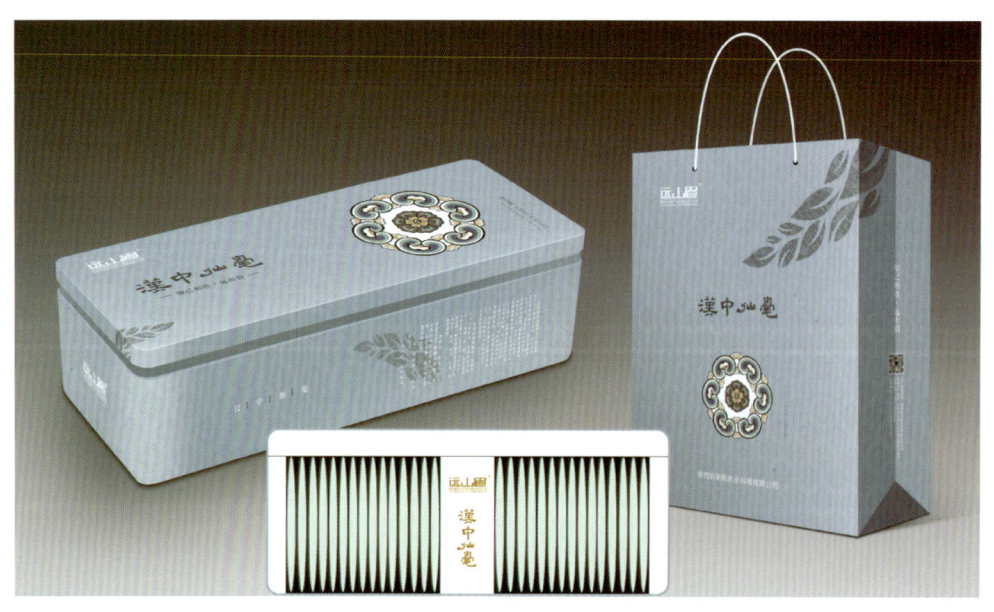

通信地址：陕西省汉中市南郑区大河坎镇恒大城6-104
联系电话：15384666588　　姜　雯
推荐单位：陕西省农产品质量安全中心

典范二 远山眉汉中红

远山眉红茶系列中的热销款，采用一手袋配两盒的设计，盒身通体采用中国红色调，配以中唐莫高窟的壁画元素及远山眉品牌文字标识，给人带来强烈的视觉冲击，与红茶性温和、暖胃的特性相符合。盒底印刷了品牌诠释，以及茶叶的生产日期、等级、产地、配料、执行标准，还有商品条码及农产品追溯码等信息，消费者可以直观地了解产品详细信息。远山眉汉中红以喜庆的色调，精美的印刷图案及优异的品质，人性化的包装设计满足消费者的需求，刺激购买愿望。

典范三 远山眉南郑翠竹

远山眉绿茶系列产品中的热销款，采用一手袋配两盒的设计，盒身通体采用绿色调，象征着一片欣欣向荣的春日景象。盒底印刷了品牌诠释，以及茶叶的生产日期、等级、产地、配料、执行标准，还有商品条码及农产品追溯码等信息。配以宋代榆林窟的壁画元素及远山眉品牌文字标识，并使用带文字的树叶图案作为点缀，寓意茶叶是一片蕴含文化的树叶，巧妙地将传统文化与茶文化相结合。邀请当代书法家赵熊书写品名"南郑翠竹"，提升茶叶的文化属性及名人效应，在种类繁多的茶叶包装当中脱颖而出，深受消费者青睐。

陕西集味食品有限公司

陕西集味食品有限公司是一家集魔芋种培和魔芋食品研发、生产、销售于一体的高科技创新型民营企业。成立于 2018 年 3 月，注册资金 5 000 万元，由苏州集味食品有限公司投资、魔芋兄弟团队联合组建运营，是 2018 年陕南绿色循环经济苏陕协作重要签约项目。工厂位于环境优美交通便捷的安康恒口示范区，占地面积 150 余亩。

公司本着严谨、高效、务实、创新的工作理念，以科技研发为核心动力，以为消费者提供健康美味、品质优良的魔芋食品为使命，以魔芋产业助力产业脱贫为企业责任，打造完整魔芋产业链。公司厂房软硬件建设严格遵循国际 HACCP 认证体系与欧盟 BRC 体系标准，严苛贯彻标准化的管理体系以确保产品品质稳定、质量安全。

典范一　低脂魔芋筋

以魔芋生长的优美环境秦岭山川特色为背景，结合产品本身的形状和特色作为主要视觉填充，并用低脂、无糖、高纤维的营养声称方式体现产品的核心价值。

通信地址：陕西省安康市汉滨区恒口示范区工业产业园大道 3 号
联系电话：18590006222　　袁　华
推荐单位：陕西省农产品质量安全中心

典范二 任性魔芋

体现公司企业 VI 统一的识别形象，用秦岭山作为产品主要背景，食物图体现产品的主要特点，运用人物形象塑造展现本产品的消费对象，容易引起消费者的心理共鸣和购买欲望。

典范三 魔芋干

突出产品 LOGO，体现企业品牌的年轻化，正面文字声称展示产品原料产地，产品颜色搭配上白色和口味颜色区分，使消费者很容易区分和选择产品。

陕西波尔多生态农业有限公司

陕西波尔多生态农业有限公司 2014 年在秦汉新城窑店街办刘家沟村流转 130 亩土地，陆续引进 10 余个优秀葡萄品种，以科学、规范的栽培方式为依托，提出并推行葡萄健康栽培体系，生产健康、优质精品葡萄，树立西北地区优质葡萄种植标杆，打造西咸近郊最具人文气息的葡萄观光采摘园。园区内分为设施栽培、观光栽培、标准栽培，在满足不同时期、不同口味和观光需求的同时，坚持以品质为先，严格遵照健康栽培标准，对病虫害进行科学防控，减少甚至杜绝病虫害的发生；自然生草，培养健康的生态小环境并提高土壤有机质含量；进行严格控产，每亩不超过 1 500 斤。产品有完整的溯源系统，注册"葡小淘"商标。2021 年通过绿色食品认证，2017—2020 年连续 4 年获得全国鲜食葡萄评比金奖。

典范 葡小淘葡萄

包装采用竹编工艺，原材料为竹子，有回归自然返璞归真之意。成本合理，简单大方，可作为礼盒，又不过度包装造成浪费。

竹编工艺有利于透气，解决了水果装箱遇冷呼吸后出水现象，降低了霉变风险。

该包装坚固耐用，硬度高，不易变形，均匀承重受压可达到 80 公斤以上，堆码层高可达到 20 层以上。盒体方正，便于堆码装车。

采用上下盖结构，装箱方便，有手提便于携带。消费者可根据自身需求盛装其他物品，可多次重复利用。

通信地址：陕西省西咸新区秦汉新城窑店街办刘家沟村
联系电话：13891434695　　梁　国
推荐单位：陕西省农产品质量安全中心

西安漫花园艺有限公司

　　西安漫花园艺有限公司葡萄园位于西安市长安区大兆街办倪孟新村，占地面积 270 亩，于 2019 年 3 月初由西安漫花园艺有限公司投资建设。园区以生态农业为基础，以农业高新技术应用为具体实践，以种植全球高端葡萄品种阳光玫瑰为主，搭配以贵夫人、摩尔多瓦、巨玫瑰、火焰无核等畅销葡萄产品，是目前长安区大规模的葡萄种植园区之一。园区目前投资 900 万元，已建成投产。建设有塑料温室大棚 61 栋，严格按照绿色食品生产要求种植葡萄，年生产葡萄 350 吨，以先进的理念和技术指导，科学种植，合理使用有机肥料。公司努力与全国市场接轨，实现葡萄产业化发展，为地方特色经济做出贡献。

典范 东萄源阳光玫瑰

　　葡萄采用手绘形式绘制，灵性且生动，图形颜色和产品色融合，文字采用中国传统书法字设计，把产品的美展现得淋漓尽致。图形和中英文相结合，体现产品葡萄特色，绿色结合金色更显得有档次，引起消费者食欲。

通信地址：陕西省西安市长安区大兆街办孟家岩村大酒路 1 号
联系电话：18909276782　　周　涛
推荐单位：陕西省农产品质量安全中心

陕西怡溪春茶业科技有限公司

陕西怡溪春茶业科技有限公司成立于2011年，注册资金500万元，是一家集茶叶种植、加工、销售和研发于一体的民营企业。拥有高山茶园种植基地8 000余亩，3个茶叶加工厂，11条茶叶清洁化生产线，年产怡溪春牌系列茶产品80余吨，产值5 800余万元。公司获质量管理体系认证，产品获无公害农产品、绿色食品认证。怡溪春商标被认定为陕西省著名商标，生产的怡溪春牌汉中仙毫参加第六至十三届中国（北京）国际茶业博览会蝉联金奖，获第二届中国（杭州）国际茶博会金奖，入选全国名特优新农产品目录，被认定为陕西省名牌产品，公司茶园被中国农业国际促进会评选为"全国三十座最美茶园"，公司被陕西省人民政府命名为陕西省（怡溪）现代农业园区，被陕西省农业厅认定为省级农业产业化重点龙头企业。

典范一 怡溪春牌汉中仙毫

整套包装采取条形设计，里含6个小铝罐，礼盒配套手提袋，携带方便。整款包装以蓝绿色和草绿色为主，用金色线条图案作为点缀，盒身以艺术造型"春"字为辅助图形做礼盒围边，开口处用金色"春"字作为封扣，礼盒正面印有公司LOGO，企业品牌"怡溪春"采用金色作为底色，整体简约奢华且有新意。盒底印有执行标准、产品名称、等级、产地、生产日期、商品条码及绿色食品标识等信息。

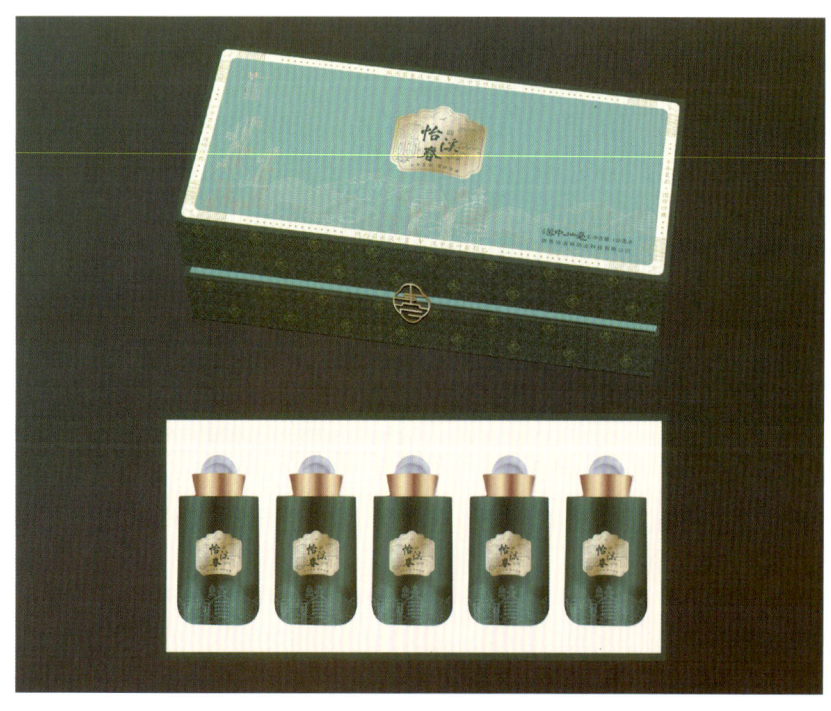

通信地址：陕西省汉中市镇巴县小洋镇绿色产业园
联系电话：15991866666　　王 雨
推荐单位：陕西省农产品质量安全中心

典范二　怡溪春牌镇巴毛尖

采用正方形设计，颜色以墨绿色为主，符合茶叶清汤绿叶的形象。"镇巴毛尖"字体选用行书，活泼大方带有新意，文字内填充了竹林、茶园、苗民、宝塔、河流、大山等县域文化特色元素。开口处采用双开门的设计，装取方便，更显高级。盒底印刷了企业简介，以及茶叶的生产日期、等级、产地、配料、执行标准，还有商品条码等信息。从形状到颜色再到内部呈现，整个礼盒都符合中国人的审美。

典范三　怡溪春牌汉中红茶

此款汉中红礼盒采取巧克力红为主色，巧克力红与红茶红汤红叶及温暖柔和的特性相符合。礼盒正面采用条形的设计，图案融入了巴山竹林、高山云雾、宝塔等元素，展现了镇巴县自然环境优美及历史文化多元的特点，盒身以金色艺术造型"春"字作为点缀，柔美中带有力量。盒底印有产品名称、产地、配料、执行标准、等级等信息。

陇南恒佳电子商务有限公司

陇南恒佳电子商务有限公司成立于 2016 年 3 月，厂址位于甘肃省陇南市经济开发区徽县园，建成并完善了电商扶贫、农产品加工、产品展示、培训指导、创业孵化、仓储物流等产业，是一家综合性的电子商务创业公司。

公司持有绿蚁康、南秦岭的品牌商标，商标下生产再加工 SC 认证的土蜂蜜、食用油等 20 余种特色农产品。公司自有标准化农产品检验室，并且拥有一套完整的检验检测流程，严格按照国家质量标准进行收购、生产，产品的销售模式覆盖线上线下。另外，公司设有创客中心、培训场所、网销产品展示区、培训中心。公司始终秉承着"诚信为本，创新为魂，原料优质，顾客至上"的发展理念，开拓创新，立足市场的需求，走在创新绿色发展的时代前沿。

典范一 核桃油

设计采用中国风插画形式，体现核桃油采用传统压榨、真材实料无添加无勾兑的良好品质。玻璃瓶采用烤花工艺，简约明快，提升产品档次。包装结构采用常规盒型，易于制作，包材利用率高，成本低，便于装箱运输仓储，空间利用率高，总体成本更低。

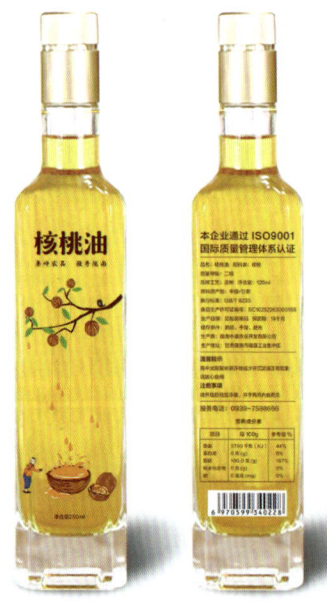

通信地址：甘肃省陇南市徽县工业集中区
联系电话：19193990605　王 炜
推荐单位：甘肃省农产品质量安全检验检测中心

典范二 亚麻籽油

设计采用中国风插画形式，呈现出秦岭南麓的独特风土人情及良好的自然生态环境，也点明了该产品的生产环境，体现地域特色。圆柱形纸质立体结构，物理性能优良，保护内瓶的同时，具有非常好的陈列效果。食品级玻璃和纸质包材，选材绿色环保，可回收及循环使用。包装结构采用常规型，易于制作，包材利用率高，成本低。

典范三 蜂蜜

便携装，定位为年轻女性及学生人群，便于旅行、外出携带和食用，简单易用便于储存。设计采用插画形式，主题轻松欢快，贴合外出愉悦放松的使用场景。内瓶为食品级PET，保障食品安全，密封性强，防漏防潮，使用方便，易携带易运输。包装外盒结构采用常规盒型，易于制作，包材利用率高成本低，可回收及循环使用绿色环保。

瓜州县金丰蜜瓜产销专业合作社

瓜州县金丰蜜瓜产销专业合作社是具有独立法人资格农民自发成立的经济组织，有完整的组织机构，有固定的办公活动场地，有规范的专业合作社章程，有独立的财务核算体系，管理体制健全，管理人员分工明确、业务熟练。

几年来合作社流转土地共计2 600多亩，发展蜜瓜种植1 650亩，亩收入平均达到2 300元，最高达到3 600元。金丰蜜瓜合作社有效利用土地流转机制，流转了南岔镇十工村土地1 100亩，发展高标准节水设施农业。几年来合作社流转土地共计1 500多亩，计划建成占地220亩100座高标准日光温室，已种植100亩100座高标准蔬菜塑料大棚，已定植红地球鲜食葡萄套种蜜瓜780亩，其中400亩采用自动化节水灌溉。2021年，新建海南连栋塑料钢架大棚500亩，带领合作社社员走上瓜州蜜瓜发展致富之路。

典范 蜜瓜系列产品

圆形蜜瓜图片指明本包装内产品为蜜瓜，简洁明了。蜜蜂和蜜瓜花朵，突出蜜瓜是由蜜蜂自然授粉，暗示产品绿色天然无公害。祁连雪山，暗示产品由祁连山孕育而成，寓意天然、生态、健康。蜜瓜上方是"甘味"和"祁连王子"商标。

纸箱结构紧密无缝，能遮光防尘，储运方便。纸箱材料卫生、无毒、无味，透气性好，可回收利用。

通信地址：甘肃省瓜州县南岔镇十工村
联系电话：18893598555　宋　丹
推荐单位：甘肃省农产品质量安全检验检测中心

玉门市玉港农林综合开发有限公司

玉门市玉港农林综合开发有限公司以生态文明建设、创造优美环境、防风治沙荒漠绿化和生产健康绿色有机鲜杏为奋斗目标，10多年的坚持使原有荒漠戈壁变成了绿洲。经过多年精心打造，杏树种植面积已有1 500多亩，传统的耕作加科学的管理使生产的果品实属最优质的绿色食品，改写了荒漠戈壁种不活树更种不成果树的历史。为了打造精品优质水果，公司聘用了国内资深专家做指导，招收了30多人组成管理团队，将传统耕作和先进技术相结合，严格控制农药化肥的使用，所有果树均由腐熟的羊粪和生物质做肥料，保证了所有果品绿色有机。果品色泽光亮、口感纯正，其主要果品李广杏的品质更加优良，目前初期挂果产量50吨以上，盛果期可达到2 000吨以上。基地中心位于北纬40°植物优生线，海拔1 750米大漠戈壁，远离都市、工矿企业、乡村城镇，属独特的李广杏优生区，无任何污染源影响，基地生产的绿色有机鲜食念君牌李广杏色泽鲜艳亮丽，口感香甜纯正。

典范 李广杏

李广杏是一种保鲜时间较短的果品，受到挤压、碰撞等因素影响时易风味缺失、变色、变味甚至腐烂，因此在设计结构上采用每颗杏子单独套网的方式，加以冰袋先装入泡沫保温箱内密封。包装结构分为外部纸箱和内部泡沫箱的两块独立部分。

包装外图采用手绘图画，撞色的搭配更符合现代年轻人的审美。包装整体耐抗性大、低碳、环保。内部有较好的密闭性，能更好地保存杏子的原有口感，具有重量轻、强度高、缓冲性能好、节省存储空间、便于运输等特点。

通信地址：甘肃省酒泉市玉门市新区玉关路256号
联系电话：15101730400　　徐　磊
推荐单位：甘肃省农产品质量安全检验检测中心

白银忠恒文化发展有限公司

白银忠恒文化发展有限公司成立于2011年7月,是一家集发展旅游、餐饮、文化为一体的本土化大型企业,公司管理的尚文坊一条街全长1.36千米,建筑面积3.6万平方米,总投资1.5亿元,现有入驻商户216家,2014年被评为甘肃省食品管理示范一条街,2016年7月被评为市级创业就业孵化示范基地(园区),先后为入驻企业提供创业贷款6 000万元,每年带动就业人员1 000多人,为社会慈善公益事业捐资捐款1.5亿元。

典范 一窑老醋

一窑老醋的设计灵感来自马家窑彩陶文化,将窑洞和"马家窑"联想在一起,陶缸发酵,葫芦装醋,真实还原了过去千百年来西北人民利用自然资源的场景。窑洞自然恒温,非常有利于醋的发酵。马家窑彩陶文化辉煌灿烂,窑洞纯粮醋提炼了马家窑彩陶的经典花纹,以甘肃积石山出图的"彩陶王"为设计灵感,配合葫芦本身的100%有机质、可降解的特性,非常有利于品质的保护。一窑老醋融合马家窑古老的彩陶文化,巧妙地提炼出波浪纹、回旋纹,把醋的制作工艺(陶瓷缸发酵)、葫芦装醋和马家窑文化高度嫁接,高度展现黄河文化。作品集艺术性、实用性、创新性于一体。葫芦瓶可反复循环使用,既是艺术品,也是替代家庭餐桌塑料醋壶的用品。

通信地址:甘肃省白银市平川区仿古一条街青年之家
联系电话:18919431777　张靖宝
推荐单位:甘肃省农产品质量安全检验检测中心

青海大宋农业科技股份有限公司

青海大宋农业科技股份有限公司于 2013 年 8 月注册成立，坐落于西宁市湟中区多巴新城，注册资金 1.6 亿元，占地面积 366 亩。公司依托青藏高原资源优势建设有 7D 精品油生产线、浓香菜籽油生产线等油脂加工单元。配套了 2 万吨原料筒仓和 6.1 万吨原油、成品油罐区，可实现年加工 21 万吨高原油菜籽的产能。目前拥有食用油系列品牌大宋福、亲亲海，面粉、青稞系列品牌禾湟丰、宋格格等。公司获得了青海省中国好粮油示范企业、青海省农牧业产业龙头企业、青海省产业化扶贫龙头企业、青海省绿色有机农畜产品"百佳优品"、西宁市农牧业产业化龙头企业、西宁市科技型企业、全省文明诚信私营企业等荣誉。

典范一 宋品御油菜籽油

便携式伴手礼盒，包装方式为便携手提 + 单品马口铁独立包装。外包装材料为纸箱，符合环保原则；包装外立面首显源自大宋农业高原原产地、金色油菜花出品的菜籽油规范使用，体现品牌价值赋能，为产品提供较高附加值；产品外观正反双色设计，漂亮整洁，符合高档年礼定位；包装扁平化设计，轻薄但显精致大气。内部瓦楞纸板固定，极大地减少了产品的碰撞和摩擦，保持产品外观整洁。

典范二 大宋福菜籽油

大宋福谐音"送福"，是中国人传统吉祥语，是送礼佳品。两个不同风味产品搭配，给消费者带来不一样的体验。外包装纸箱正面开视窗，透视性好，给消费者带来直观感受。整个礼盒简洁美观，既方便携带又不失档次。包装以红色和蓝色为主色调，搭配金与红色，喜庆大气。内部瓦楞纸板固定，极大地减少了产品的碰撞和摩擦，保持产品外观整洁。

通信地址：青海省西宁城东经济开发区泉景路 1 号
联系电话：15297024733 赵世鹏
推荐单位：青海省绿色有机农产品推广服务中心

青海鼎裕农牧开发有限公司

青海鼎裕农牧开发有限公司成立于 2016 年，注册资金 3 000 万元，位于湟中县海子沟乡，公司是集农、工、贸于一体的农牧业产业，菜籽油年仓储能力 10 万吨，年加工能力 8 万吨。公司以"收购 + 加工 + 销售"为一体，采取"公司 + 农户 + 加工基地 + 市场"的产业化运作模式，现开发的以高原特色油菜籽为原料的西海花、晨翔卉牌食用油质量符合国家标准、产业规范、环保规范，科技含量、新产品开发能力在同行业中属于领先水平。产品销售对象主要为青海地区各大超市、粮油批发市场等，外销外省周边市场。

公司获西宁市农牧业产业化市级龙头企业、文明诚信民营企业称号，被评为 AAA 级信用企业、信用等级 AAA 级企业、AAA 级重合同守信用单位、AAA 级质量服务诚信单位。

典范 西海花菜籽油系列

内包装为目前市场上通用的聚酯 PET 瓶，透明、气密性好，使消费者对食用油的品相和颜色一目了然，材质健康环保，符合食品包装要求。瓶身上下部瓦楞定位，中部贴标处环形凹状，便于牢固贴标，设计合理，美观耐用，遇冷热天气不易变形。瓶身所贴的标签正中为金黄色"西海花"商标，不仅视觉上醒目并且宣传了青海湖古称"西海"的历史文化。"西海花"来自青藏高原的臻品菜籽油，代表了高原上的生机、希望和收获。4 款不同颜色的标签区分不同工艺的产品：绿色标签为古法压榨高寒香菜油；蓝色标签为醇香菜籽油；红色标签为高原一级菜籽油，粉色标签为青海土榨油。

外包装纸箱正面开视窗，透视性好，让客户带来直观感受。整个纸箱结实耐用、简洁美观，包装以红色和黄色的基础色为主色调，搭配金与红色喜庆大气，既便于运输，馈赠亲朋好友又不失档次。

通信地址：青海省西宁市湟中区海子沟乡海南庄村
联系电话：15003669066　汪国昌
推荐单位：青海省绿色有机农产品推广服务中心

青海千紫缘农业科技博览园

青海千紫缘农业科技博览园位于湟中县田家寨镇田家寨村，创建于2016年2月，注册资本500万元，是一家集"现代农业、文化旅游、科研应用"于一体的综合性实业企业，秉承的发展理念是"立足乡土，转型创新、发展实业、扶贫济困"。建成了田园观赏区、乡趣体验区、特色种植区、科普教育区和青海唯一一个太空植物博览园，打造形成了"四区一园"的功能格局。

休闲农业与乡村旅游作为一二三产业的新兴产业，是促进农民就业增收和满足居民休闲需求的民生产业，是打造生态环境的绿色产业。园区立足乡土、转型创新、先后研发推出了枸杞芽茶、火焰参茶、山野菜等38个品种特色农产品。

典范一 枸杞芽茶

上翻礼盒，包装材料为纸盒，符合环保原则。整款包装采取绿金搭配，绿色寓意生态环保，金色寓意匠心甄选优质的枸杞芽茶。字体设计上，"枸杞芽茶"四字提炼了芽茶叶的造型美感，强化产品独特属性，打造差异化包装。

典范二 火焰果

抽装礼盒，包装材料为纸盒，符合环保原则。整款包装采取紫金搭配，紫色是火焰参的专属颜色，展现其独特的茶品属性和优秀品质。以主标的形式，将火焰山独特的造型美感和文字巧妙结合，突出强调优质的火焰参果，并提炼"高原好茶·轻养身心"的文案加以辅佐，简明扼要地展现火焰参茶包装的高识别度、高独特性。

通信地址：青海省西宁市湟中区田家寨镇
联系电话：13997336033　　全明强
推荐单位：青海省绿色有机农产品推广服务中心

宁夏瑞牧盐池滩羊购销有限公司

宁夏盐池滩羊产业发展集团有限公司是盐池县人民政府授权县财政局出资1亿元成立的国有独资企业，下属的宁夏瑞牧盐池滩羊购销有限公司成立于2017年7月，是一家集滩羊肉保种、收购、加工、储备、销售、推广为一体的滩羊产业化龙头企业。

公司始终坚定"时刻保证新鲜肉源，增强一流服务意识，打造良好企业信誉，不懈追求顾客满意"的信念，坚决杜绝假冒伪劣或质次价高的滩羊肉产品，坚持消费者利益高于一切。公司依托"盐池滩羊"著名商标品牌效应，依托集团公司多司得屠宰加工厂，协作多家企业和合作社，秉承"优质、创新、健康、时尚"的经营理念，严格执行国家食品质量安全规范，以传统美食工艺结合现代食品生产技术，为广大消费者提供优质优价的盐池滩羊肉产品。

典范一 盐池滩羊西餐

包装方式为手提纸盒+内包真空包装。产品真空包装，精选180天乳嫩羔羊，由羔羊排段、腿排小切、羔羊后腿肉、法式小切、羔羊羊腱、外脊肉6种产品组合，其中还搭配宁夏地域特产赤霞珠红酒1瓶，小杂粮1 000克以及黄花菜70克。不同口味，不同烹饪方法，给予品鉴者不一样体验。外包装为包裹式设计，以山水风经典湖蓝绿为主色，搭配白色点缀，给人以从容优雅的视觉感受，材料轻质、简约、高档、环保；符合中高档包装定位，可为羊肉提供较高附加值；礼盒可多次重复使用，保温保鲜效果极佳。内包装为真空包装袋与镶嵌式保温盒，样式奇特新颖，真空包装保质保量，整齐、高档、简洁。

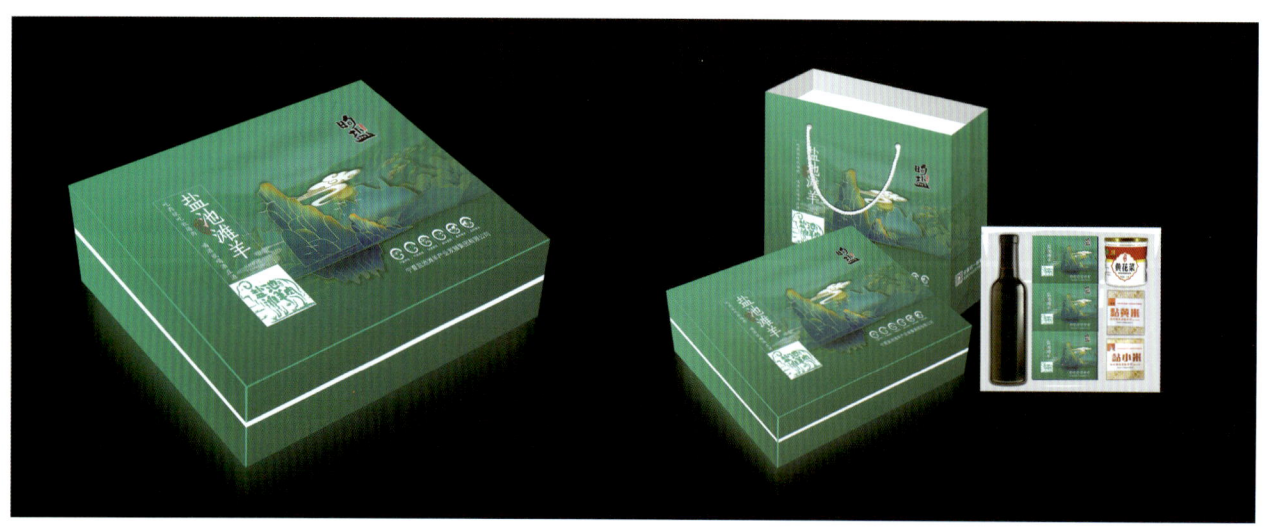

通信地址：宁夏瑞牧盐池滩羊购销有限公司屠宰场
联系电话：17752435170　　关向宁
推荐单位：宁夏回族自治区农产品质量安全中心

典范二　盐池滩羊中餐

　　包装方式为手提外盒＋内盒。产品真空包装，精选180天乳嫩羔羊，由羔羊腱块、羔羊腿肉、羔羊排段、羔羊蝎子、全羊切块、羔羊腩块6种产品组合，其中还搭配宁夏地域文化特色及特产，定制盖碗茶一套、定制八宝茶450克及黄花菜80克。不同口味，不同烹饪方法，给予品鉴者不一样体验。外包装为包裹式设计，以标准经典红为主色，搭配藏蓝色点缀，给人以复古简约的视觉感受，材料轻质，简约、高档、环保；符合中高档包装定位，可为羊肉提供较高附加值；礼盒可多次重复使用，保温保鲜效果极佳。内包装为真空包装袋与镶嵌式保温盒，样式奇特新颖，真空包装保质保量，整齐、高档、简洁。

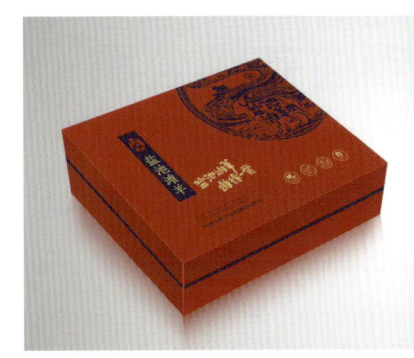

典范三　盐池滩羊风味物质羊

　　包装方式为手提外盒＋内盒。产品真空包装，精选180天乳嫩羔羊，由羔羊腱块、羔羊腿肉、羔羊排段、羔羊排块、带骨肉块、后腿切片、羔羊纽约克、羔羊法式小切8种产品搭配而成。不同口味，不同烹饪方法，给予品鉴者不一样体验。外包装为包裹式设计，以国潮黄色为主色，搭配孔雀绿点缀，给人美的视觉感受，材料轻质，简约、高档、环保；符合中高档包装定位，可为羊肉提供较高附加值；礼盒可多次重复使用，保温保鲜效果极佳。内包装为真空包装袋与镶嵌式保温盒，8件小包装内盒，样式奇特新颖，真空包装保质保量，整齐、高档、简洁。

宁夏志辉源石葡萄酒庄有限公司

宁夏志辉源石葡萄酒庄有限公司的源石酒庄是国家文化产业示范基地、国家 AAAA 级旅游景区、贺兰山东麓列级酒庄二级庄，位于国家批准的贺兰山东麓葡萄酒原产地域的核心区域，银川市西夏区镇北堡镇昊苑小产区，是集葡萄种植、葡萄酒酿造、销售、旅游、研学于一体的一二三产综合园区。酒庄坚持用中国风土酿造适合国人饮用的葡萄酒是源石酒庄的产品追求，独家拥有山、石黛等知名葡萄酒品牌。自 2013 年以来，酒庄系列红酒先后荣获柏林、布鲁塞尔、品醇客等国际一线专业葡萄酒专业比赛金奖，在国际红酒界声名鹊起，为打开国际市场奠定坚实基础。

典范一 石黛

石黛的寓意是暮色四合、青山如黛，人在微醺时能够感受最好的时光，"石黛"谐音"时代"，让人想起喝的每一瓶石黛，想起自己经历的那些时代。产品酒标使用新中式极简风，以贺兰山的脉络为原型勾勒线条，融合年轮、等高线和汉代枯山水的元素。产品外箱材料均使用纸盒包装，节能环保，包装设计化繁为简，具备礼品的外观属性，手提设计便于携带、赠送。

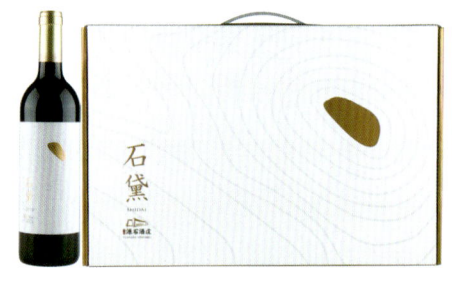

典范二 源石小饮

酒标设计为宁夏 12 个著名旅游景区标志性建筑，产品酒标使用新漫画式风格，使用彩绘，色彩鲜艳，很适合在旅游景区作为旅游商品出售，具有纪念意义。产品外箱材料均使用纸盒包装，节能环保，包装设计化繁为简，具备礼品的外观属性，手提设计便于携带、赠送。

通信地址：宁夏回族自治区银川市西夏区镇北堡镇昊苑村
联系电话：18295594767　　李晓芳
推荐单位：宁夏回族自治区农产品质量安全中心

宁夏容园美酒庄有限公司

宁夏容园美酒庄位于宁夏贺兰山上东麓甘城子核心产区，酒庄建设面积 5 000 多平方米，是一个种植生产、接待品鉴、住宿、餐饮、观光旅游和销售为一体的酒庄。酒窖面积 800 平方米，品鉴中心 300 多平方米，生产车间 1 200 多平方米，酒庄年平均酿造葡萄酒 20 多万瓶。葡萄基地 1 000 亩，其中酒庄内有 600 多亩，位于青铜峡甘城子，鸽子山有 300 多亩，位于青铜峡明长城遗址内。基地历史久远，文化底蕴深厚，葡萄种植风土独特，地理位置优越，种植品种有西拉、赤霞珠、美乐、马瑟兰、马尔贝克、蛇龙珠、马瑟兰。

典范一 榜荣状元葡萄酒

榜荣，顾名思义——金榜题名、荣登榜首，故榜荣。状元的 slogan——共享荣耀时刻。与其说"榜荣"不如说"状元"；以状元"十年苦读无人问，一举成名天下知"为设计理念，结合传统的中国科举文化，套用古代皇榜的部分格式，包装袋以中国红为主色调，彰显喜庆、吉祥，俯视似玫瑰花，配以白色蝴蝶结，热情奔放又不乏浪漫风情。这个设计理念与红酒文化结合得天衣无缝。包装袋还是侍酒师手中的魔布"侍酒布"，喝完酒可交给酒店作为侍酒布。

典范二 容园美红方印葡萄酒

印章在中国有着特殊而又深远的意义——大道至简、回归自然。篆刻的"容园美"印章体现了中国印章文化。

典范三 特级珍藏葡萄酒

以体现客商互动的书法作品作为背景，介绍酿造工艺，只凸显一个红色印章元素。

通信地址：宁夏回族自治区银川市兴庆区新华东街银领大厦 1801
联系电话：13014270010　王旭东
推荐单位：宁夏回族自治区农产品质量安全中心

宁夏华宝枸杞产业有限公司

宁夏华宝枸杞产业有限公司成立于 2007 年 8 月，注册资金 4 306 万元，公司占地面积 6 万余平方米，建筑面积 2 万平方米，现有员工 200 余人，主营产品枸杞原浆、枸杞原浆复配饮料、枸杞休闲食品、枸杞彩妆等，是一家集液态枸杞系列产品研发、生产、销售于一体的高科技企业，为宁夏农业产业化龙头企业，是中宁县政府重点扶持企业、国家高新技术企业和国家 AAA 级旅游景区。

公司生产的枸杞原浆原料选用采自道地枸杞产地宁夏中宁的枸杞鲜果，产品拥有杞滋堂、亮杞等企业自主核心品牌，获得众多国际认证。

典范一　杞滋堂牌枸杞原浆

杞滋堂牌枸杞原浆包装采用红白黑三色，大面积底色为白色，通过简洁包装为消费者传播该产品没有掺加任何杂质的理念。红色与枸杞主题相呼应，由简单的线条设计凸显出液态枸杞的流动性及创新食用方法，通过视觉冲击进一步增加消费者对该款产品的青睐。

典范二　杞滋堂国潮风枸杞原浆

杞滋堂国潮风枸杞原浆外包装将传统文化与时下潮流相融合，主视觉图模拟了中国古代的宅院门坊，并且配有锦囊、牌匾、对联、红包等传统元素。配色上采用了大面积的红、黄两色，显得富贵大气。外包装底纹为堆叠起来的海浪形状，将传统中国元素添加在枸杞原浆的设计中，诞生出独一无二的国潮风枸杞原浆，不但是视觉上的个性体现，更是一种文化输出。

通信地址：宁夏回族自治区中卫市中宁县宁丰路 1 号
联系电话：13649582675　　张　娟
推荐单位：宁夏回族自治区农产品质量安全中心

产品内包装分为7种，与产品一个周期（7天7包）相对应。在设计时将其与金、木、水、火、土、日、月和星期制联系起来，每一天对应一种元素，并根据每一个元素的特点采用不同的配色。在保持整体格调和谐统一的前提下，赋予每个包装不同的韵味。富有诗意的包装，让每一次喝枸杞原浆都变得更有仪式感。

典范三　杞色口红

　　本产品选择国潮风作为主视觉设计，巧妙融合枸杞与传统典雅中国元素，并搭配以前卫潮流的撞色色彩。此外，还以专色印刷的方式确保色彩鲜明与高饱和度，同时融入了3D立体浮雕的设计，以微小精细见长的雕刻技法让整个口红膏体更加灵动。在做彩绘时，融入了雕花元素，描绘枸杞花、枸杞果实、浪潮与中式传统祥云纹样。枸杞花与果实强调产品的独特性，祥云纹则给予祝福之意。

宁夏中宁县骨杞草枸杞开发有限公司

宁夏中宁县骨杞草枸杞开发有限公司成立于2013年，注册资金1 000万元，位于宁夏中宁县新堡镇宋营村二组，是一家致力于研发、生产、销售枸杞系列产品的中小型科技企业。公司依托自身的技术研发优势，为客户提供天然、健康的枸杞系列养生产品，包括枸杞干果、枸杞蜂蜜、枸杞原浆、枸杞礼盒等系列产品。创立自主品牌愚杞和自主版权设计图标"杞骨草堂"。公司2015年开始出口业务，目前产品已远销欧盟、美国等10多个国家和地区。公司产品2019年获地理标志产品品牌"中宁枸杞"使用许可，建立线下旗舰店，前后有三家加盟店，已取得多项国际认证。

愚杞：愚代表了企业愚公移山（坚定不移）的精神，简单、谦卑、纯粹；杞代表枸杞，产品的行业属性。愚杞表示了品质纯粹的枸杞。源：道地中宁源产地、源头好货，100%的安全中宁枸杞。以愚杞品牌理念"纯粹的品质"为导向，秉承品牌定位做健康优质的枸杞，坚守源头品质。

典范一 愚杞枸杞原浆

整体设计遵循品牌视觉识别统一性，很好地诠释了对产品原产地、高品质的严格要求，材质上选用可降解环保板材对裱银卡，内包装选用可二次回收利用的药用钠钙玻璃瓶，为产品食用安全保驾护航，降低资源浪费。

通信地址：宁夏回族自治区中宁县宁安北街杞骨草堂枸杞专卖店
联系电话：18195586327　　薛慧艳
推荐单位：宁夏回族自治区农产品质量安全中心

典范二　红枸杞

整体设计遵循品牌视觉识别统一性，很好地诠释了公司对产品原产地、高品质的严格要求。外包装材质选用可降解环保板材对裱环保特种纸，枸杞食用完毕后，外盒可用于日常收纳。内包装则选用可回收二次利用的马口铁罐，为产品食用安全保驾护航，降低资源浪费。

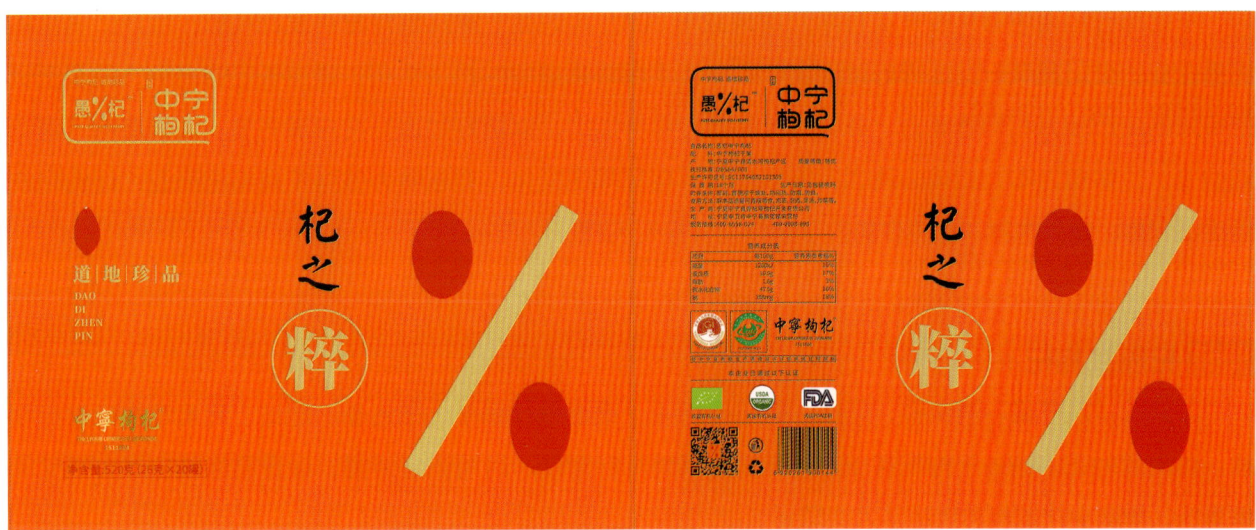

典范三　"杞骨草堂"红枸杞

"杞骨草堂"既包含4个季节成熟产物天精草、枸杞子、长生草、地骨皮，也有"坐堂行医"的寓意。外包装材质选用可降解环保板材的环保杯，外贴正规纸制品标签，枸杞食用完毕后，外瓶可用于日常收纳，双层盖装，方便运输、保存。产品本身自带防伪码和中宁地理标志产品的溯源码，为道地产品和质量安全卫生等方面保驾护航。

宁夏郝氏粒道生物科技开发有限公司

宁夏郝氏粒道生物科技开发有限公司成立于2015年，是一家从事枸杞研发、种植、生产、销售的民营企业，公司拥有一支优秀的管理团队和一支不断开拓进取的员工队伍。通过长足的发展，公司已具备良好的生产能力和销售能力，并努力提高客户服务能力，以更好地提升客户满意度。公司坚持"百德诚为先，百事信为本"的核心理念，传承几千年枸杞养生文化，立志做大做强宁夏枸杞产业，让枸杞产品走出宁夏，走向世界，让更多的人了解枸杞，接受枸杞。

典范 杞园红枸杞

该款设计从产品、消费者、竞品、枸杞市场4个维度进行思考，在名称、地域、元素等方向进行创意，体现道地正宗的中宁枸杞特点。设计有专属性、针对性，且易记易传播，设计风格既自然大气又简单清新，使商业化的标志体现了人文情怀。

包装整体颜色以红色为主，采用醒目的色彩、华丽的图案和银光闪烁的铝箔袋加上产品说明，体现枸杞所具有的鲜活生命象征意义，具有较强的视觉冲击感。主图案为晨曦下一位姑娘在地里采摘枸杞的画面，简单、明了、准确地将产品信息传达给消费者。留有透明窗口，方便消费者能够直观地看到产品。聚乙烯包装材质柔软，抗水性好，耐低温，无味，无毒，防静电，具有优良的化学稳定性。

通信地址：宁夏回族自治区中卫市中宁县国际枸杞交易中心A区6-50号
联系电话：13258160000　　郝　旭
推荐单位：宁夏回族自治区农产品质量安全中心

中宁县永和枸杞商贸有限公司

中宁县永和枸杞商贸有限公司成立于 2012 年 6 月，注册资本 298.88 万元，是一家集枸杞种植、收购、加工、销售、研发为一体的综合性民营公司。公司自成立以来一直秉持"以诚信为本，互利共赢"的经营理念，深入了解客户的需求，用心为每一位客户提供全方位的服务。从 2020 年开始，公司开始扩大规模，建设车间、设计产品，组建专业团队致力发展自主品牌，现已开通线上直播带货渠道，本地电商直播基地建设工作也已经有序展开。

典范一 青山绿地枸杞

包装袋上以青山绿地为背景，表示宁夏从荒原戈壁到有着塞上江南美称的青山绿地与祖国日益强大息息相关，也与公司绿色环保的生态理念环环相扣。以"北纬 37 度"为主题，体现中宁枸杞是在这个神奇的纬度带上孕育而出的。以红色为底色突出中宁枸杞火红色的形象，更是中宁枸杞产业带领着杞农们走向致富道路的一个象征。下方"杞快到"是企业用心打造的第一个自有枸杞品牌，希望优质枸杞能快点走进千家万户。

典范二 向阳而生枸杞

包装图案上有许许多多的小花向阳而生、茁壮成长，在凸显绿色产品的同时更多表达企业向往阳光、绿色，带给客户温暖和健康的经营理念。"北纬 37 度"和"杞快到"品牌标志延用公司一贯风格和理念。

通信地址：宁夏回族自治区中卫市中宁县枸杞加工城西区三号库电商直播供应链
联系电话：19995458086　　王福成
推荐单位：宁夏回族自治区农产品质量安全中心

宁夏中宁枸杞产业集团有限公司

宁夏中宁枸杞产业集团有限公司是中宁县人民政府投资成立的一家国有独资企业，主要从事枸杞种植、加工等业务。公司致力打造县域乃至宁夏枸杞产业高质量发展的"主力舰"，充分发挥了国有企业建设基地上联市场、下接农户的示范带动作用；落实中宁枸杞控购控销政策，为广大消费者提供品质有保障、安全可追溯的道地中宁枸杞；全面在线上销售的同时，也建设了线下高端经营服务平台，形成了集展示直销、看样订单、物流配送、内外贸易和电子商务等五大功能于一体的交互市场。公司种植基地已取得道地中药材枸杞 GAP 认证，自主品牌杞翔牌枸杞产品连续多年获全国名优果品交易畅销产品奖。集团枸杞种植基地被中国优农协会评为优质果园，杞翔牌枸杞在中国森林食品交易博览会上被评为最受喜爱产品奖和金奖，公司被宁夏回族自治区评为全区扶贫龙头企业。

典范一 锁鲜枸杞

产品包装采用食品级环保亚克力材质，在瓶盖设计有公用品牌商标"中宁枸杞"，在瓶身底部拓印有"杞翔"商标，在显眼处体现了"中宁枸杞"品牌，在底部印"杞翔"谨防假冒。整个瓶子体现枸杞元素，简单大方。亚克力材质无静电、不沾枸杞沫、通透度高、质量轻、不易碎，更能体现锁鲜枸杞品相好、颗粒大、颜色喜人的特点。

典范二 中宁枸杞鲜果

外包装采用纸箱，内有泡沫箱保温，泡沫箱内一侧装有冰袋和食用级塑料盒，盒内装有新鲜采摘的枸杞鲜果及吸水纸防止冰袋融化有积水。

典范三 中宁枸杞干果

包装采用 PET 复合铝箔复合 PE，为环保食品级材质。印刷采用洋紫荆环保油墨。复合工艺采用无溶剂复合，表面 PET 使用田乐 10 色凹版高速印刷机制作，电雕版部分哑光 UV 印刷。

通信地址：宁夏回族自治区中卫市中宁县殷庄大社区 D 区 5 号商业楼 104 铺
联系电话：18195055077　　徐成旺
推荐单位：宁夏回族自治区农产品质量安全中心

宁夏红枸杞产业有限公司

宁夏红枸杞产业有限公司的宁夏红品牌创建于 1996 年。经过数十年的创新发展，公司已形成了以枸杞酒系列、传杞系列、枸杞蒸馏酒系列、沙坡头葡萄酒系列、枸杞特产系列等为代表的多元化产品结构。宁夏红依托"中国枸杞之乡"——宁夏中宁（国家枸杞地理标志地区）得天独厚的枸杞原产地资源优势，通过现代高科技技术对枸杞鲜果加以提升精炼，拥有完整的自主知识产权体系。宁夏红经历了多年的品牌培育、产品迭代、市场锤炼和价值提升，突显了鲜明的地方民族特色和差异化的市场竞争优势，迅速成为中国知名品牌。2005 年，宁夏红入选中国 20 强酒类品牌。2016 年，公司被评为第十届中国品牌价值 500 强企业，位居品牌榜 319 名。2019 年，公司又在中宁县石喇叭村规划种植了 1 860 亩枸杞标准化种植基地，按照"有机、生态、循环、安全"的理念，以"高、全、绿"的高标准打造有机枸杞种植基地。

典范 天机系列有机枸杞

包装材质采用环保可降解纸质，整体运用压痕肌理效果，凸显"宁夏红石喇叭有机枸杞基地"的手绘场景，金色徽章烫金元素彰显天机系列产品独特的地理标识，毛笔字体的"天机"笔触及印章表现传统工匠精神。整体红白金色调，简洁精致，表达了产品本身的零农残、真有机的安全健康的特点。易撕拉开口设计，方便反复拿取，独立小袋装更便携保鲜。

通信地址：宁夏回族自治区银川市望远镇永清路红旗路交会处宁夏红枸杞产业有限公司
联系电话：18695103199　刘自龙
推荐单位：宁夏回族自治区农产品质量安全中心

精河县天山果业农业科技有限公司

精河县天山果业农业科技有限公司创立于 2014 年 7 月，注册资金 2 000 万元，2018 年评为州级龙头企业，公司产品通过了欧盟、加拿大、美国的有机标准认证，656 项农残检测均未检出。

公司的经营理念秉承"优质、创新、健康、时尚"，始终坚持把枸杞作为一项主导产业来抓，从提高品质、创建品牌、搞活流通、加速转化等多方面确保枸杞产业健康持续发展。公司已开发枸杞鲜果制干、枸杞原浆和枸杞啤酒系列产品，2019 年 9 月，引进具有国内先进水平的列管杀菌热灌装生产线，结合国外先进技术，设备可以用于水果果汁机原浆、茶饮料、牛奶等液态食品的杀菌处理。公司营销模式为"合作社 + 互联网 + 连锁直营店 + 加盟店"，建设枸杞产品垂直电商平台，组建专业营运团队。在第三方电商平台开设 10 个枸杞产品馆、线下超市连锁直营店 6 个、加盟店 15 个，与国内几家知名医药连锁股份公司、南方航空集团、中央大厨房、碧桂园集团等都保持合作关系。2016 年至今多次出口，产品远销北美、东南亚等地区。

典范一 枸杞低度精酿啤酒

红、黑枸杞两个版本分别采用了橙色和咖色两个色彩区分。着重描绘新疆人物的穿衣风格及热情好客的形象，再将红、黑枸杞果的元素融入画面中，让人们一眼就能认出这是新疆的特色产品。

典范二 枸杞干果

产品外包装设计简单明了，符合现代人审美观点。以三复合镀铝材质为一大袋，内有独立小袋包装 21 袋，方便携带，外出出差或开会，一次一袋，不浪费。

典范三 夏迩希里枸杞精酿啤酒

系列运用了红、黑、橙、咖 4 种颜色。迎合红色和橙色为企业品牌色调，同时以红色彰显爱国精神，以橙色彰显企业精神。黑色和咖色作为色系搭配，迎合年轻一代对色彩的追求，同时运用标语来彰显企业，对时代升级的迫切渴望。

通信地址：新疆维吾尔自治区博州精河县工业园区天津路 5 号
联系电话：13899445498　童渝婷
推荐单位：新疆维吾尔自治区农产品质量安全中心

新疆绿洲源农业科技有限公司

新疆绿洲源农业科技有限公司成立于 2021 年 1 月，注册资本 1 500 万元，占地面积 24 000 平方米，是一家从事食用油生产、加工及销售的企业。目前是塔城地区规模最大的食用油厂之一，也是 2021 年塔城地区托里县乡村振兴重点招商引资企业。

绿洲果实为公司品牌商标之一，始创于 1999 年，前身是塔城地区植物油厂旗下品牌。绿洲果实是红花籽油国家推荐标准 GB/T 22465—2008 的起草者之一，绿洲源公司也是红花籽油国标 2021 版参与修订单位之一。公司拥有自己的原料种植基地 1 万亩和种子研发团队，并以品牌命名的"绿洲果实 1 号"已经研发成功，"源源种"正在繁育中，2021 年即可投入原种使用。所有产品均采用纯物理压榨工艺，充氮锁鲜包装，保证品质健康安全、营养不流失。

典范一 欧米伽双重健康礼盒

设计简洁大方，体现公司"追寻自然、分享健康"的理念。包装能够体现产品富含 Ω-3、Ω-6 不饱和脂肪酸的特点。包装结构采用常规盒型，方便携带，易于制作，包材利用率高，成本低，便于装箱运输仓储，空间利用率高，可回收和循环使用。

典范二 红花籽油

1.5 升装标签设计以红色为主色调，骆驼与红花呈现新疆独特风土人情及良好的自然生态环境，也点明了该产品的生产环境，体现新疆独特的地域和自然优势。

通信地址：新疆维吾尔自治区塔城地区托里县铁厂沟镇准噶尔社区金源路 1 号
联系电话：13399004900　关伟力
推荐单位：新疆维吾尔自治区农产品质量安全中心

呼图壁县西域兴业农业科技有限公司

呼图壁县西域兴业农业科技有限公司运行的唐墩酒庄项目涵盖果园种植基地林地 1 489.2 亩、年储备量 13 000 吨冷链保鲜库、年产 40 万瓶蒸馏型果酒生产线、位于地下 7 米的千余平方米储存量 100 万瓶地下酒庄，建有 2 600 平方米的办公场所，拥有容纳 100 余人的视频路演大厅、200 人的课堂及 1 500 亩的实训基地。

公司拥有一批经验丰富、技术精良的销售、管理及科研人才，在销售经营上，一贯坚持"质量第一、顾客至上"的服务宗旨，追求卓越，引领时尚。依托现有的唐墩农村创业园、呼图壁县新型农民培训基地、宁德－呼图壁青年创业交流中心及呼图壁县青年创业联合会，积极推动科技产品及成果在经营活动当中应用，践行"科技是第一生产力"的经营宗旨，就新疆葡萄及葡萄酒产业的发展摸索标准的制定及推广，联合新疆葡萄瓜果研究所做产业依托。

典范一 鲜食葡萄

此包装突出产品的绿色食品市场定位，视觉效果简单明了，孔洞设计既符合产品的存储特性、材料的堆码要求，又使包装具有一定的镂空感，避免了呆板的箱框视觉。

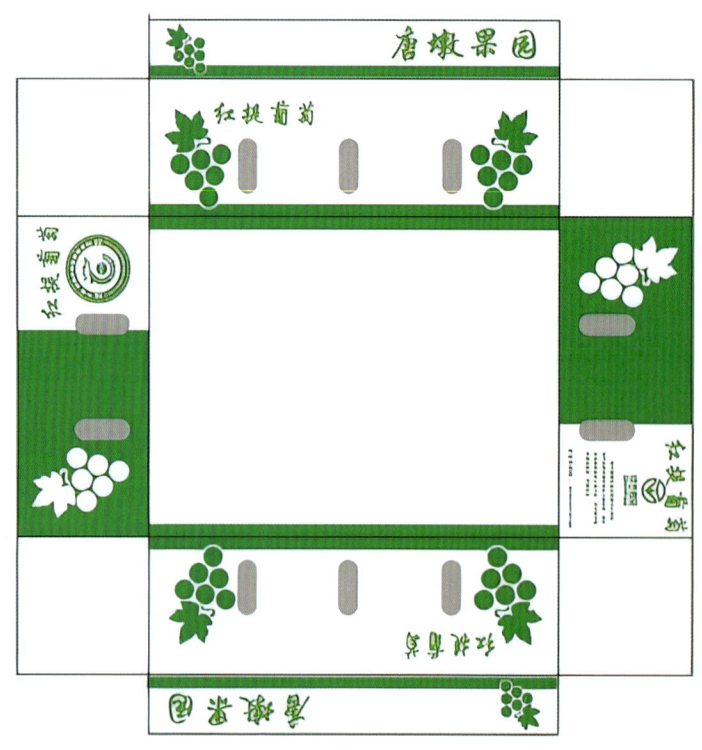

通信地址：新疆维吾尔自治区吉州呼图壁县唐墩农村创业园 2008 号
联系电话：18999826945　　熊传芝
推荐单位：新疆维吾尔自治区农产品质量安全中心

典范二　红樽唐墩烈焰葡萄蒸馏酒

公司引入私人订制的文化元素，将12眼一次性总发酵能力达200吨的发酵池分别以十二生肖作为定位，每一个订制会员都可以找到自己的专属窖池，还以每一个窖池一年的冠名权作为延伸，将酒文化的触角深入到每一个细节。包装结合产品的特定环境及质量标准，以"红樽"主题诗词，突出产品的文化定位。

典范三　将军令唐墩烈焰葡萄蒸馏酒

包装采用了布纹风格，整体感觉是淡淡的书香气质。包装画面采用了工笔素描"唐墩"图。包装整体显得高档、精致、有档次。

新疆塞外本草蜂业有限公司

新疆塞外本草蜂业有限公司成立于2020年，注册资本1 000万元，公司建设有1 600平方米标准化生产车间、4条生产线，年设计产能1 000吨优质蜂蜜。

蜂蜜产品相继获得2018年全国蜂蜜品评大会特等奖、2019年第四十六届国际养蜂大会成熟蜂蜜金奖，佐证了尼勒克黑蜂蜂蜜的优秀与伊犁河谷唐布拉草原"塞外蜜库"的美誉。

典范一 唐布拉黑蜂蜂蜜

以天地为概念，采用对开的包装形式，开启后见到产品，隐喻天地初开，万物复苏，也体现产品的自然纯净。在包装的视觉表现上，以蜂巢的六边形边框为主，强化产品认知。以插画的形式展现出一幅山川潜藏力量、大地孕育华美、流水润泽典雅的画面。同时画面中以"马"为主要图腾，寓意新疆是中国旅游标志城市，还带有"龙马精神"的美好祝愿。

通信地址：新疆维吾尔自治区伊犁州尼勒克县绿色产业园D6
联系电话：18299975033　　　邵永荣
推荐单位：新疆维吾尔自治区农产品质量安全中心

典范二 尼勒克黑蜂蜂蜜

承接唐布拉黑蜂蜂蜜的"天地"概念,尼勒克黑蜂蜂蜜以"自然"为概念,包装采用新颖的侧开形式,圆筒包装开启后如同画轴般展现产品,体现自然的纯净。视觉表现上是同样的系列化延伸,以六边形的识别为主,插画中凸显鹿、花、草、蜂等自然场景,唤醒人们深藏内心的对自然纯粹的向往。其中"鹿"有"福禄无双"的寓意。

典范三 唐布拉黑蜂蜂蜜(勺蜜)

唐布拉黑蜂蜂蜜(勺蜜)是农产品地理标志保护产品,设计理念为:白描是中国传统的艺术表现形式,而图腾则是人类最早的记录形态,蜜蜂与自然,通过白描的形式表现出来,凸显出自然的生命力。内袋采用对话框的形式,一袋一句文案,像是通过蜂蜜来述说不同地域的文化,包装整体极具人文情怀与特色。

喀什疆果果农业科技有限公司

喀什疆果果农业科技有限公司成立于 2015 年 11 月，注册资金 4 650.10 万元，旗下有两家子公司。公司采用"电商企业 + 合作社 + 种植基地"为主的运营模式，现有部落电商 1 800 余个，直接覆盖 30 余万消费人群。公司先后获新疆维吾尔自治区先进民营企业、自治区脱贫攻坚奉献奖、自治区农业产业化龙头企业、脱贫攻坚奖扶贫先进企业"等荣誉称号。"帮助南疆果农，造福南疆社会"是疆果果的企业使命。

典范一 疆果果喀什骏枣

包装图案以雪山与喀什古城为背景，以"果果家族"中阿果和疆小哥在红枣树下采摘运输红枣的劳动场景为主要展示内容。商品名称以枣红色为背景，契合喀什骏枣的天然红色。整个袋子采用 PE 镀铝八边封包装袋，有效隔绝空气、水分、阳光，防止水分迁移，可保持喀什骏枣的口感和色泽。袋口内置拉链，可以反复密封使用，能够对产品进行二次防护，对产品和消费者友好。中转箱采用五层瓦楞纸箱，原色印刷，绿色环保。

典范二 疆果果五香巴旦木

包装图案展示了雪山冰川下、沙漠边缘的巴旦木林中"果果家族"中疆大叔和阿果的劳动场景。商品名称以五香巴旦木的黄色为主色调，以莎车独有的"双子星"巴旦木为示意图片。外包装自立袋以 PE 镀铝复合膜为材质，内置脱氧剂，有效隔绝氧气、水分的迁移，保留巴旦木炒货的色香味和酥脆感，延长货架期。袋口内置拉链，可以反复密封使用，能够对产品进行二次防护，对产品和消费者友好。中转箱采用五层瓦楞纸箱，原色印刷，绿色环保。

典范三 疆果果益生菌每日坚果

包装以天空的蓝色与牛奶的乳白色为主色调，以酸奶瓶为主要展示图片背景，辅以产品的 7 种主要原料和牛奶的写真图案。背面突出显示产品卖点"活性益生菌"，底部有 3 幅手绘插画，显示 3 种不同的消费场景。内包装袋采用同款设计的 PE 镀铝复合膜平面袋，外包装袋为相同材质的八边封袋，两侧有出气孔和镂空观察窗，顶端设计有圆形挂钩孔。中转箱采用五层瓦楞纸箱，原色印刷，绿色环保。

通信地址：新疆维吾尔自治区喀什地区疏附县吾库萨克镇国际经济合作区 A1 栋
联系电话：18167608958   高敬铭
推荐单位：新疆维吾尔自治区农产品质量安全中心

和布克赛尔蒙古自治县华丰有限责任公司

和布克赛尔蒙古自治县华丰有限责任公司成立于2000年，注册资金3 000万元，是一家以农业产业化生产为核心的综合性涉农服务企业。公司下设察和特再就业综合开发农场、察和特棉花加工厂、察和特棉花种子加工厂和华丰宾馆4个相对独立的分支机构。

典范 有机棉被

包装面料经过针刺工艺制作而成，柔软亲肤，吸湿透气，耐变形，耐磨，易清洗，色泽鲜艳。具有较高的强度与弹性恢复能力，抗撕拉，不易变形，坚牢耐用，抗皱免烫。隔光、隔热、防紫外线、防火、防潮。

通信地址：新疆维吾尔自治区塔城地区和布克赛尔蒙古自治县察和特开发区
联系电话：18999312188　董邦琪
推荐单位：新疆维吾尔自治区农产品质量安全中心

新疆盐湖制盐有限责任公司

新疆盐湖制盐有限责任公司始建于 1958 年,坐落在中国新疆达坂城盐湖,位于天山主峰—博格达峰脚下,有采矿权面积 41.61 平方千米,拥有高品质的现代化盐池 1 500 条,年优质原盐开采能力 20 万吨。公司始终坚守让全国人民"放心吃好盐"的企业宗旨,采用国内行业领先的绿色精制盐生产线,按照 GMP 洁净车间标准建设包装工序,是国家食盐定点生产和批发企业,也是新疆最早、最大、保存最完整的天然湖盐生产基地。公司 2019 年获得新疆维吾尔自治区绿色工厂认证,产品取得国家农业农村部绿色食品认证标志。

典范一 冰川湖盐

设计采用天山雪山、盐湖湖水做背景,体现本品原盐采自纯天然的良好品质。包装结构采用常规尺寸,易于制作,成本低,便于装箱(袋)运输仓储,空间利用率高,总体成本更低。

典范二 盐湖雪盐

设计采用乐启盖形式,易于操作和保存。以雪山、湖水做背景,体现本品原盐采自纯天然的良好品质。包装结构采用常规尺寸,易于制作,成本低,便于装箱运输仓储,空间利用率高,总体成本更低。

典范三 螺旋藻植物碘盐

设计采用研磨方式,适用于要求品质高的客户,易于操作和保存,以雪山、湖水、螺旋藻植物做背景,体现本品原盐采自纯天然的良好品质,来自螺旋藻碘,营养价值更高。包装结构采用常规尺寸,易于制作,成本低,便于装箱(袋)运输仓储,空间利用率高,总体成本更低。

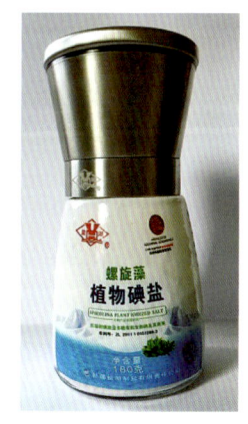

通信地址:新疆维吾尔自治区乌鲁木齐市达坂城区盐湖街 17 号
联系电话:13899803447　李新忠
推荐单位:新疆维吾尔自治区农产品质量安全中心

青岛正礼茶业有限公司

青岛正礼茶业有限公司是一家集科研、种植、生产加工、茶文化推广于一体的综合性企业，公司以打造"标准茶、放心茶"为己任，先后引进多家检测机构为茶叶检测溯源建立技术保障。下设优良品种种植园、茶叶专业合作社、茶场、品牌专卖店等机构，2015年通过食品生产许可认证，2017年通过无公害认证，2018年通过标准化 AA 认证。2018年3月初公司在崂山区农业农村局领导的大力支持下与中国茶叶有限公司达成合作，为推动崂山茶产业实现新旧动能转化，提升崂山茶在全国茶业领域的高端站位奠定了坚实基础。2019年1月青岛正礼茶业有限公司被选举为青岛市崂山区茶文化研究会副会长单位，并在研究会协助下与中国海洋大学签订技术合作协议。青岛正礼茶业有限公司通过技术引进改进了绿茶加工工艺，大幅提升了崂山绿茶的品质，并且把中国海洋大学专利技术——富含茶多糖茶叶生产技术落地到了崂山。

公司承担了起草崂山茶的细分标准《崂山翠羽茶》地方标准，以及《崂山儒茶 绿茶》《崂山道茶 绿茶》团体标准的任务。公司经青岛市农业农村局专家组审核获得"2019年崂山区崂山茶生产全程机械化示范区建设项目"认定，2020年在区市场监督管理局指导下实施了崂山绿茶标准化溯源管理试点，为崂山绿茶全产业链标准化体系的建设奠定了实践基础。

典范一 崂山绿茶诗礼

包装设计理念"守正出奇，博文约礼"，很好地诠释了正礼茶业的品牌理念。

一盒两种内袋：金色的淡雅花果香，汤色浅绿明亮，滋味鲜醇；银色的板栗香浓郁，汤色黄绿明亮，滋味醇厚。

典范二 崂山绿茶翠羽

设计元素融合了崂山道教文化和崂山茶文化，是北方首款"专利+标准"产品。

通信地址：山东省青岛市崂山区沙子口街道办事处鱼水路
联系电话：15954838295　　孟庆彪
推荐单位：青岛市农产品质量安全中心

青岛碧海蓝田生态农业有限公司

碧海蓝田生态园坐落于崂山脚下，创建于2013年，拥有130余亩大型生态茶园、近万平方米的温室大棚和炒茶车间，是一家集茶叶种植、加工销售、茶园观光旅游、百果观赏采摘以及茶文化亲子活动为一体的综合性茶园。在进行茶叶生产以及产业经营的同时，茶园展现出了茶文化与休闲农业结合的特点，拓展了农业功能，实现了农业与旅游业的深层融合。茶园的自然条件优越，位于5A级旅游胜地——崂山风景区附近，这里气候温和、雨量充沛，土层深厚，土体松软，土壤保水性能好、有机质含量高、矿物质营养元素丰富，并且日照充足，使茶树根叶满绿、叶肥味厚、回甘生津。在生产方式上，茶园严格按照绿色茶园的标准进行，以生产纯天然、原生态的健康茶叶为生产理念，有机肥替代化肥、机械除草与以草防草替代除草剂，并实行粘虫板、生物防治、修剪更新等绿色防控技术，营造了园区宜游的美丽生态，更好地推进了生态文明建设。同时，茶园引山泉而灌，以发酵大豆为肥，茶树的生长过程中无农药、无化肥，形成碧海蓝田生态园茶叶香高味醇、耐冲泡、天然无污染的独特品质，得到广大消费者的一致好评。

典范 崂山茶·书香系列

包装设计理念：开卷有益于心，开茶有益于身。崂山茶·书香设计组用冯友兰先生曾经送给金岳林先生的对联"何止于米，相期于茶"来表达祝愿，愿消费者身心舒朗、健康长寿。

本系列有3类产品，绿茶分100克和200克装，红茶为200克装。

  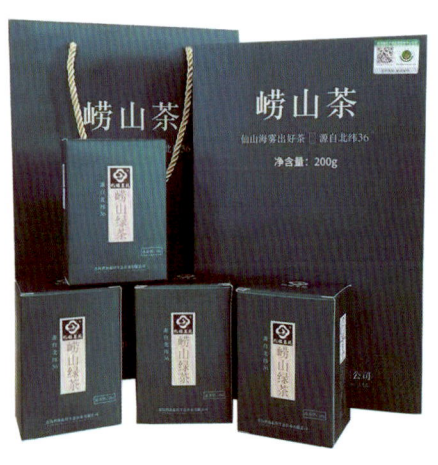

通信地址：山东省青岛市崂山区王哥庄囤山社区
联系电话：13361293966　林先勇
推荐单位：青岛市农产品质量安全中心

山东齐韵商贸有限公司

山东齐韵商贸有限公司成立于 2021 年 3 月,办公地点位于齐河生态城,交通便利,运输方便,与省会济南隔黄河相望,为区域公用品牌"黄河味道·齐"的建设推广提供了有利的地理条件。公司拥有专业的市场研究团队和电子商务运营团队,整合齐河全品类特色产品,通过实施"一村一品"品牌工程和农产品公用品牌建设,创建区域推广平台,助力县农特产业提效增益,打造乡村振兴齐鲁样板。公司以"一切服务市场,一切源于客户"为经营理念,致力建设齐河特产商城资源供应平台,打造齐河最大、最权威的特产网上商城,为"黄河味道·齐"区域公用品牌、齐河优质农产品走向全省乃至全国开辟一条全新的道路!

典范一 齐鲁锶源水

以 4 组代表春夏秋冬元素的图案展示四季的不同特点:春为樱与鸟,夏为荷与鱼,秋为麦与稻草人,冬为莲与鹤;分别以绿色、红色、金色、蓝色来加以区分,并融入春、夏、秋、冬 4 个艺术字体给予明确的辨识度。地域四季的缤纷视觉呈现,衬托产品的文化底蕴、自然品质,

吸引消费者目光,提升产品销售力。材质上,包装采用国际上通用的食品级塑料 PET 瓶体和无色、无嗅、无味、无毒的 BOPP 薄膜标签,健康环保,便于回收进行二次利用。

典范二 黄河鲤鱼

本产品是"黄河味道"农产品区域公用品牌的核心产品之一。包装设计以"鲤鱼跃龙门"的传统文化故事为设计核心理念,以黄河波浪、跳跃的鲤鱼、泰山为主要设计元素,展现黄河鲤鱼飞黄腾达、吉庆有余的美好寓意,以及泰山脚下、黄河之滨齐河特产的地域特性,并以表现水蓝色的底色、金色的线条图案、红色的产品名标签,凸显产品特色。外包装采用精装裱糊无光铜版纸覆哑膜,左右插盒型,不用糊盒,节约包装盒的成本。内包装采用具有良好的阻隔性、热封性,且耐高温、耐低温、耐油性、保香性、无毒无味的铝箔袋,符合环保原则,减少在运输中产品之间由于摩擦和碰撞产生的破坏和损伤。

通信地址:山东省德州市齐河县齐心大街 32 号
联系电话:15069220866   李日峰
推荐单位:全国农产品包装标识评价技术济南中心(山东省农业科学院农业质量标准与检测技术研究所)

四川省雅雨露茶业有限责任公司

四川省雅雨露茶业有限责任公司成立于 2004 年，注册资金 1 000 万元，位于全国生态示范县——洪雅县。公司坚持健康、诚信理念，专业从事有机茶种植、生产、销售（出口）及茶文化传播。公司拥有两个有机茶基地，一个位于柳江镇双溪村，另一个位于中山镇前锋村，总面积近 5 000 亩，已分别通过了欧盟、日本、美国及国内有机认证。公司主要产品有雅雨露有机绿茶系列（瓦山论道、瓦山瓜片、瓦山雨露）、有机红茶系列（瓦屋红叶），公司产品多次获得国际茶博会金奖，产品远销成都、北京、广州等大中城市，深受消费者青睐。公司依托两个有机茶基地，以茶文化为旅游资源，以茶产品为旅游产品，茶旅结合文旅共融，发展乡村旅游，目前已发展成一家集一二三产业融合发展的综合性农业公司。

典范一 瓦山瓜片

包装材质为纸盒，符合绿色环保要求。茶叶经分装成小袋后，整齐排列在纸盒内，外观清新、典雅，彰显有机绿茶天然、绿色、环保的品质。

典范二 瓦屋红叶

包装材质为牛皮纸盒，符合绿色环保要求。茶叶经分装成小袋后，整齐排列在纸盒内，符合轻量化原则。纸盒为仿古色，外观古朴、优雅，设计独特，视觉效果良好，体现了茶文化的内涵底蕴，呈现出高贵的品质。

典范三 瓦山雨露

包装材质为牛皮纸袋，符合绿色环保要求。外观简洁大方，视觉效果良好，无过度包装，简约而不简单，彰显有机品质。

通信地址：四川省眉山市洪雅县中山镇前锋村 3 组
联系电话：15328748527　李华勇
推荐单位：全国农产品包装标识评价技术成都中心（四川省农业机械鉴定站）

徐州康汇百年食品有限公司

徐州康汇百年食品有限公司成立于1993年，坐落在养生彭祖故里和国家级无公害生态农业示范县——丰县，是一家集科研、生产、加工、销售于一体的养生保健食品企业，注册资金2 000万元，现有资产6 774万元，2019年产品销售收入6 624万元，现有10万级GMP无菌车间5 000平方米、万吨恒温冷库1座、标准化全自动生产设备200余台与大型工业微波灭菌设备。公司现有员工200余人，其中高级管理人员30人，产品研发15人，综合实力居同行企业前列，是江苏省著名企业之一。公司现已成功研发并生产出牛蒡茶、牛蒡酵素、牛蒡复合饮料等，销售市场覆盖全国共300多个城市。

典范 黄金牛蒡茶

产品品牌名为"极蒡"，融入太极的传统养生文化理念。LOGO设计把植物牛蒡设计成太极图形形式。其中牛蒡叶牛蒡根为太极阴阳鱼，牛蒡花牛蒡根须为太极眼。包装结构简单大方，采用侧翻盖+硫酸纸+内袋。产品包装选用硬卡纸为基础，表层是银卡光柱特种纸，内衬为压纹白卡纸。制作工艺为电雕版烫金，LOGO激凸烫金。内部一层硫酸纸。选材比产地通用包装更为绿色环保。同时，产品包装印刷"丰县牛蒡"地理标志突出产品地域品牌，提升产品附加值。

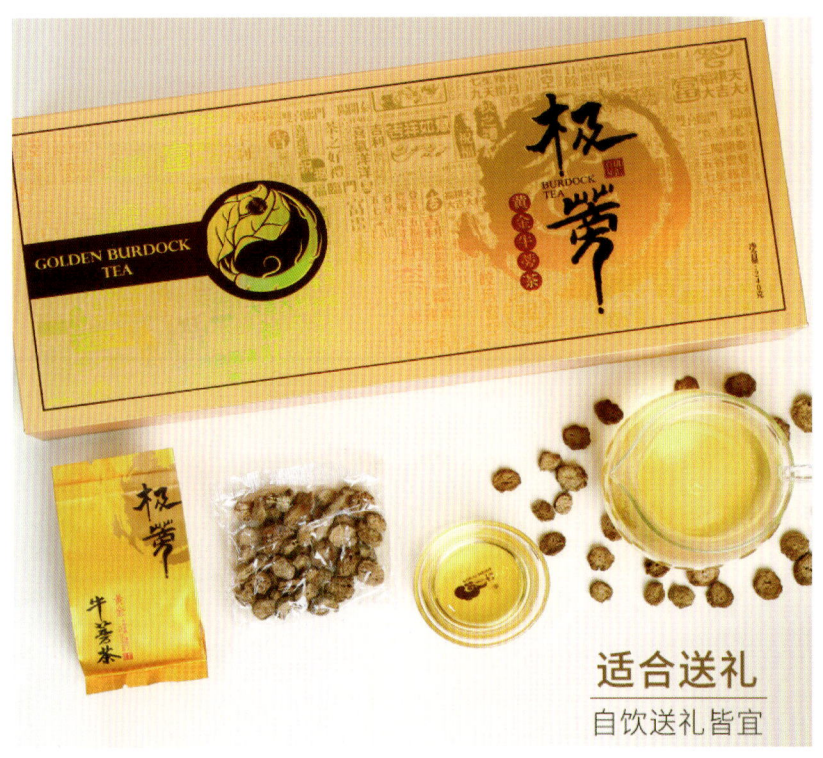

通信地址：江苏省徐州市丰县范楼镇金陵工业园区
联系电话：15050056806　孟 东
推荐单位：全国农产品包装标识评价技术南京中心（江苏省农业科学院农产品质量安全与营养研究所）

徐州宁兴食品有限公司

徐州宁兴食品有限公司是2010年6月由浙江黄岩罐头食品集团在江苏丰县大沙河镇投资兴建，占地面积4.28万平方米，项目总投资6 100万元，是专业生产加工果蔬罐头食品的省级农业产业化龙头企业。公司拥有自营进出口权，先后通过QS、ISO 22000、BRC以及Kosher等认证。主要品种有糖水黄桃罐头、糖水苹果罐头、干装苹果罐头、苹果沙司罐头、糖水梨罐头、糖水葡萄罐头、糖水杏罐头、混合水果罐头等各类果蔬罐头。日生产能力100吨，年产各类果蔬罐头1.5万吨左右。公司拥有稳定的客户群，产品出口日本、美国、加拿大、澳大利亚、韩国、中东和欧盟等国家和地区，在国际市场上享有良好的信誉。公司宁兴牌内销罐头系列在国内市场备受欢迎，供不应求。

典范 糖水黄桃罐头

产品整体包装设计以黄桃本身的黄色为主色，以100%纯天然黄桃为图形，升华产品的形象价值。包装结构简单大方，采用便提式+卡格+垫片。材料采用三层中间瓦楞纸；使用纸质卡格与纸质垫片替代常规的泡沫托盘固定产品，环保无污染且方便回收利用；纸箱采用彩印+覆膜工艺，让包装主色与产品颜色相互映衬，增加产品附加值且符合品牌定位。

通信地址：江苏省徐州市丰县大沙河镇政府驻地
联系电话：13852013516　李家运
推荐单位：全国农产品包装标识评价技术南京中心（江苏省农业科学院农产品质量安全与营养研究所）

徐州农歌生态农业科技有限公司

徐州农歌生态农业科技有限公司成立于 2018 年 3 月，是集农业技术研发、技术推广、食用菌与葡萄等水果和药材种植。畜牧和水产养殖与包装销售于一体的科技型公司，公司采取"公司＋合作社＋基地＋农户"的经营模式。公司按照节能生产、绿色环保、特色经营、科学管理、富裕生活、拉动经济为发展目标，加快区域传统农业设施化、规模化、专业化发展，为当地提供就业机会，提高农民收入，保护改善本地区自然生态环境，合理循环利用生态资源，并且能为民众营造新的休闲空间，满足现代农业旅游休闲的需要。

典范一 "汉丰农歌"食用菌

以天然白色和大地的褐黄色为主色，配合香菇、猴头、木耳、银耳等自然状态以及抽象图片，体现出菌菇种植生产是按照自然生态来培育的，自然、绿色，提升了产品内在价值。外包装采用高级瓦楞纸盒，内包装采用食品级聚丙烯塑料袋分类包装，保证了各种菌菇各自的风味。纸箱采用彩印＋覆膜工艺，让包装主色与产品颜色相互映衬，增加产品附加值且符合品牌定位。

典范二 "汉丰农歌"自然的盛宴食用菌

以绿色为主色调，用自然风景作为底图，配合柳条篮盛装各种鲜嫩菌菇的图片，体现了公司产品的绿色天然的属性，提升了产品的内在价值。外包装采用高级瓦楞纸盒，内包装采用食品级聚丙烯塑料袋分类包装，保证了各种菌菇各自的风味。纸箱采用彩印＋覆膜工艺，让包装主色与产品颜色相互映衬，增加产品附加值且符合品牌定位。

通信地址：江苏省徐州市丰县欢口镇陈大庄村
联系电话：18114665156　　许正海
推荐单位：全国农产品包装标识评价技术南京中心（江苏省农业科学院农产品质量安全与营养研究所）

江苏大沙河现代农业综合开发集团有限公司

　　江苏大沙河集团是丰县人民政府于 2013 年 5 月出资 1 亿元所组建的国有农业集团，旨在以丰县农业资源为依托，以"果、菌、菜、奶、粮"五大农业产业为主导，整合全县优势农业资源，提升农业产业化经营水平，提高丰县农产品在国内外市场上的知名度和占有率，引领百姓致富。公司 2018 年被评为江苏省农业产业化省级重点龙头企业，果树试验站在 2020 年被评为国家现代农业科技示范展示基地，集团物流园区 2017 年被国家科学技术部评为国家级星创天地。大沙河牌商标 2013 年被评为中国驰名商标，近年来大沙河牌农产品多次获得全国优质特产奖、中国蔬菜百强品牌奖、十六届中国国际农产品交易会组委会金奖等奖项。

典范一　精品苹果

　　整体包装以苹果红颜色作为主要色调，右上角带有大沙河品牌 LOGO，中间用突出字体来凸显大沙河品牌，同时印有苹果特点简介以及广告语，升华品牌形象。包装方式为彩印天地盖 + 垫板 + 蜂窝。采用五层瓦楞纸；箱内保鲜膜等采用可降解材质，环保无污染，利于回收利用；苹果去掉塑料袋采用保鲜膜包装，确保保鲜的同时提高产品的外观颜色，使产品更有吸引力。

通信地址：江苏省徐州市丰县大程庄
联系电话：15050058877　　张晓光
推荐单位：全国农产品包装标识评价技术南京中心（江苏省农业科学院农产品质量安全与营养研究所）

典范二 苏翠一号

以绿色加白色为主要色调，简洁大方。左下角带有大沙河品牌LOGO，中间用凸出字体来突显大沙河字样，同时印有具有丰县代表性的果品图片。图文主打生态安全来进行品牌价值宣传。包装方式为彩印天地盖＋垫板＋蜂窝。采用五层瓦楞纸；箱内保鲜膜等采用可降解材质，环保无污染，利于回收利用；开箱方式与游子、家书的设计理念相结合，给消费者充满期待的情感寄托。

典范三 精品酥梨

以绿色加白色为主要色调，简洁大方。中间位置带有大沙河品牌LOGO，用凸出字体来突显大沙河字样，突出品牌特性，增加产品附加值。包装方式为彩印天地盖＋垫板＋蜂窝。采用五层瓦楞纸；箱内保鲜膜等采用可降解材质，环保无污染，利于回收利用。

苏州常春藤农业专业合作社

苏州常春藤农业专业合作社注册成立于苏州吴中区金庭镇,由当地农民和专业带头人自发成立,是一家集种植、收购、加工和销售于一体的新兴农业合作社。苏州常春藤农业合作社以土地和现金出资100万元,现拥有200亩青种枇杷果园。采取"市场+合作社+农户"的经营模式,以太湖为依托,以太湖生态岛青种枇杷发源地罗汉坞为基地,带领社员科学种植青种枇杷树,结合现代化技术带领社员养殖中华土蜂,将疏花疏叶下来的枇杷花和枇杷叶变废为宝,做成枇杷露和枇杷花茶,推动农产品生产标准化,延伸枇杷产业链,提升农产品附加值,带领农民创收增收。

合作社注册了谢方友商标,这标志着合作社走上规范化、标准化之路。苏州常春藤农业专业合作社以"服务农民、致富农村"为目标,全心全意为社会提供"优质、安全、绿色、高颜值"的特色农产品,为振兴乡村发展出份力。

典范 一树金(枇杷露、枇杷蜜)

一树金,"金"字一语双关,古语有云,"五月枇杷满树金"。既代表了枇杷成熟后展现的金黄色,又展现了农民辛勤劳动获得丰收的珍贵,还表达了枇杷浑身都是宝,与包装中枇杷的延伸品枇杷露和枇杷蜜产品相呼应。包装左上方是商标"谢方友",谢方友也是国家地理标志产品青种枇杷的发现者(苏州市吴中区金庭镇志有记载),还有一句标语"青种,亲种",表达着对产品品质的把控。主画面是一棵挂满金灿灿果实的枇杷树与一个农夫背着满满一背篓的枇杷,与商标遥相呼应。

包装方式为手提袋+翻盖礼盒+EPE珍珠棉+玻璃瓶。手提袋用白色作为底色,袋上的图案采用工笔画,色彩简单,简洁大方,不俗不媚。礼盒采用灰板+贴纸+覆膜方式,牢固硬实,上档次。礼盒里面采用EVE珍珠棉,抗震性好,能够更好地保护包装瓶。包装瓶采用真空盖+耐高温玻璃瓶,保证产品品质,食用方便。采用三层外包装,送礼高端大气上档次。所有包材都是层层把关,均采用的安全、无毒的环保材料。

通信地址:江苏省苏州市吴中区金庭镇石公路5号
联系电话:13584858514 谢芳萍
推荐单位:全国农产品包装标识评价技术南京中心(江苏省农业科学院农产品质量安全与营养研究所)

无锡东峰佳品科技发展有限公司

无锡东峰佳品科技发展有限公司（尼平河中国）注册资金 3.3 亿元，是澳洲尼平河乳业有限公司亚洲区的销售公司，负责尼平河品牌市场运营及销售。运营总部位于深圳，拥有进口尼平河与国产爱视小爱浆两个品牌，在中国布局专业的运营服务团队。全国线下销售渠道覆盖商超家乐福、大润发、华润万家等。便利店系统覆盖全家、7-11、美宜佳等。电商平台入驻天猫超市、京东超市、苏宁等。目前已完成抖店、快手、有赞商城和小红书等多个新零售渠道的布局，可做定制化的产品包装。

典范 尼平河纯牛奶、常温酸奶

设计灵感源自品牌名 Nepean River。提炼"Nepean River"品牌名称和品牌图案，构成画面。采用极简的设计风格。在艺术化设计上加强品牌"Nepean River"的记忆，让大的 LOGO 作为图案，也是画面的落眼点，增强品牌的识别记忆能力。

通信地址：江苏省无锡市新吴区天山路 6-1405 室
联系电话：18916154440　　刘 力
推荐单位：全国农产品包装标识评价技术无锡中心（江南大学）

江苏红胖胖龙虾产业集团有限公司

江苏红胖胖龙虾产业集团是江苏省盱眙县一家小龙虾全产业链产品和服务提供商，旨在为全球消费者提供安全、美味的小龙虾食品。公司现有水产养殖、龙虾餐饮、龙虾加工厂、龙虾供应链、小龙虾职业培训学校 5 个业务板块组成，是盱眙县龙虾产业领头羊。

公司是盱眙县最早从事小龙虾加工的企业，通过 ISO 9001、ISO 22000、HACCP 认证，是江苏省农业产业化重点龙头企业、盱眙龙虾出口企业、国家星火计划项目的承担单位，先后获评江苏省高新技术入库培育企业、江苏省产教融合型企业试点企业、江苏省民营科技企业、江苏省科技型中小企业、江苏省食品行业优秀品牌企业、上海股权交易所托管中心挂牌企业、江苏省股权交易中心挂牌企业、淮安名牌产品、淮安市创业创新标兵、淮安市诚信单位、淮安市守合同重信用企业等。

典范一 "红胖胖"牌现烧龙虾

产品包装主要考虑食品微生物控制和物流运输过程中可能遇到的摩擦和碰撞，采用耐磨耐穿刺尼龙 +PE 复合膜材质 + 彩盒的组合包装方法。

典范二 "红胖胖"牌速冻龙虾

采用真空塑封 + 保温袋 + 保温箱 + 彩盒方式。产品包装主要考虑食品微生物控制和物流运输过程中可能遇到的摩擦和碰撞，真空塑封选用食品级 12 丝耐冻耐磨耐穿刺尼龙 +PE 复合膜材质，保温袋 + 保温箱采用高密度封闭材质，48 小时内可以保证包装物温度在 0℃以下。以上材料也可重复使用，既保障食品运输过程中食品安全，又大大降低能源损耗。

通信地址：江苏省淮安市盱眙县盱城工业集中区服装路 9 号
联系电话：18052392362　刘洋
推荐单位：全国农产品包装标识评价技术无锡中心（江南大学）

江苏日高蜂产品有限公司

江苏日高蜂产品有限公司是专注蜜蜂产业的企业，经过多年经营已发展成为中国蜂产品行业龙头企业，主要生产福标牌系列蜂产品。公司成立于 2003 年，现拥有 2 个生产厂区，均位于江苏省盱眙县经济开发区。公司现拥有四大产业布局：蜜蜂饲养管理与蜂种改良培育、大田农业授粉与蜂产品原料、蜂产品研发与蜂产品深加工、蜜蜂文化推广与健康管理服务。

公司始终坚持自主品牌、自主研发、合作创新的发展之路，与扬州大学、南京大学、福建农林大学等国内高校建立密切的合作，拥有市级技术中心、省级企业研究生工作站、福标研发中心和高校产学研长效合作机制，拥有 8 项国家专利技术。投建了中国福标蜜蜂博物馆，科普展览及讲座培训约 1 000 余次，获得淮安市科普教育基地、蜜蜂文化科普示范基地、中国蜜蜂科技馆、江苏省科普教育基地等荣誉称号。公司被认定为中国蜂产品行业 AAA 级信用等级单位，中国养蜂学会副理事长单位，中国蜂产品协会常务理事单位、江苏省共青团"青年文明号"单位、江苏省蜂业协会副会长单位、江苏省农林厅十佳标兵单位、江苏省诚信单位，先后通过 ISO 9001 和 HACCP 认证，生产的福标牌蜂产品被授予江苏省名牌产品、江苏省著名商标和金奖蜂产品称号。

典范 福标蜂蜜

福标蜂蜜外包装采用了随心挤瓶。蜂蜜随心挤瓶型灵感取自蜂箱，蜂蜜在黄盖透明身的瓶中似蜂蜜在蜂箱中的状态，以此体现福标蜂蜜纯天然无添加的特点。瓶身弧度设计适合手握，易抓牢且防滑。瓶非硅胶阀设计，轻松实现"随心挤"，方便取蜜不脏手，且不浪费。福标蜂蜜标签设计采用素杏色搭配蜜种花样（洋槐、荔枝、椴树），既富有美感又可让消费者轻松识别蜂蜜口味。

通信地址：江苏省淮安市盱眙县开发区新海大道
联系电话：18605288688　　季　超
推荐单位：全国农产品包装标识评价技术无锡中心（江南大学）

江苏盱眙龙虾产业发展（集团）股份有限公司

江苏盱眙龙虾产业发展（集团）股份有限公司是盱眙县人民政府为推动龙虾产业发展而成立的国有控股公司。旗下有几家下属控股子公司。集团秉承"产业规模做加法，产业效益做乘法"的发展思路，坚持高起点规划、高标准建设、高水平管理、高效益运营，实施虾稻共生综合种养模式下小龙虾养殖和绿色水稻种植为基础的第一产业；实施龙虾、龙虾香米加工和流通为支撑的第二产业；实施龙虾餐饮、线上线下销售和服务为载体的第三产业，着力打造一二三产业融合的"六次产业"。盱眙龙虾香米先后荣获首届全国稻渔综合种养优质渔米评比金奖、江苏好大米十大品牌等殊荣，已拿到有机转换认证证书，成功注册为国家地理标志证明商标，并正式取得国家知识产权商标注册证。

典范一 "盱贡"盱眙龙虾香米

0.5千克伴手礼设计，精致大方，方便携带。考虑到市场需求和运输问题，产品采用PA＋PE材质＋彩盒的真空包装方法。

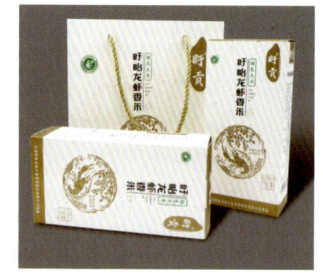 

2.5千克真空袋装，包装上可通过溯源码直接查看产品的生长种植记录、养殖环境等详情。虾稻太极图设计，体现产品依托"虾稻共生"综合种养优势，借力盱眙龙虾金字招牌，积极打造生态有机大米一流品牌，精耕细作成就的金奖品质。采用哑光PET+PE材质包装，打造高端奢华风格。

典范二 "盱小龙"盱眙龙虾香米

5千克抽真空袋装，手提设计便于携带，外观设计简洁，突出品牌特性。包装正面印制溯源二维码，可直接查看产品生长种植记录、养殖环境等详情。采用哑光PA+PE材质包装，安全环保。

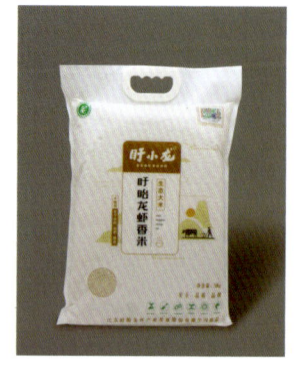

通信地址：江苏省淮安市盱眙县合欢大道2号
联系电话：18360790101　刘晓雯
推荐单位：全国农产品包装标识评价技术无锡中心（江南大学）

苏州欧福蛋业股份有限公司

苏州欧福蛋业股份有限公司是中国第一家专业生产巴氏杀菌液体蛋制品的生产厂家，采用国际先进的加工设备与管理标准。本公司的发展带动了现代蛋制品加工的大发展。2018年，苏州欧福蛋业股份有限公司被评为国家级农业龙头企业。目前苏州欧福分别在苏州、惠州设有3个加工中心。

典范 即饮鸡蛋白

产品整体包装设计以鸡蛋制品中蛋白液常用的蓝色为主色，采用莫兰德调色系，突出轻快时尚风格以和产品的定位相匹配。图案以简洁明快为特色，采用简明文字，少花色图，突出轻食风格。

通信地址：江苏省苏州市吴江区金家坝金贤路386号
联系电话：13901771801　　谢　良
推荐单位：全国农产品包装标识评价技术无锡中心（江南大学）

江阴市邵氏食品有限公司

江阴市邵氏食品有限公司是江阴市肉类行业协会会长单位，也是中国肉类协会常务理事单位，2015年被江苏省商务厅认定为江苏省老字号企业，2020年10月被认定为江苏省农业产业化重点龙头企业。公司始终坚持"质量为本、品牌为魂"的发展理念，积极实施"天然、绿色、生态、安全、标准化、可持续"的经营理念，已经实现了"天然饲料—生态养殖—屠宰加工—综合配送—商超专卖—餐饮连锁"全产业链一体化的运营模式。公司通过了ISO9001、HACCP等食品相关体系认证，生产的徐霞客邵府牛肉和徐霞客邵府香猪肉获得了良好的客户满意度和市场美誉度，是江阴市旅游特产和无锡地方土特产。2018年邵府肉品被评为中国肉类食品行业最具影响力品牌，同年邵府香猪肉又获评无锡市优质农产品称号。公司致力于开发国内高端肉品市场，打造一个让"政府放心、百姓安心"的民生服务型企业。

典范 徐霞客邵府牛肉

包装采用"中国红"为主基调，突显祥和喜庆、环保美观的理念。礼盒上印有徐霞客雕塑头像，讲述徐霞客邵府牛肉的品牌故事，也能体现邵府百年老字号的品牌形象。包装方式为三层瓦楞彩印手提盒＋九层高阻隔透明复合材料真空包装袋。纸箱材料使用三层瓦楞纸，彩色印刷；产品内包装选用食品级九层高阻隔复合材料，隔氧保鲜效果好，便于保存；手提袋设计便于携带。外观精美、简洁大方，突出品牌特性，增加产品附加值。

通信地址：江苏省江阴市周庄镇华宏路19号
联系电话：13584149113   孙凡珹
推荐单位：全国农产品包装标识评价技术无锡中心（江南大学）

湖北玉皇剑茶业有限公司

湖北玉皇剑茶业有限公司始建于1992年，2008年改制为股份制民营企业，是一个集有机茶种植、茶产品加工、茶乡生态旅游于一体的省级农业、林业产业化重点龙头企业。公司自营茶园8 000亩，辐射带动周边10万余亩，配套建有标准化绿茶、红茶和黑茶加工生产线多条，是"全国重点产茶县"谷城县的茶叶主要产区，是襄阳高香茶重要生产基地。公司本着"种有机茶、做健康茶、做优质茶、做惠民茶"的发展理念，坚持"标准化管理、有机化种植、清洁化生产"，用心从一亩茶园、一棵茶树、一片茶叶、一道工序做起，脚踏实地，做品质优良的茶，做品牌放心的茶。以过硬的品质，玉皇剑茶先后获得中国驰名商标、中国国际农业博览会名牌产品、中国林业产业博览会金奖、湖北名牌产品等荣誉。

公司通过将有机茶种植、茶产品加工、茶乡休闲和旅游观光等多项产业融合，全力构建玉皇剑休闲度假区。建成了玉皇剑加工展示综合服务区和茶庄园、茶公园、茶博园"一区三园"，形成了茶叶种植、研发、加工、贸易、旅游融合发展的全产业链发展格局。

典范一 开元绿茶

整体造型采用大气的方形，既方便消费者携带，又代表了玉皇剑企业做有机茶的原则与坚持。主体色调采用绿色，直接点明产品性质——绿茶，春意盎然的视觉效果也表现了产品的采摘时间与适饮时间。产品名称白底黑字，显眼又经典，和主体色调搭配协调。图案上是两位席地而坐的老者在下棋饮茶，在点明产品用途的同时，也体现玉皇剑的企业文化和品牌。大面积的暖调色彩既能给消费者以视觉冲击力，又能增强购买欲望。在材质应用方面，与茶叶直接接触的包材采用食品级胶袋，每袋4克茶叶，在解决了出差旅行携带茶叶困难的问题同时，也为不知道冲泡一杯茶该放多少克茶叶为适量的消费者，提供了一个标准答案。在后期利用方面：玻璃水杯具有专属性，可重复利用；内外纸盒正面带有色彩和图案部分可供孩子做手工剪纸，背面无色无印，可用作数学验算纸和涂鸦纸；即使后期作为垃圾也是可回收利用、可在短时间内降解，不存在环境污染问题。

通信地址：湖北省谷城县万嘉熙园玉皇剑茶行
联系电话：15897952220　陈　阳
推荐单位：全国农产品（茶叶）包装标识评价技术中心（中国农业科学院茶叶研究所）

典范二 万福红茶

整体造型采用大气的方形,既方便消费者携带,又代表了玉皇剑企业做有机茶的原则与坚持。主体色调采用温暖的红色,直接点明产品性质——红茶,热情如火的视觉效果也表现了产品最适饮的时间与其暖胃助眠的性能。产品名称黄底黑字,显眼又经典,和主体色调搭配协调。"万福"二字设计成古典的

窗花造型,一眼看去就有传统新年的视觉。一片茶叶的图案,让产品与包装产生了联想与呼应。"和鸾雍雍．万福攸同"的字样,点明取名万福的用意,也引用婉约的文字表达了对君子(消费者)的祝颂之情。整体大面积的暖调色彩除了能给消费者以视觉冲击力外,还增强了购买欲望。

在材质应用方面,与茶叶直接接触的包材采用食品级胶袋,每袋5克茶叶,在解决了出差旅行携带茶叶困难的问题同时,也为不知道冲泡一杯茶该放多少克茶叶为适量的消费者,提供了一个标准答案。在后期利用方面:玻璃水杯具有专属性,可重复利用;内外纸盒正面带有色彩和图案部分可供孩子做手工剪纸,背面无色无印,可用作数学验算纸和涂鸦纸;即使后期作为垃圾也是可回收,可在短时间内降解,不存在环境污染问题。

典范三 十星炒青

外包装采用食品级胶袋,简单而无过度包装。亮黄色和深棕色明暗搭配,抢眼且具吸引力;绿色商标突出产品绿色有机;十颗红星,对应产品名称;公共品牌"襄阳高香茶"的红色字样,为襄阳茶产业的发展贡献一份力量;产品性质"绿茶"用红底白字,显眼且不突兀。整个产品用抽真空方式包装,便于携带、保存。

湖北汉家刘氏茶业股份有限公司

湖北汉家刘氏茶业股份有限公司是一家老字号混合所有制茶企业，被中共中央、国务院表彰为全国脱贫攻坚先进集体。是农业产业化国家重点龙头企业、国家林业重点龙头企业、高新技术企业、全国精准扶贫先进民营企业、全国农业龙头企业500强、中国驰名商标、中国茶叶行业百强企业、国家AAA级景区。董事长刘家国是非物质文化遗产——晒紫金茯茶制作技艺第五代传承人。

公司生产有黑茶、绿茶、红茶、白茶等，现拥有有机茶园5 000亩，无公害茶园15 800亩，订单茶园85 000亩。拥有1项发明专利、17项实用新型专利、80多项外观专利，拥有全球领先的全自动光波绿茶生产线2条、黑茶生产线3条和其他茶类生产线多条，可年产茶叶5 000吨。

典范一 晒紫金1812茯茶

晒紫金1812茯茶属于高端产品。外包装使用以紫蓝色为主色、嵌有明黄色龙纹的木盒，内包装使用珐琅彩瓷带盖圆罐，高贵中透着典雅。外包装内里使用珍珠棉作为内衬，方便珐琅彩瓷罐固定在盒内，增加了产品运输过程中的安全性。

产品外盒上分别印有刘邦像和米芾字体"汉家刘氏"组成的LOGO。茶壶形的"刘"字和米芾字体"汉家刘氏"组成的LOGO，以及字体米芾字体"晒紫金"，均为明黄色。外盒下方印有"非物质文化遗产技艺传承"字样，突出产品为非物质文化遗产产品。产品整体结构、颜色简单大方，绿色环保，可循环使用。

通信地址：湖北省谷城县城关镇县府街43号
联系电话：13972289562　陈宏碧
推荐单位：全国农产品（茶叶）包装标识评价技术中心（中国农业科学院茶叶研究所）

典范二　晒紫金茯茶 1923

晒紫金茯茶 1923 属于中端产品。外包装使用以原色为主色的木盒，内包装使用食品级棉布袋。木盒和棉布袋均有利于产品发酵。棉布袋口穿有棉线绳，可将棉布袋收口，方便运输和在不饮用时保存产品。产品外盒上烙印有茶壶形的"刘"字和米芾字体"汉家刘氏"组成的 LOGO，以及字体米芾字体"晒紫金"，LOGO 为公司注册商标。外盒下方烙印有"非遗传承 茶香世界"，突出产品为非物质文化遗产，以及公司愿景。产品整体结构、颜色简单大方，绿色环保，可循环使用。

典范三　晒紫金茯茶 1935

晒紫金茯茶 1935 属于公司低端产品。外包装使用以红色为主色、金色马口铁盖的铁盒，内包装使用食品级无纺布袋。无纺布袋口穿有棉线绳，可将无纺布袋收口，方便运输和在不饮用时保存产品。产品外盒上印有刘邦像和米芾字体"汉家刘氏"组成的 LOGO，以及字体米芾字体"晒紫金"，LOGO 为公司注册商标。产品整体结构、颜色简单大方，绿色环保，可循环使用。

晒紫金茯茶1935

闽榕茶业有限公司

闽榕茶业有限公司成立于1982年，是农业产业化国家重点龙头企业。公司创始人王德星为"闽王"王审知第39代传人、福建省非物质文化遗产保护项目代表性传承人。

福州是世界茉莉花茶发源地，福州茉莉花茶窨制工艺是国家非物质文化遗产，2014年闽榕帝封江茉莉花种植基地被列为"全球重要农业文化遗产——福州茉莉花与茶文化系统"核心一级保护区。

公司目前有9位非遗传承人和传承大师，凭借雄厚的实力和对福州茉莉花茶产业的卓越贡献，先后被选为上海世博会福建馆茉莉花茶指定用茶、中国茶叶博物馆"馆藏茶"、数字中国建设峰会星级服务赞助商，公司产品也多次荣膺福州乃至全国各类评比茶王、金奖等荣誉。

典范一　老福州系列茶

包装以纸罐加上木盖，彰显整款包装古朴的特性，包装图案以福州当地特色景区、建筑为素材进行创作，其中包含了乌塔白塔、上下杭和三坊七巷，具有浓烈的福州特色，也体现出福州茉莉花茶的地方性特色，福州茉莉花茶窨制工艺为国家级非物质文化遗产。

通信地址：福建省福州市马尾区江滨东大道68-1蓝波湾2号楼31层
联系电话：13950225588　　林国莲
推荐单位：全国农产品（茶叶）包装标识评价技术中心（中国农业科学院茶叶研究所）

典范二 双非遗系列茶

　　此系列为双遗纪念版，福州茉莉花茶窨制工艺为国家级非物质文化遗产，福州茉莉花与茶文化系统为全球重要农业文化遗产。包装以铁盒、铁罐为主，轻便易携带。整体包装图案以创始人王德星先生为原型进行创造，王德星先生是"闽王"王审知第39代传人、福建省非物质文化遗产保护项目"福州茉莉花茶窨制工艺"代表性传承人、世界茉莉花茶传承大师、国茶工匠·制茶大师。包装整体以清晰节约为主，符合现代年轻人的审美，具有特色及专属性。

典范三 大唐系列花容、云裳

　　包装以翻盖礼盒的形式展现，此款产品为中华人民共和国成立70周年献礼臻藏版，用大唐盛世为素材，重现唐朝时期的盛世场景，也体现了对祖国越来越繁荣富强的祝福。整体包装以黄色为主，体现富丽辉煌的感觉，包装小巧精致。

舟山大立有机食品有限公司

金庸笔下的桃花岛，四面环海，蓝天白云，环境非常优美，岛上安期峰为舟山最高峰。立志做有机农业的"大立有机茶人"对这美丽而洁净的小岛情有独钟，以有机农业的眼界选址桃花岛，2000年春在岛上成立舟山大立有机食品有限公司，注册资金200万元，注册商标"神珠"，在桃花岛上创建有机茶生产基地，面积52公顷。大立有机茶基地的建设在浙江走在前列。

公司地处桃花岛大立有机茶基地，2000—2007年通过德国BCS有机认证，产品出口德国等地。2009年至今，公司基地、产品通过杭州中农质量认证中心有限公司有机认证。大立有机茶基地获评国家有机食品生产基地，获丽水山耕品质标认证；神珠商标获评浙江省著名商标；普陀佛茶获2017年度全国名优特新农产品称号；珠牌有机红茶获2018年浙江省农博会优质产品优质奖；桃花龙井获2019年舟山十佳好茶称号；公司获2020年普陀区政府质量提名奖。

典范 大立有机茶系列

大立有机茶系列产品为高端的饮品，包装设计选用有机茶园实景图，利用茶叶包装载体，宣传有机农业的理念。以产地实景图展现给消费者大海、海岛、茶园，直观宣传地处舟山市普陀区桃花岛上国家有机食品生产基地大立有机茶园的概貌，洁净而美丽。

产品外包装礼盒采用纸质，里面采用马口铁罐，内袋采用铝箔袋包装密封。包装结构合理、颜色简洁明了，用材绿色环保，符合国家食品卫生安全。礼盒内里采用珍珠棉内衬，便于马口铁罐固定，适合互联网销售，长途快递不易损坏。每罐50克，考虑到茶叶的保鲜，铝箔袋打开后在最佳品尝期内饮用。

产品包装传递给消费者有机产品的信息，表达产地文化，彰显青山绿水桃花岛、沁香佳茗有机茶。

通信地址：浙江省舟山市普陀区桃花镇
联系电话：13905713777　徐华娅
推荐单位：全国农产品（茶叶）包装标识评价技术中心（中国农业科学院茶叶研究所）

福建省惜缘生态农业开发有限公司

福建省惜缘生态农业开发有限公司是一家集茶叶种植、生产、加工、销售、技术研发、科普教育、人才培养、文化遗产保护与创新传承为一体的综合性茶企。公司是福建农林大学茶学本科专业、农业管理专业硕士学位点、可持续生态学博士点的实践教学基地,安溪县女茶师非遗传习所科技特派员工作站,深入研究茶树栽培与生态防控技术、茶园植物配置技术、茶叶初制加工技术、创新创业规划等。截至目前,先后有 20 余名专家、25 名导师及 100 余名研究生到小院学习实践,公司参与课题研究、论文发表、标准制定、技术攻关、发明专利、创新创业赛等共 100 余项。

多年来在农业农村部规划设计研究院、福建农林大学农业生态研究所、福建省茶产业发展研究中心的共同指导下,按照"一个庭院、一套技术、一组产品、一种文化、一味生活"的标准,设立了"安溪龙门生态小院",积极探索以科技服务茶产业并助推三产融合的发展模式,进行了有效示范。

典范一 绿野仙踪野将军巾帼四将

设计师创意设计"铁观音功夫茶盖碗"插画,再现花木兰、樊梨花、穆桂英、梁红玉形象,展现南北朝、唐朝、北宋、南宋的巾帼英雄,体现孝、忠、义、礼的女性社会责任与历史担当。"野将军"有三大含义。一野,茶科技,生态第一。承载历史和文化,陆羽《茶经》茶之源"野者上,园者次",统筹生态环境保护和绿色发展。二野,茶文化,传承保护。保护与活态传承非遗技艺,乌龙茶是一位归隐于山野的将军,以打猎和制茶为生,总结出乌龙茶制作技艺,成就与传唱于民间技艺的传承。三野,茶产业,创新发展。深入贯彻习近平总书记在福建考察的重要讲话精神,要统筹做好茶文化、茶产业、茶科技这篇文章,推进茶产业高质量发展。

通信地址:福建省泉州市安溪县特产城一期 8-23/25 号
联系电话:15160374888 何环珠
推荐单位:全国农产品(茶叶)包装标识评价技术中心(中国农业科学院茶叶研究所)

典范二　碳中和野将军

创新设计铁观音碳标签，力求通过茶园生态栽培方式、生态防治、绿色能源等方式，从"碳赤字"（碳排）到"碳盈余"（碳汇）。创意设计"和"，源自安溪茶道精髓"纯、雅、礼、和"茶文化核心理念之一。着墨于中国古代四大巾帼英雄——花木兰、樊梨花、穆桂英、梁红玉"维和"勇担当的（野将军）巾帼精神，和家、和国、和天下。

典范三　一泡茶心国际版

从古代的丝绸之路、茶马古道、茶船古道，到今天的一带一路，路因茶而生，贸易因茶而兴。"茶心"即"茶芯"，闽南语即"dei"。据考证，最早进口福建茶叶的荷兰人便根据闽南发音将茶译成拉丁语系的"THEE"，其他欧洲国家均仿效之。以黄色为主色调，代表着青春、可爱，是生活的向往，是智慧之光，也是一泡茶心的文化内涵。"一泡茶心"拉近了世界与中国的距离，融合了人类与自然的美丽。茶是包容的，它在不同国度、不同种族、不同文化的人手中，呈现了无尽的可能。

福建省恒春源茶业有限公司

福建省恒春源茶业有限公司成立于2004年，是一个集茶叶种植、加工、销售、出口及有机白茶文化推广为一体的农业产业化品牌。主营恒春源、蛙小白、岁月留香系列等有机白茶产品。从2004年开始以经营有机白茶为核心业务，专注精耕于有机白茶。率先获得有机白茶全球六大认证，连续18年出口欧美市场。其六大认证包含中农有机认证、欧盟有机认证、美国有机认证、美国雨林联盟认证、钓鱼台原生态产品标准认证及南京国环有机认证，并于2021年被生态环境部——有机食品发展中心认定符合《国家有机食品生产基地考核管理规定》的有机食品生产示范基地，属福鼎市首家。

恒春源天湖山基地地处佳阳畲族乡周山村之巅，海拔838米，茶园面积1 075亩，其茶园单体面积是福鼎最大，被称为"福鼎最美茶山"。

典范一 天宝·贡藏

这是一款恒春源茶业经典之作，也是具有代表性、唯一性、收藏性的珍藏产品。包装方式为简单卡盒＋内袋，成本优势大，供应资源足，容易获取。设计呈现上采用较为丰富的元素和色彩，突出收藏级白茶饼的特别之处。画面突出体现天湖山地域属性，把天湖山的自然生态、高山云雾景象等自然元素用独特的手法结合在一起。多种元素层层叠加，围绕成中心的圆，云彩、山、茶树、鸟、茶厂、采茶人，展现出一幅其乐融融的美好景象。色彩丰富、饱满，历史感强烈，整体上通过视觉色彩的搭配营造热闹的氛围，重视消费者对于品质的需求，既有时尚新潮的现代风格，又不失中国传统文化韵味。

通信地址：福建省福鼎市桐城街道星火路11号
联系电话：17759337999　　何 川
推荐单位：全国农产品（茶叶）包装标识评价技术中心（中国农业科学院茶叶研究所）

典范二 岁月留香·山

　　本产品品名是以恒春源天湖山有机白茶基地的风貌为基础提炼的，寓意美好的事物皆来自那一山一水一片云。包装方式为简单卡盒＋内袋，精致细节突显品质，颇具质感。

典范三 栖涧野枞

　　一袋一泡，标准定量，不仅饮用简单、方便，更确保了每一泡茶的口感恰到好处。天湖山圆石山边上有个山海涧，因其涧远眺恰巧与远处两山一海同形，故得名山海涧。山海涧区域周边岩石与植被完美结合，两侧皆为七十年以上树龄的原生群体树种，周边天然混生了许多原生花木，一幅世外桃源的画卷。

安溪铁观音女茶师非遗传习所

福建农林大学安溪茶学院、福建省茶产业发展研究中心、福建省茶产业研究会联合中共安溪县委组织部等单位在安溪率先建立全国茶叶领域第一个以女性为主体的传习平台——安溪铁观音女茶师非遗传习所，邀请全国高校和行业的权威专家共同参与指导，助力形成特色服务团队，并通过系统、专业、规范的技能培训，深化"产教融合"和"师带徒"机制，搭建开放共享的学习平台，充分发挥人才培养、科学研究、社会服务、文化传承等功能，把高校女性学生和茶乡广大农村妇女组织起来，协同推进创新创业，为乡村振兴持续输送更多"一懂两爱"型专门人才。

典范一 女茶师传承版

以乌龙茶制作技艺代表性项目（铁观音）制作技艺流程图插画生动地表达"从来佳茗似佳人"。最好的茶文化与制茶技艺的传承保护就是要"见人见物见生活"。

典范二 生活版存茶

传统非遗私章"梦牵情绕铁观音"包装设计，字里行间传颂着闽南人的浓情，带着闽南人的记忆、乡愁、情怀，传递着闽南人的生活方式。

通信地址：福建农林大学安溪茶学院行政楼213室
联系电话：15160374888　　何环珠
推荐单位：全国农产品（茶叶）包装标识评价技术中心（中国农业科学院茶叶研究所）

英山县绿屏茶叶有限公司

英山县绿屏茶叶有限公司是由原"湖北十大名茶场"英山县屏峰茶场发展而成,是一家集茶树良种繁育、茶叶种植、加工、销售于一体的有限责任公司。公司建设自有茶园880亩,其中大马士革玫瑰花园165亩,已形成了"公司+茶叶合作社(协会)+基地+农户"的运营模式,生产加工厂房面积5 500平方米,建设名优茶生产线3条,年生产名优绿茶、红茶、黄茶、花茶、代用茶等约2.8万千克。公司拥有熟练的加工生产技术和栽培管理技术,生产的雪屏牌英山云雾茶被评为湖北十大名茶、中茶杯一等奖。公司的毕昇商标被认定为湖北省著名商标。

公司茶园分布于大别山南麓群山之间,土壤肥沃、气候温和、雨量充沛、光照充足、空气湿润、昼夜温差大,独特的地理气候环境、传统的加工工艺,造就了品质优良的茶叶。

典范 毕昇红红茶

采用小长方形包装,外观简洁明了,体积小巧利于携带。商标以英山本地历史名人、活字印刷术发明者毕昇为主题,包装正面突出活字印刷的元素,大红的颜色体现国人特有的热情,也突出了红茶的颜色特点。远处的高山,说明茶叶来源于高海拔,茶叶品质优良。

全套包装大部分是环保的纸质材料,礼盒里面有3个独立的小纸盒,可以单独使用和销售,小纸盒里面是4克小包装,采用是食品级纯铝材料,而且小袋也方便消费者取用,不浪费,也利于茶叶的保鲜,无论作为伴手礼还是出差旅游都很方便。

毕昇红礼盒
32.5x16.5x8cm

通信地址:湖北省英山县红山镇板桥村茶缘路6号
联系电话:15171351716　程　珍
推荐单位:全国农产品(茶叶)包装标识评价技术中心(中国农业科学院茶叶研究所)

广州茶里集团有限公司

广州茶里集团有限公司成立于2013年8月,总部在广州,是中国领先的茶叶消费品公司之一,也是专业的茶饮服务提供商,专注冲泡茶饮,核心产品是原叶三角袋泡茶。公司致力于提供方便时尚、卓越品质的茶产品,拥有自建供应链,以及10项专利,是中国袋泡茶行业的标准制定者,也是中国茶行业新零售标杆企业。

公司致力于打造东方生活美学的新一代快消茶品牌,通过化繁为简的产品理念、严苛的品质标准,将传统文化、东方生活美学融入品牌,打造健康、时尚、方便的中国好茶,重新连接当代年轻人的生活方式和喝茶的仪式感,让其更好地表达自我,分享美好,传递爱与关怀,人人都能"Be a tea fan"(成为茶粉丝)。

典范一 CHALI 茶里唐风国饮

茶为国饮,兴盛于大唐。CHALI 茶里唐风国饮礼盒,以唐朝茶文化为设计理念,用现代饮茶的方式,复兴唐朝茶文化盛景。礼盒结构形似中式书籍,封面画面参考唐代壁画《金地青绿山水》。唐代女子骑马驰骋于锦绣山河中,展现璀璨盛唐风采。打开礼盒,从四味国饮中探索茶学内涵,昆仑藏茶、蜜桃清饮、玉露煎茶、三清调饮,边品佳茗边读茶史,共赴这场跨越千年的璀璨之约。

茶包选用日本进口环保玉米纤维,其有三大特性:一是可降解,不会造成环境污染;二是通透性强,能令茶味更快释出且视觉观感好;三是整体较坚韧,茶包更耐冲泡。

通信地址:广东省广州市南沙区群新路22号茶里集团南沙总部
联系电话:18665583520 林 川
推荐单位:全国农产品(茶叶)包装标识评价技术中心(中国农业科学院茶叶研究所)

典范二　CHALI 茶里红楼叹茶礼盒

在红楼梦中，以茶道尽众人世情百态。CHALI 茶里红楼叹茶礼盒的灵感，正是来自这部古典名著《红楼梦》。礼盒设计运用古典空窗美学，并配以现代烫金工艺，精致大方。透过扇形空窗，4 位金陵佳人以 Q 版形象展现，现代潮流与经典传统结合，以一部"红楼叹茶"致敬经典。

礼盒中 4 款茶被赋予诗意的名字：飞花凝黛绿（绿茶），玫瑰醉普洱（玫瑰普洱），桂花镶乌龙（桂花乌龙），风舞弄丹红（红茶）。

茶包选用日本进口环保玉米纤维，其有三大特性：一是可降解，不会造成环境污染；二是通透性强，能令茶味更快释出且视觉观感好；三是整体较坚韧，茶包更耐冲泡。

典范三　黑标原味茶

黑标原味茶是 CHALI 茶里的高端茗茶系列，甄选高品质产地茶种，包装设计融入现代美学，全方位升级打造高端品质茶礼。每款茶的内盒中藏着一段中国茶故事，于一杯茶汤中，望一方中国山水之美。

黑标乌龙茶系列选自中国四大乌龙茶产区——广东、闽南、闽北、台湾，每一款都极具特色并具有代表性，分别是——被誉为茶中香水的鸭屎香单丛，国家农产品地理标志产物白芽奇兰，武夷岩茶中的名品白瑞香，享誉国际的东方美人茶。

茶包选用日本进口环保玉米纤维，其有三大特性：一是可降解，不会造成环境污染；二是通透性强，能令茶味更快释出且视觉观感好；三是整体较坚韧，茶包更耐冲泡。

浙江鼎泓茗茶业有限公司

浙江鼎泓茗茶业有限公司位于安吉县递铺街道古城村，是集基地建设、研发、整合、营销、品牌、文化为一体的现代化数字化企业，公司拥有自有茶园基地230亩，合作社订单农户茶园基地面积2 000余亩，茶季用工300人，公司旗下产业由集茶旅、拓展及网红打卡为一体的白茶庄园；坐落于核心产区石角的供应链生产总部及鼎泓茗茶文化馆，中国茶城旗舰店，安吉县鞍山展厅等4家茶文化相关体验馆组成。目前公司着力解决安吉白茶的茶园管理及安吉白茶产品全程溯源体系的建设，采用"公司+基地+农户"的运营模式。为更好地落实"从茶园到茶杯"的安全质量关，公司打造重金属检测站，气象站，可视化视频监控；为更好地加强肥培管理，公司与专业化农业公司合作，从茶叶种植、施肥、用药、修剪、封园，到来年的采茶工的培训、茶叶采摘，都做了精细化尝试和实践，以及改进。

典范一 金山方兴

此产品是吉品祥瑞系列中的一款，与公司品牌"高吉白"中的"吉"字遥相呼应，吉字寓意的是吉祥如意，很美好的意思。而设计理念是应用了天圆地方中"方"的寓意，象征着事业稳定，家庭美满。每个内罐上都印有吉祥物"鹿"，"鹿"跟"禄"同音，有福禄双全的意思，又跟"路"同音，有畅通无阻、四通八达的含义，寓意着人生道路上，一帆风顺。

典范二 金龙圆满

"圆满"二字，代表着万事圆满。盒中的5个圆罐与金龙圆满的"圆"字相呼应。每个内罐上都印有金龙的图案。金龙象征着一种精神，是一个民族的图腾，在中国传统文化中，是权势、高贵、尊荣的象征，又是幸运与成功的标志。

典范三 吉星高照

设计理念来自"天圆地方"这个理念，外礼盒为方形，内瓷罐为圆形。圆形的设计灵感来源于灯笼的造型。灯笼寓意着喜庆。

通信地址：浙江省安吉县中国白茶城6幢17-18号
联系电话：15268257878　　郭赟
推荐单位：全国农产品包装标识评价技术杭州中心（浙江省农业科学院）

明康汇生态农业集团有限公司

明康汇生态农业集团有限公司初创于 2012 年 10 月，注册资本 10 亿元，是一家以生鲜供应链为核心，集农产品研、产、供、检、销于一体全产业链运营的集团公司。2016 年，公司作为 G20 杭州峰会主要生鲜供应商之一，出色完成 23 个品种、130 余吨供应任务。从消费者餐桌，到学校食堂，到企事业单位，公司致力于构建智慧生态，成为有影响力的生鲜产业运营商，为城市生活提供美好生鲜食材方案，让每一个人享受生鲜的美好。

典范一 蔬菜

儿童系列蔬菜标签画面结合了每个蔬菜品种的外形，通过手绘的形式表现，在贴近产品的同时更为活泼可爱。

高山系列蔬菜标签画面上融入了高山、河水、田地 3 种元素，体现了此系列产品的生长环境，更是响应国家"绿水青山就是金山银山"的发展理念。

蔬菜产品包装采用 OPP 袋与贴标。OPP 袋透明度高、密封性好、保湿保鲜性强，延长蔬菜储藏时间。贴标选用铜版纸覆膜，平滑光亮，色彩牢固，防潮、防水、防污、耐磨。

典范二 天蓬瓜红黄将军

以西瓜果皮元素图案做背景，与实体图结合，强烈的对比色在吸引眼球的同时，让人一眼便可识别出瓜的品种，品名的排列形成半包裹的瓜形，带有卷曲的瓜藤也可表示瓜果的新鲜度。吉祥物小黑的融入更形象地突出了"天蓬"这个概念。标贴上添加了《天蓬瓜历险记》文章的二维码，让科普变得更生动，更有趣味性。

包装箱选用瓦楞纸写真印刷工艺制作。瓦楞纸具有成本低、质量轻、加工易、强度大、印刷适应性优良、储存搬运方便、缓冲性能好等优点，还可回收再生，相对环保。

通信地址：浙江省杭州市萧山区明康汇生鲜一号仓
联系电话：13777364810　　余品仪
推荐单位：全国农产品包装标识评价技术杭州中心（浙江省农业科学院）

新昌县名茶协会

新昌县名茶协会创建于1994年10月，是以发展名茶产业为目标，集全县名茶生产、加工、销售、科技等方面的精英，坚持自我服务、自我管理、自我发展的群众性的行业团体组织，现有会员129名。协会注册了3个区域公用品牌商标，即大佛龙井（证明商标）、天姥云雾、天姥红。20多年来，协会先后被省市县评为先进社会团体、示范性专业合作组织、浙江省十佳农技协会、全国基层科普先进单位等，获得了各级政府的肯定和好评。

典范一 大佛龙井"居深山"

插画元素来自大佛龙井得天独厚的生长环境——新昌的两大名山，天姥山和穿岩十九峰。色彩上主要选用了墨绿色，代表沉稳、安静、自然、安全，体现提县大佛龙井历史文化底蕴和安全自然的地理环境。

典范二 大佛龙井"心自在"

插画元素来自大佛龙井得天独厚的生长环境——新昌的两大名山，天姥山和穿岩十九峰。色彩上主要选用了浅蓝色。代表活力、年轻态，体现大佛龙井随着时代的发展不断转型升级，追随年轻化，心享自在，与消费者构成更新型、更紧密的链接。

典范三 大佛龙井"一杯好茶 万事新昌"

插画元素来自大佛龙井得天独厚的生长环境——新昌的两大名山，天姥山和穿岩十九峰。色彩上主要选用浅蓝色，代表活力、年轻态，体现大佛龙井随着时代的发展不断转型升级，追随年轻化。

通信地址：浙江省绍兴市新昌县中国茶市B3-3007室
联系电话：15105858963　　俞佳颖
推荐单位：全国农产品包装标识评价技术杭州中心（浙江省农业科学院）

浙江之玒种业有限责任公司

浙江之玒种业有限责任公司成立于 2002 年 9 月，注册资本 3 000 万元，控股浙江之玒绿色农业发展有限公司、浙江兴合粮油工贸有限公司等企业，先后获评杭州市农业龙头企业、浙江省农业科技型企业、全国供销总社农业产业化重点龙头企业、浙江省"十佳瓜菜"种业企业、浙江省"十佳种子"企业、浙江省首批育繁推一体化农作物种业培育企业，具有省级主要农作物生产经营资质，研发中心已被认定为浙江省农业企业科技研发中心，2021 年，通过国家高新技术企业评审。

公司以选育推广水稻、蔬菜瓜果新品种，建设优质无公害瓜果生产基地，建立优质无公害农产品配送网络体系为主营方向，是一家集农业科研、农业生产基地建设和农产品配送为一体的科技型农业企业。

典范一 月山上番茄

包装方式为泡沫袋＋吸塑模＋礼盒＋礼袋。泡沫袋＋吸塑模，防震效果好，保障番茄在运输过程中不被挤压损坏。此款礼盒外包装图片是番茄的手绘图片，设计精美，充满匠心。外包装纸盒透气性好，保证产品的新鲜度；整体设计色彩鲜艳，充满年轻活力气息，可快速赢得人们对传统食品的好感。内包装泡沫袋＋吸塑模，每颗鲜果都先套泡沫袋再放入吸塑模中，极大减少了鲜果间的碰撞，坏果率低。

典范二 月山上猕猴桃

包装方式为泡沫袋＋吸塑模＋礼盒＋礼袋。礼盒包装为纸盒，践行绿色环保理念。缓冲效果极好，可确保猕猴桃在快递过程中不被损坏。外包装礼盒设计以绿色为主，意在表达绿色产品生态种植理念，配以可爱的卡通风格，增加了产品的趣味性，使产品的记忆点更加鲜明。内包装为泡沫袋＋吸塑模，极大减少了鲜果间的碰撞，坏果率低；产品宣传单描述了该猕猴桃的相关信息及收货后的注意事项，附赠食用工具，提高客户的满意度。

典范三 月山上菌菇

包装方式为拎提礼盒。将"月山"以水墨画的形式设计在礼盒上，既体现了产品的产地、公司品牌又凸显了传统国风。外观简洁大气，环保五层瓦楞，可重复利用，为产品提供较高附加值。外包装采用纸质开合礼盒，外形美观且有档次。内包装采用密封包装，内置拉链防潮，可重复开启，防止菌菇受潮。

通信地址：浙江省杭州市上城区石桥路 198 号浙江省农业科创园 6 号楼 6310 室
联系电话：15224011883　　倪晓虹
推荐单位：全国农产品包装标识评价技术杭州中心（浙江省农业科学院）

杭州九月生活农业开发有限公司

　　杭州九月生活农业开发有限公司位于中国最美县城——桐庐，在国家AAAA级风景名胜区"天子地"3千米处海拔约900米秀丽的丘陵山区，主攻水稻新品种科技试验和选育基地，以生产高端优质米和杂粮系列产品为主。公司是国家绿色食品基地、全国优质农产品包装标识试点企业、浙江省科技型中小企业、浙江省农业科学院乡村振兴科技示范基地、杭州市信用管理示范企业等，联合基地共579亩，主要以水旱轮作、稻菜间作模式进行种植，与科研院所合作，产学研科技成果转化，开展与智慧农业等相关科技领域创新，以点带面助推科技新产品的开发。2019—2020年小家碧玉天磁米获浙江省农业博览会金奖和名优畅销农产品奖，1510-OMEGA3双低菜籽油正在国家绿色食品认证中。

典范一 1510-OMEGA3双低菜籽油

采用伴手礼包装方式，HDPE食品级材质，耐酸碱、耐高温、便携、美观、易储。

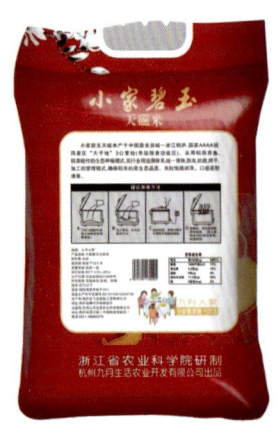

典范二 小家碧玉天磁米

包装上绘有一家人聚会的图案，书写"小家碧玉"。图片生动、字体隽秀，喜庆又雅致。

通信地址：浙江省杭州市上城区景芳一区28-3
联系电话：13396565588　　徐樟权
推荐单位：全国农产品包装标识评价技术杭州中心（浙江省农业科学院）

杭州赞略科技有限公司

　　杭州赞略科技有限公司成立于 2019 年，是一家致力于实现地标农产品商品化、内容化、电商化的销售及服务公司。从有"电商之都"美誉的杭州出发，帮助中国地标农产品提升品牌影响力，打通销售渠道，同时为消费者提供更健康、更多样化的农产品选择。公司与天猫、盒马、抖音、京东等公司深度合作，从供应链赋能开始，实现塘栖枇杷、象山柑橘、文昌鸡、南丰蜜桔等百余个地标产品的品效协同，同时积极探索"合作社 + 互联网"化的农业国货品牌的运作。

典范一 常山山茶油

　　基于市场情况，山茶油的消费人群以女性为主，是对美、对健康生活有追求的一个群体。所以方案确定精致小资为主要设计风格，同时刻画了常山文峰塔及自然环境插画，来体现常山优越的自然禀赋及山茶油的珍贵。

典范二 常山山茶油母婴款

　　整体设计风格简约、大方、环保，常山山茶油一尘不染的纯粹也被表现得淋漓尽致。目前母婴市场消费者多为女性，所以母婴款颜色更倾向于肌肤的颜色与浅蓝相结合的配色，使画面整体更加柔和。圆润的瓶身，更加小巧方便，增加消费者的体验感。

通信地址：浙江省杭州市西湖区西投创智中心 1 号楼 714 室
联系电话：18765225657　　蔡文峰
推荐单位：全国名特优新农产品包装标识创意设计杭州技术中心（浙江大学艺术与考古学院）

百珍堂生物科技（浙江）有限公司

百珍堂生物科技（浙江）有限公司创建于2000年，是一家集中式餐饮汤汁酱及预制菜研发、生产、销售为一体的国家高新技术企业。公司先后通过HACCP、ISO 9001、FSSC 22000、ISO 14000和ISO 18000等认证，拥有知识产权近50余项，获评中国食品工业协会科学技术奖一等奖，是浙江省企业研究院、浙江省智能工厂、浙江省农业科技研发中心、浙江省级食品安全示范企业、温州市农业龙头企业。

公司旗下拥有晨曦、吾宴、食补小厨等多品牌，销售近800连锁门店遍布30个省级行政区的头部城市。公司在线下的基础上增开饿了么、美团的线上美食平台，分别从私域电商和公域电商两大渠道开拓市场。

为配合发展战略，2018年公司投入1.08亿元建立了11 000平方米的数字化和信息化生产研发大楼，成立了国内首创自主知识产权的2万吨智能化高汤提取生产线。

典范一 金汤鲍参肚

内包装采用食品级涂层铝碗，外包装采用淋膜三层瓦楞纸包装。产品含有鲍鱼、海参、螺肉、花胶等食材，所见即所得。

典范二 晨曦小盆菜——金汤佛跳墙

内包装采用食品级材质铝箔碗，外包装采用淋膜瓦楞纸包装。所有食材产地直采，味料同源，所见即所得。

典范三 晨曦大盆菜——年年有余佛跳墙

内包装采用食品级材质铝箔盒，外辅以采用EPS泡沫塑料保护铝箔碗，最外层为覆膜瓦楞纸包装。所有食材产地直采，味料同源，所见即所得。

通信地址：浙江省温州市瓯海区梧田街道慈凤西路34号
联系电话：13806766764　李淑洁
推荐单位：全国农产品包装标识评价技术温州中心（温州市农业科学研究院）

浙江香海食品股份有限公司

浙江香海食品股份有限公司创建于 1998 年，获出口食品卫生注册、美国 FDA 卫生注册，拥有自营进出口经营权，公司始终专注于健康海洋休闲食品的科技研发、创新和发展，是一家坚持"绿色、健康、可持续发展"理念的海洋休闲食品生产服务型企业、国家高新技术企业、全国农产品加工示范企业、浙江省省级骨干农业龙头企业、浙江省农业科技企业、新三板挂牌上市企业。公司占地面积 24 000 多平方米，现有员工 300 多人。公司主营香海黄鱼酥等系列海洋休闲食品和水产礼品，拥有先进的水产品精深加工生产线、冷库及标准净化车间，年水产品加工能力达 2 万多吨，共五大类 200 多个品种，旗下有香海、奥和等品牌，产品遍销全国各大超市、卖场、便利系统及平台，深受消费者喜爱。公司拥有授权实用新型专利 7 项、发明专利 2 项，建立健全了食品质量安全控制体系，获得 ISO 22000、HACCP、ISO 14001、绿色食品认证，获评中国绿色食品、浙江名牌产品、浙江省著名商标、浙江省知名商号、全国绿色食品示范企业、中国质量诚信企业、浙江省食品工业百强企业、省农业企业科技研发中心、最具影响力水产品企业品牌等。

典范一 香海烤虾精品系列

食品级包装材质，采用大小盒送礼装的设计，礼盒装更上档次，并且方便消费者一次品尝一小盒，既容易保存，又不浪费。

典范二 香海烤虾珍品系列

外包装采用铁盒，外观大气上档次。珍品系列是精选香海烤虾中规格最大的产品进行包装，专为高端消费、有送礼需求的消费者而定制的一款高档包装产品。

通信地址：浙江省瑞安经济开发区滨江大道 338 号
联系电话：13758791868　　陈祐福
推荐单位：全国农产品包装标识评价技术温州中心（温州市农业科学研究院）

温州星贝海藻食品有限公司

温州星贝海藻食品有限公司位于"百岛之县"——温州洞头，拥有多条进口的全自动生产流水线，专业、专研致力于各种海洋藻类食品的加工、生产。公司成功开发出了即食海苔、海苔酥、海苔拌饭、海苔三明治等海苔休闲食品，即食羊栖菜、调理羊栖菜、干品羊栖菜等羊栖菜养生餐桌产品，芽头紫菜、花水紫菜等干紫菜类产品。三大类100多个品种产品行销海内外。

公司产品先后通过国家级绿色食品认证、国家级无公害农产品认证、HACCP认证、海苔食品出口认证，并获评浙江省科技型企业、自贸进出口企业、浙江省农业科技企业、温州市名牌产品、浙江省著名商标、温州市知名商品、温州市民最喜爱的十大品牌农产品、温州市消费者信得过单位、温州市首批"瓯越鲜风"商标授权企业、温州市首批重点保护品牌企业、资信等级AAA企业等，是干紫菜国家标准编制单位。研发上市了坛紫菜智能烘干机并获得了发明专利、实用新型专利，自主研发气调锁鲜技术，成功开发了保鲜羊栖菜、保鲜紫菜产品。

典范一 即食羊栖菜

包装设计以淡雅的黄色、绿色为主色调，以产品实物图片辅以帆船、古装元素，结合现代人崇尚自然和膳食结构回归植物型食品的消费趋势，围绕药食同源，日系元素，历史传承展现一幅唯美的画卷是具有"海"的味道、海岛风味的地方特色伴手礼产品。

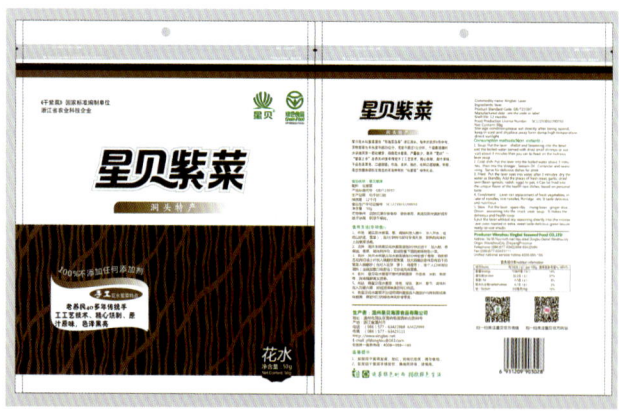

典范二 星贝花水紫菜

本包装根据紫菜需要防潮、避光等属性需要，采用卡扣拉链袋，方便实用。设计以绿色食品认证为主题，以食品安全洁净的白色和紫菜的黑褐色为主色调，用海水中动感飘逸的两色线条互动代表鲜活的紫菜原料。整体包装简洁、大气，认知度高。

通信地址：浙江省温州市洞头区霓屿街道霓屿北路88号
联系电话：13858839291　　张小薇
推荐单位：全国农产品包装标识评价技术温州中心（温州市农业科学研究院）

温州海派渔业有限公司

温州海派渔业有限公司是南麂列岛从事渔业的农业龙头企业，有着 30 多年的海水鱼捕捞生产历史。历经"三十年辛勤耕耘，两代人用心传承"，公司逐步成长为一家产销一体、规范化、标准化的新型生态科技农业龙头企业。公司主营产品为深海大黄鱼、石斑鱼、海鲈鱼、真鲷、红古鱼等，其中深海大黄鱼产品荣获 2019 年浙江省农博会金奖。

公司大黄鱼基地位于南麂国圣岙海域，现有海域面积达 1 200 亩，年产大黄鱼 900 吨，配套全套生产、捕捞、运输和仓储设施，全年不间断供应大黄鱼。基地实行规范化管理，严格把控产品品质，大黄鱼产品和产地均通过无公害认证，先后获浙江省科技成果应用与推广示范基地、国家农业农村部水产健康养殖示范基地等称号。

典范 南麂海派海产品黄鱼

根据黄鱼不同大小规格分为 9 款家常经典礼盒。礼盒包装总体设计为蓝黄为主色，寓意南麂岛碧海金沙、海洋环境优越。盒顶简图为平阳特色农产品"五个鲜"，表明产品产地。中心图案为一条金色大黄鱼，寓意公司立足南麂潜心培育优质大黄鱼。包装整体寓意：产业发展与环境保护和谐共存，碧海金沙游好鱼，鲜自南麂来。

公司结合线下线上特点，推出了南麂海派黄鱼礼券。礼券共 4 个款式，分为蓝、绿、紫、赭 4 种主色，每张卡券中间都是一种畅游海洋的金色大黄鱼，寓意"鲜自南麂来，畅游到家"。卡券设计简单大方，给人以清新自然之感。每一份卡券都配合券卡＋宣传手册＋黄鱼菜谱＋精品卡套，全心服务，真心祝福。

通信地址：浙江省温州市平阳县鳌江镇南前庄 6 幢海派大黄鱼
联系电话：13868591242　　李 巍
推荐单位：全国农产品包装标识评价技术温州中心（温州市农业科学研究院）

浙江一鸣食品股份有限公司

浙江一鸣食品股份有限公司是一家集奶牛养殖，以及乳制品、烘焙食品生产、销售于一体的农业产业化国家重点龙头企业。公司坚守实业，聚焦农业，围绕整合和延伸农业产业链，坚持"三产接二连一"发展模式。2020年12月，一鸣食品（股票代码：605179）在上海证券交易所主板上市，正式登陆A股市场。

多年来，公司不断整合和延伸产业链条，加强循环农业技术集成攻关，结合企业发展、社会经济形势发展，推进乳品一二三全产业链融合发展，以信息化为支撑，走新型工业化道路，创新营销模式，加强在"传统农业＋互联网"的大健康产业上不断创新发展，实现自身快速发展，在奶源等原材料供应、产品生产、包装、物流、销售等方面拥有自身完善的产业链。

典范一 澳瑞鲜牛奶

本产品包装设计整体为黑白两色，喻示着品质优良的澳牛、精良的饲料，从源头上提升了奶源品质。瓶身为PD材质，阻燃性好、韧性好，安全环保。

典范二 一鸣纯牛奶

包装设计以牧场风景简画为主，超大风车显现牧场优美环境、牛群生活质量高，突显甄选原生好奶、用自家放心牛、产自家放心奶的产品理念。

典范三 真鲜包系列

该产品系列种类多样，每种口味都有独立的设计图案。爱克林包装，方便倾倒，可缓冲挤压。自动二次封口，最大限度地保持酸奶新鲜度。包装酸奶挂壁少，产品无包装异味。加热更方便。

通信地址：浙江省温州市平阳县一鸣工业园
联系电话：18957750816　黄瑶瑶
推荐单位：全国农产品包装标识评价技术温州中心（温州市农业科学研究院）

浙江圣腾农业发展有限公司

浙江圣腾农业发展有限公司成立于 2019 年 9 月,是一家致力于农业产业园区建设、农产品深加工、农旅综合开发、农副产品开发、新品种新技术研发和推广应用的新型数字农业产业化企业。

公司通过农业项目合作,采用中国台湾地区的土地改良技术,在改善土壤环境的基础上,试种并推广种植台湾精品果蔬;通过与中国农业科学院开展院企合作,建立了以精品车厘子为主的北果南移多品种果树科技研发中试基地,经过 8 年的努力,在温州市已建成浙南规模最大的车厘子种植试验基地。

公司始终以老品牌、老农业为初心,以"自然、绿色、健康"的理念为宗旨,注重高效农业与生态环保和谐统一,以农业增效和农民增收为根本,全力实现农业产业持续健康发展的同时,不断为农民创造平台,为客户创造价值,为社会创造绿色环保的人文环境。

典范一 文成红樱桃

包装方式为天地盖箱 + 手提袋礼盒套装。以自然、环保为设计理念,整体包装材质采用特种环保纸张,产品名称部分采用烫金工艺,突显产品品质与高级感。包装设计风格简约大气,以产品照片显示产品特性,使消费者一目了然。以白色为底色更能彰显樱桃的色泽与质感。天地盖箱形式增加仪式感,搭配手提袋,是馈赠亲友的佳品。

通信地址:浙江省温州市温州大道 1707 号亨哈大厦东首 11 楼
联系电话:18815160931　　张聪南
推荐单位:全国农产品包装标识评价技术温州中心(温州市农业科学研究院)

典范二 古法压榨山茶油

磁吸翻盖内盒 + 手提袋礼盒套装。以自然、环保为设计理念，整体包装材质采用特种环保纸张，衬以手绘山茶花插画底纹，产品名称部分采用烫金工艺，突显产品品质与高级感。茶油瓶身包装延续整体设计风格，形成强烈的系列性和视觉统一性。包装设计风格简约大气，以手绘山茶花及茶籽凸显原材料特性，使消费者了解产品源头，放心食用。橄榄绿基调更能彰显山茶油的原生环保与尊贵属性。

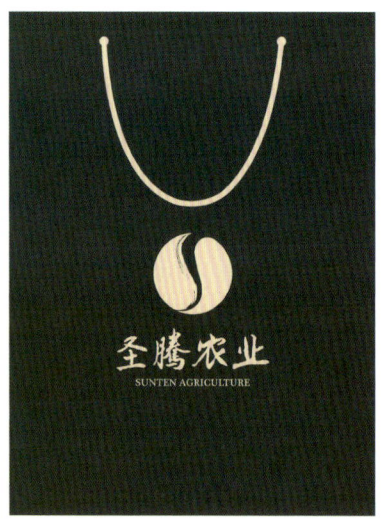

典范三 山珍系列

牛皮纸系列礼盒套装。包装设计风格简约大气，以自然、环保为设计理念，包装材质采用进口牛皮纸，衬以手绘山水插画底纹，产品名称及品牌标志部分采用高精度 UV 工艺，凸显产品品质与高级感。内盒包装延续整体设计风格，形成强烈的系列性和视觉统一性。

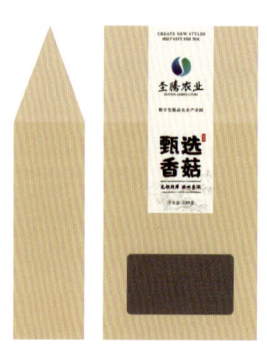

江西信明科技发展有限公司

江西信明科技发展有限公司是信丰县一家以农产品品牌化运营为主的民营企业，公司通过了无公害产品及 ISO 9001 质量管理体系认证。公司的产品主要有信丰脐橙、赣南脐橙糕、信丰萝卜、信丰红瓜子、银杏茶、草菇、脆笋等 100 多个品种。公司先后获评星创天地、全国食品工业优秀龙头企业、江西省小型微型企业创业创新示范基地、江西省电子商务示范企业、江西省专精特新中小企业、农业产业化经营省级龙头企业、赣州市电子商务示范基地、赣州市众创空间、信丰县公共信息和创业服务平台、信丰县就业技能培训定点机构等，信明商标于 1998 年注册后被认定为江西省著名商标。

典范 赣南脐橙糕

以公司所在地赣南信丰县脐橙为设计主体，采用橙色为主色调，印制文字"中国脐橙之乡——信丰"更是展现了赣南信丰县的一张名片。垂挂鲜果的图案寓意着丰收的喜悦，圆形包装盒寓意着团团圆圆、"橙心橙意"（诚心诚意），脐橙糕意为步步高升。外包装采用环保的纸质材料，里层包装采用的是马口铁制作的铁盒，图案鲜明突出，可循环使用。

 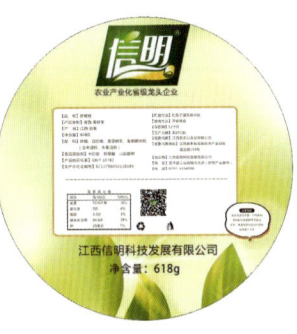 

通信地址：江西省赣州市信丰县高新技术产业园区城北大道信明科技创业园
联系电话：15970015978   许世芳
推荐单位：全国农产品包装标识评价技术南昌中心（江西省农业科学院农产品质量安全与标准研究所）

上犹县为民粮油有限公司

上犹县为民粮油有限公司坐落于上犹县紫阳乡高基坪村，注册资金800万元，是一家以"公司+基地+农户"和"公司+合作社+农户"为生产模式，集水稻种植、大米加工、销售为一体的农业产业化省级龙头企业、高新技术企业。公司厂房占地面积6 000多平方米，目前共有员工26名，拥有国内先进的大米加工设备，日产大米能力120吨，年产大米约2万吨，产值约8 000万元。

公司秉承"粒粒精品、滴滴生态、颗颗诚心"的企业宗旨，致力于提供各类健康的有机食品，为国人健康努力。公司现与省内几家农产品深加工企业达成多项合作，纵深开发生态粮油系列产品，旗下金丘为民、尹氏等品牌全程有机、生态种植，富硒含锌，确保产品品质，深受广大消费者喜爱及好评。公司以精准扶贫为契机，以"公司+基地+合作社+贫困户"的生产模式，建有3个生态大米种植基地，面积约1 000多亩，带动上犹县发展富硒稻米产业，同步尝试发展富硒稻田鱼、稻田虾产业，先后链接贫困户100多户种植生态大米，基地可以辐射带动周边农户682户发展生态水稻种植，统一经营。公司注重品质为先的经营理念，先后取得有机产品认证证书、富硒产品认证证书、ISO 9001质量管理体系认证、ISO 22000食品安全管理体系认证等资质认证，获评中国产品与品牌政府采购优秀供应商、中国百强优秀企业、赣州市守合同重信用公示单位。

典范一 "金丘为民"富硒有机大米

整体包装设计以金色为主题颜色，体现黄金富硒地带、黄金科学比例搭配。内包装为有机胚芽米、有机素颜米、有机三色米独立1千克真空包装，3种大米可按比例搭配，更加科学，更加营养。

采用礼盒的形式，内部独立真空包装，根据家庭大米用量，确保新鲜。同时传递公司高山有机大米的理念。

通信地址：江西省赣州市上犹县紫阳乡高基坪村罗坳下组
联系电话：15979729168　　　尹英强
推荐单位：全国农产品包装标识评价技术南昌中心（江西省农业科学院农产品质量安全与标准研究所）

典范二 "金丘穗月"富硒有机大米系列

粗粮米粒一般呈长椭圆形或细长性，有的尖细，有的椭圆，有的斜尖，极易刺破包装膜。因此，大米软包装与其他的软包装相比，有其独特的要求。这款产品选择了材质更好的食品级PE塑料袋来包装。

典范三 "紫阳谷物"大米系列

采用上犹县紫阳乡标志性景点"瓜子岭"作为主要设计元素，充分体现紫阳乡"鱼米之乡"的高山梯田环境，坚持传统石灰杀虫、人工除草等古法农耕种植方法，为消费者提供地道的、健康安全的紫阳大米产品。轻便带提手的包装设计，更方便消费者的购买。在材质上采用食品级的PE塑料袋，能更好地保护大米。

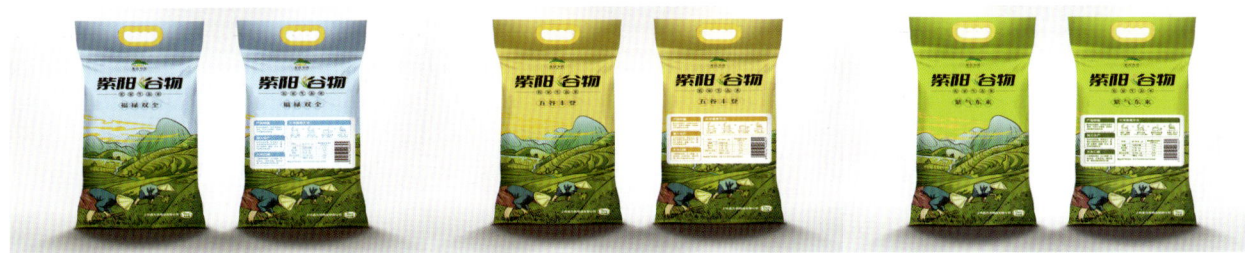

典范四 "尹氏"大米

采用传统文化理念"吉、祥、福、禧"来作为设计元素，体现中国的传统文化及日常的祝愿。包装色彩亮丽，主题突出，大方地展示公司的产品优势。使用复合塑料袋包装，防潮、防霉、防虫，印刷效果好。

兴国益香园茶业有限公司

兴国益香园茶业有限公司是一家集茶叶种植、加工、销售、研发、进出口、电子商务、茶文化传播及农业观光旅游于一体的综合性实业公司，建有2 000亩高效生态有机茶园，被评为国家高新技术企业、市级扶贫龙头企业、标准示范园、市级龙头企业、科技示范园及绿色防控示范基地。公司建有标准化厂房、自动化生产线、品牌旗舰店等，产品有绿茶、红茶、白茶、黄金茶、茯茶等。产品通过富硒、有机和绿色认证，商标方太妹被评为江西省著名商标及江西名牌产品。公司取得了出口食品企业备案，建立产品溯源体系，取得了HACCP管理体系认证。公司茶叶出口到欧美国家，目前也是赣州地区唯一一家出口茶叶的企业。获得各项专利17项，与江西农业大学合作共享研究成果，种植基地成为该学院茶学专业研究实习基地。

典范 方太妹有机茶

方太妹有机茶包装以梅兰竹菊四君子为主图，有贤达之人不求功名、利禄，淡泊名利之寓意，表达了企业致力于有机茶叶长远发展，不追逐名利，不唯利是图，坚持做放心茶、良心茶，以君子之心做百年企业之理想。包装产品上有产品溯源码、富硒码及绿色食品码，顾客通过扫码可以查询到产品的所有信息，做到产品来源可知、去向可追、质量可查、责任可究，让消费者对产品有更多认知与信任。

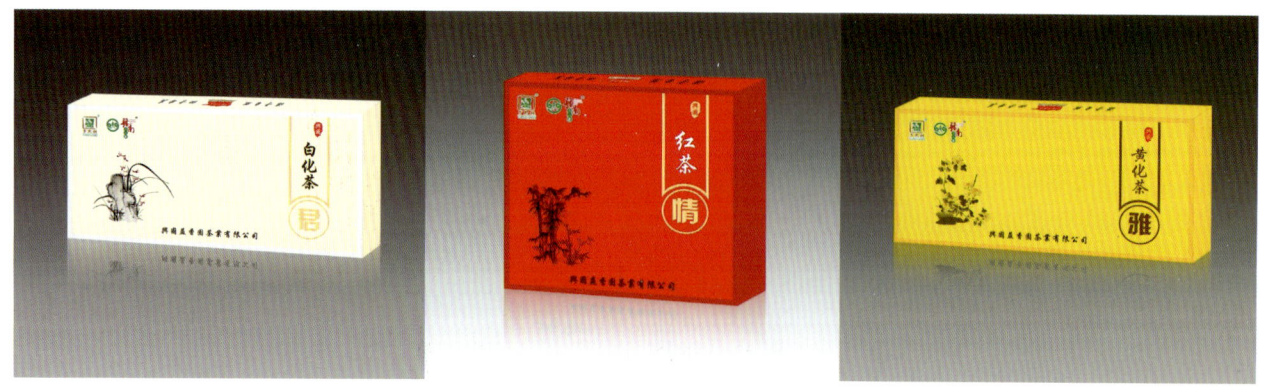

通信地址：江西省赣州市兴国县潋江镇将军大道A53栋1-14号
联系电话：13970728066　李韦荣
推荐单位：全国农产品包装标识评价技术南昌中心（江西省农业科学院农产品质量安全与标准研究所）

江西井冈山粮油集团有限公司

江西井冈山粮油集团有限公司于1995年投资兴建,是一家集农业新品种研发、技术推广服务,与种植、收购、加工、品牌销售为一体的一二三产业融合发展的农业产业化国家重点龙头企业。集团总投资3亿元人民币,占地232亩,建筑面积4.5万平方米,建有现代化精制大米生产线4条,年产达20万吨,国家标准仓库10座,仓容达5万吨,27条稻谷烘干线,日可烘干稻谷达800吨。2019年建有优质稻——井冈软粘良种繁育基地2 500亩、采取"公司+种粮大户+合作社+农户"订单模式签订优质稻订单,生产基地达30万亩,共带动农户21 560万户,户年均增收2 200元以上。

典范 吉田牌大米

以红色井冈、绿色吉安为产品包装设计出发点,以一年四季的景色变换为主色调,固定以"红军服""五指峰"图作为产品主图,充分展现出井冈山文化精神及井冈山地理标志特色。设计要素不仅在意境上与主图相融合,更令消费者联想到井冈山的红色文化历史,同时通过讲述大米生产的"5S"保障体系,进行大米产品故事的描述。"5S"保障体系强调吉田牌大米的绿色、生态、可溯源。在色彩的选择上,则采用秋季丰收时节的金黄色的暖色系进行渲染,由浅入深,层层递进。无过度渲染,保持整体清新,更加突显了水稻丰收的喜悦。

通信地址:江西省吉安市吉水县城西工业区
联系电话:13687068118　　许凯敏
推荐单位:全国农产品包装标识评价技术南昌中心(江西省农业科学院农产品质量安全与标准研究所)

南达新农业股份有限公司

南达新农业股份有限公司前身为新疆南达乳业有限公司，成立于 2004 年 8 月，2013 年 9 月股改，2014 年 12 月在"新三板"挂牌，注册资本 13 600 万元。公司始终专注集饲草种植、畜牧养殖、乳品加工、林果种植、设施农业、农业休闲观光为一体的生态循环产业的发展，以乳制品和特色林果产品为主营业务，精心打造一二三产融合的大健康产业。公司获评农业产业化国家重点龙头企业、国家扶贫龙头企业、国家民委批准民族特需品定点加工企业、高新技术企业、国家学生饮用奶生产企业、国家学生饮用奶奶源基地、自治区重信用守合同企业、自治区民族团结进步模范单位，连续多年被喀什地、市评为先进企业。

典范一 音苏提有机酸奶酪

设计选用象征真爱、健康、名誉、财富的 LOGO，以珍稀的幸运草（奶牛最爱的苜蓿草）为主要视觉元素，传达绿色生命和健康的祝福。选择注塑工艺成型制成的灌装酸奶杯，轻便易运输，陈列美观，可循环利用。

典范二 发酵乳酸菌菊苣胡萝卜汁饮品

瓶贴造型模拟人体腹腔肠道空间，表达乳酸菌对肠道菌群的多种益处。锥形玻璃瓶体，物理性能优良，具有非常好的陈列效果。食品级玻璃材制，绿色环保，可回收及循环使用。包装结构采用常规型，易于制作，包材利用率高，成本低。

通信地址：新疆维吾尔自治区喀什市迎宾大道 666 号
联系电话：18399618095　马彦科
推荐单位：全国农产品包装标识评价技术乌鲁木齐中心（新疆农业科学院农业质量标准与检测技术研究所）

新疆天蕴有机农业有限公司

新疆天蕴有机农业有限公司成立于2014年2月，位于新疆伊犁尼勒克县喀拉苏乡（三文鱼）基地，注册资本2.6218亿元，总资产6亿元，净资产4.5亿元，是农业产业化国家重点龙头企业、高新技术企业、自治区扶贫重点龙头企业、自治区专精特新"小巨人"。被评定为环保荣誉企业、水产健康养殖示范场、花园式单位、水产养殖技术与装备科研成果示范基地，是新疆渔业装备工程技术研究中心的依托单位。公司"绿色生态冷水鱼智慧养殖示范项目"荣获第二届全国农村创业创新项目创意大赛总决赛二等奖。公司主营业务为高品质三文鱼生态绿色养殖以及加工、储运、保鲜与综合利用，多项经营指标均处于全国领军地位，是伊犁州重推的拟上市企业。

典范 三文鱼

主题色蓝色既表明公司所身处的水产产业，也呼应了公司的主题色彩。蓝绿色的曲线和水粉的晕染效果呈现产品产地水质的清澈和绵延的雪山，菱形的波纹和橙白相间的色块突出三文鱼的鱼肉肌理和橙红的色泽。通过设计和插画向人们展示三文鱼产地的文化历史和风土人情。包装结构采用常规盒型，易于制作，包材利用率高，成本低，便于装箱运输仓储，空间利用率高，总体成本更低。

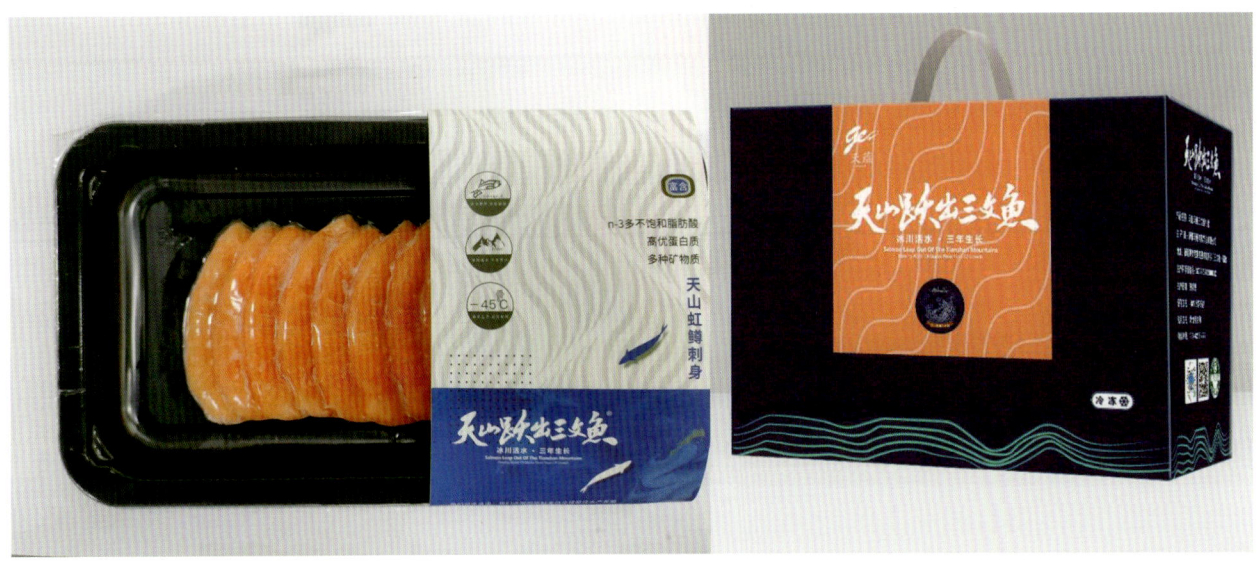

通信地址：新疆维吾尔自治区乌鲁木齐市天山区光明路时代广场A座8G
联系电话：15299128799　李智勇
推荐单位：全国农产品包装标识评价技术乌鲁木齐中心（新疆农业科学院农业质量标准与检测技术研究所）

新疆旺源驼奶实业有限公司

新疆旺源驼奶实业有限公司成立于2007年4月,位于新疆阿勒泰地区福海县环城东路,2014年8月升级为新疆旺源生物科技集团(简称:旺源集团),下辖6个分公司和1所新疆双峰驼研究院,是中国首家集骆驼系列产品研发、深加工、销售为一体的国家级农业产业化重点龙头企业、国家高新技术企业、自治区级扶贫龙头企业。旺源驼乳系列产品自2011年上市销售以来,在全国各大中城市发展专卖店、大型商超专卖点各2 000余处,搭建起全国销售网络,还有50个国外销售网点。旺源驼奶产品获评新疆农业名牌产品、新疆名牌产品、新疆著名商标、全国名特优新农产品。2019年,旺源驼奶产品登陆美国国际有机食品展,入选2019年度全球六大乳制品运营品牌。企业获得全国脱贫攻坚先进集体等荣誉称号。

典范一 旺源纯驼乳

采用磨砂玻璃瓶包装,显出白色的驼奶,降低破损率。玻璃瓶外观手拿之处,按照人体学方便设计。瓶盖为绿色,设计为燕窝形,用手抠开式。瓶口设计解决了密封不严、漏气问题。瓶口大小方便倒奶,不会撒漏。手提式外箱简洁美观,既方便携带又显档次。外包装以白色和金色为主色调,金色代表沙漠,白色代表纯白的奶。

典范二 旺源全脂纯驼乳粉

外包装罐体采用马口铁,罐体上美观的图形设计充分体现了驼奶产品的高端性和旺源品牌的价值。罐体外观上下为金色,代表高贵,中间为白色,白色奶滴代表醇香骆驼奶。内包装条装材质为聚酯,符合食品安全国家标准要求。

典范三 旺源驼奶片

内包装采用PET瓶装,以白色和天蓝色为主色调,白色代表纯白的驼奶,天蓝色代表驼奶片是国食健产品。

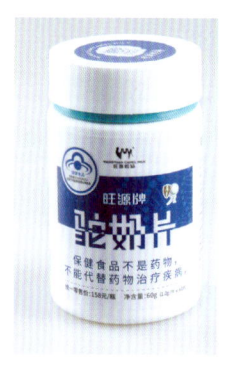

通信地址:新疆维吾尔自治区阿勒泰福海县环城东路
联系电话:18997781371　涂德江
推荐单位:全国农产品包装标识评价技术乌鲁木齐中心(新疆农业科学院农业质量标准与检测技术研究所)

西安浐水源现代农业专业合作社

西安浐水源现代农业专业合作社创立于 2009 年 7 月，注册资金 1 258 万元，基地位于长安区魏寨街道彭村，流转土地面积 160 亩。专注于鲜食葡萄种植，主要品种有东方蓝宝石、阳光玫瑰、妮娜女皇、紫美人、黑美人等，年产优质葡萄 160 吨，年产值 300 余万元。浐水源商标 2013 年荣获陕西省著名商标、西安市著名商标等荣誉。浐水源葡萄 2013 年获得绿色食品认证，2014 年被评为首届杨凌农高会后稷奖，近年来多次获西安市葡萄金奖、全国葡萄金奖。

典范 浐水源精品葡萄

包装颜色为绿色，象征着生命、农业、环保、健康。设计风格上偏重清新优雅型，选择了最简单方便的纸盒包装，象征端方、自然、有诚信。在元素上体现了果肉的甜美多汁，葡萄产品属性一目了然。

包装采用可回收再生利用的环保纸箱，安全可降解。印刷采用食品级油墨，儿童误食不会有任何危害，实现葡萄的绿色包装。为了降低葡萄运输中的损伤，内置新型环保的珍珠棉泡沫网袋套防震，其可塑性能佳、韧性强、循环再造、环保。

通信地址：陕西省西安市长安区魏寨街办彭村
联系电话：13609251836　　崔亚玲
推荐单位：全国农产品包装标识评价技术西安中心（西安市农产品质量安全检验监测中心）

西安市灞桥区成蹊家庭农场

西安市灞桥区成蹊家庭农场位于白鹿原现代农业果业发展核心区，于2013年9月在灞桥区工商局正式注册成立，同年12月被西安市农业委员会授予西安市示范家庭农场称号，2015年6月被省农业厅认定为首批省级示范家庭农场。已建成标准示范化葡萄、樱桃园区，葡萄品种有户太八号、摩尔多瓦、夏黑等20余个新优品种。樱桃有美早、红灯、艳阳等10余个品种。目前已建成葡萄大棚7 000平方米，雨水收集二次利用蓄水池400立方米，长廊4 000平方米。办公场所、包装车间、果品预冷库、农产品自检室、农资植保室、观光亭台、职业农民实训基地教室均已完成并投入试用，可视农场正在完善中。玉盘珠樱商标已通过注册，投入使用。无公害认证均已通过，绿色认证正在积极筹备中。

农场以"建标准示范农场，产高档精优果品，创优美生态环境"为宗旨，力争打造环境优美的果园公园双重效益的示范家庭农场。

典范 灞桥葡萄

该包装在绿色环保设计理念指导下，遵循保护生态和节约资源的设计原则，从设计原材料的选择到包装的设计生产以及使用过后的回收利用等，都保证不对环境造成污染与破坏。包装设计简单大方，避免过度包装。该包装硬度高，便于运输，装车堆码层数可达15层而底层盒子不会变形。

通信地址：陕西省西安市灞桥区狄寨街办农安路中段
联系电话：13892850229　陈传根
推荐单位：全国农产品包装标识评价技术西安中心（西安市农产品质量安全检验监测中心）

西安市阎良区国强瓜菜专业合作社

西安市阎良区国强瓜菜专业合作社 2008 年建成。建有日光育苗温室 100 多栋，发展种植骨架大棚 400 多栋，蔬菜、瓜果种植面积达 2 200 亩。试验示范西甜瓜立体栽培 1 000 余亩。合作社已注册了富秦牌商标。西瓜、甜瓜、蔬菜 8 个品种被认定为绿色食品 A 级产品，许可使用绿色食品标志。2015 获得 ISO 9001 质量管理体系认证。合作社的富秦牌甜瓜被西安市人民政府授予西安名牌产品称号，冰糖雪梨和千玉一号甜瓜被指定为 2016 年 G20 农业部长会议陕西优质农产品品尝用果称号并入选 2015 年度全国名特优新农产品目录，2016 年富秦牌商标被认定为西安市著名商标，2017 年合作社被陕西省质量管理中心评定为重质量守信誉先进单位、陕西省放心农产品示范单位。

典范 富秦甜瓜

包装为浅绿色，象征着生命、农业、环保、健康。LOGO 中心设计为冉冉升起的太阳。盒子采用绿色瓦楞纸，中空双层设计，节约环保，轻便易携，抗压性强。彩色印刷覆膜，美观大方，易保存。亲近自然、原生态类型的包装，更让人有一种健康、自然的感觉。

通信地址：陕西省西安市阎良区武屯街道东段南侧
联系电话：17782816193　杨　辉
推荐单位：全国农产品包装标识评价技术西安中心（西安市农产品质量安全检验监测中心）

西安市阎良区科农瓜菜专业合作社

西安市阎良区科农瓜菜专业合作社位于"中国甜瓜之乡"阎良。2008年注册成立，是一家集甜瓜试验示范与推广、生产、服务与销售于一体的专业合作社。目前建有综合服务区6 000平方米，其中包含办公区、财务室、多功能会议室、甜瓜交易大棚、包装分拣场所、检测室等。建成日光温室大棚100余栋。合作社坚持以质量求生存，严格控制甜瓜品种选育、种植、生产管理、分拣包装、销售等各个环节的质量关，确保投放市场的每一枚甜瓜都是精品，让消费者买得放心，吃得健康。合作社主要种植模式为早春甜瓜和秋延甜瓜。合作社先后获评西安十佳农民专业合作社、陕西省科农现代农业示范园、职业农民实训基地、西安市青年创新创业孵化基地。

典范 阎良甜瓜

压缩复合板高端礼盒。以甜瓜田间风景加蓝天白云为底图，融入阎良航空城飞机、甜瓜果实、基地规模图等元素。包装在运输过程抗压不易变形，保护甜瓜品质和新鲜度。

通信地址：陕西省西安市阎良区关山街道办事处北冯村
联系电话：13772122413　张　行
推荐单位：全国农产品包装标识评价技术西安中心（西安市农产品质量安全检验监测中心）

陕西绿庭生态农业开发有限公司

陕西绿庭生态农业开发有限公司注册资本 1 000 万元，目前投入资金已超过了 1 700 万元，主要经营范围有绿色樱桃种植、白皮松种苗培育、农业科学研究和试验发展，以及农业技术开发、交流和推广等。公司具有丰富的农业项目实施经验和完善的项目管理制度，经营管理能力及技术储备情况良好。

基地占地面积约 350 亩土地。现有樱桃 180 余亩，其中樱桃温室大棚 20 亩，全部按照无公害樱桃培育技术管理，栽培无公害樱桃，主要种植红灯、早大果、艳阳、岱红、明珠、黑珍珠、美早、黄玉、水晶、萨米脱、白加黑、布鲁克斯、雷尼等品种。建有气调保鲜库 1 座，储量 20 吨。

典范 精品绿色大樱桃

采用内层吸水纸＋保鲜袋＋泡沫箱＋外层纸箱，可降低樱桃运输中的损伤。包装色调土黄色，象征着大地母亲、生命之源、农业、自然、健康、环保。设计风格上展示了年轻、雅致、有朝气。画面体现了果实的晶莹剔透、鲜美可口。外包装材料以纸质为主，可降解，可回收利用，有很好的环保性。手提箱方便拿取，发货便捷。

通信地址：陕西省西安市灞桥区水安路迷村
联系电话：17791527052　王 欣
推荐单位：全国农产品包装标识评价技术西安中心（西安市农产品质量安全检验监测中心）

西安市葡萄研究所

西安市葡萄研究所是集葡萄品种选育、技术研究、示范推广、生产营销于一体的西安地区葡萄行业规模最大的科技型企业，为市级农业龙头企业。葡萄栽培面积1 000余亩，取得绿色食品认证，获地理标志保护产品认证。葡萄栽培技术水平达到国内先进，葡萄多次结果技术水平达到国内领先，冰酒生产技术水平达到国际先进。选育的户太8号葡萄全国累计推广80余万亩，年经济效益100亿元，取得了良好的经济、社会效益，获陕西省科技进步一等奖、西安市科技进步一等奖等。

典范 葡萄

包装分为整穗箱装和单粒箱装。在包装物上标明品名、产地、生产者、生产日期等信息，方便消费者辨识。标识的内容准确、清晰、显著。绿色食品标注相应标志和发证机构。葡萄箱（盒）使用纸质包装物，外包装为瓦楞纸箱（盒），内衬为竹浆纸张、竹浆纸条或聚乙烯发泡棉（EPE）。与葡萄直接接触的内衬包装纸张、聚乙烯发泡棉不进行印刷、不涂非食品级的蜡、胶、油、漆等；外包装瓦楞纸箱印刷油墨、黏合剂不对人体和环境造成危害，并且不直接接触葡萄。

通信地址：陕西省西安市高新区草堂街办草堂寺西侧
联系电话：17392806832　　鲁百甲
推荐单位：全国农产品包装标识评价技术西安中心（西安市农产品质量安全检验监测中心）

西安盛原葡萄科技有限公司

西安盛原葡萄科技有限公司是一家专业从事葡萄新品种和新栽培技术引进、试验、示范及推广的农业科技型企业。公司在西安市灞桥区东南部的白鹿原上建设560亩葡萄标准化示范基地，通过长期葡萄栽培技术的研究，引进和推广葡萄新优品种有户太8号、理扎马特、摩尔多瓦、夏黑等30多个葡萄品种。园区2013年8月被认定为陕西省第四批省级现代农业园区，2015年园区生产的葡萄被认定为绿色食品A级产品，2016年获评陕西省著名商标。园区生产的神鹿原牌夏黑葡萄获2019年中国葡萄产业科技年会鲜食葡萄评比大赛铂金奖，户太8号、白罗莎里奥获金奖。

典范 神鹿原灞桥葡萄

包装盒主色调以白色为主，尽显清新淡雅的风格，搭配中国风水墨画葡萄，体现果实的甜美多汁。绿色的神鹿原商标展现了企业追求"安全、绿色、优质、高效"的现代农业发展方向。"灞桥葡萄"农产品地理标志提高灞桥葡萄的知名度。包装设计理念上，不过度包装，从维护水果的品质、物流方便、食用安全、消费体验出发，将传统文化、品牌形象等融入包装盒的外观设计中。

通信地址：陕西省西安市灞桥区狄寨街办南枝白村村西
联系电话：15319725169　　姚一春
推荐单位：全国农产品包装标识评价技术西安中心（西安市农产品质量安全检验监测中心）

西安首阳农业生态养殖有限公司

西安首阳农业生态养殖有限公司创建于 2009 年，位于西安市高新区九峰镇虎峰村，总面积 413 亩。主要从事关中黑猪的培育、扩繁和肉品销售等。存栏关中黑猪 3 000 头以上，年出栏可达 4 500 余头。金永丰牌关中黑猪肉在陕西地区率先通过了绿色食品认证和质量管理体系认证，在西安盒马、麦德龙、华润万家、卜蜂莲花、军区服务社等多家高端超市畅销。公司成立至今已获评国家级关中黑猪生态养殖农业综合标准化示范区、省级重点龙头企业、省级生猪标准化示范场、西安市关中黑猪新品种（系）培育单位、西安市农业科技示范园、西安市首阳现代农业园区、省级 3·15 质量诚信企业，获杨凌农高会后稷奖等。

典范 金永丰关中黑猪系列肉品

采用国际先进的气调包装，包装盒采用 PP 材质，托盒覆膜采用复合材质。内充气体为高纯度二氧化碳、氧气、氮气，按照比例进行气体置换。气调包装的冷鲜肉，不仅可以延长货架期，而且通过托盘包装和设计精美、贴有产品及公司详细信息的标贴，可以充分呈现食品的新鲜质感，提升产品的档次，增加消费者的安全感和信任感。

通信地址：陕西省西安市雁塔区长延堡街道朱雀公馆
联系电话：18202978036　杨　冲
推荐单位：全国农产品包装标识评价技术西安中心（西安市农产品质量安全检验监测中心）

西安市灞桥区于卫家庭农场

西安市灞桥区于卫家庭农场成立于2014年11月，位于狄寨街办水安路寨子村东，属个人独资企业，占地51亩，其中葡萄园区20亩、樱桃园区30亩，农场建成后为狄寨街办东部地区现代农业的发展起到带头作用。2016年家庭农场产出的葡萄荣获第二十三届杨凌农高会后稷奖；2017年先后被西安市、陕西省分别评为示范家庭农场；2017年葡萄获得了无公害农产品证书。2018年初种植樱桃30亩，全部采用立壁树形，有利于机械化操作，通风透光，商品率高，正在申请绿色食品认证中。西安市灞桥区于卫家庭农场全部实施节水灌溉，修建长廊1 200平方米、观光平台12平方米、包装车间70平方米，已搭建樱桃、葡萄避雨设施各10亩，保证了果品的商品率高，另有农药库、检验室、库房等设施。农场现有葡萄、樱桃技术人员各一人，高级职业农民一名，注册了迷鹿牌商标，各项规章制度健全，确保农产品质量安全。

典范一 灞桥樱桃

以大雁塔和灞河大桥图案代表产品的生产地，祥云代表产品具有悠久的历史，商标代表产品的唯一性，地理标志表示农产品来源于特定地域。瓦楞纸包装箱，可以重复利用，也可以回收分解，生态环保。

典范二 灞桥葡萄

以白色为底，上面有葡萄抽象画和白鹿原标志，表示灞桥葡萄主产地为白鹿原。包装简洁大方，瓦楞纸包装箱可以重复利用，也可以回收分解，生态环保。

通信地址：陕西省西安市灞桥区狄寨街办迷鹿村三组
联系电话：13359218538　　于 卫
推荐单位：全国农产品包装标识评价技术西安中心（西安市农产品质量安全检验监测中心）

陕西致和生态园林观光有限公司

陕西致和生态园林观光有限公司坐落于西安市以东约20千米的白鹿塬上。公司成立于2012年5月，注册资金1 000万元，以打造现代农业生产、生态观光为主旨，在西安白鹿塬现代农业管委会的统一规划下，按照规模化种植、标准化生产、品牌化销售、产业化经营的要求，以连栋大棚温室生产果蔬、育种育苗为基础，形成了集生态观光、生产与销售为一体的农业科技生产示范园，成为西安市现代农业产业化的龙头企业。

公司与西北农林科技大学、西安市农业技术推广中心、西安市林业技术推广中心等教学、科研、技术推广单位在技术方面开展广泛合作。公司引进日本、新加坡、韩国的先进技术与管理理念，实施品牌战略。公司采取基地十农户十市场的运作模式，辐射带动周边农户走集约化、规模化、标准化的发展道路，带动区域经济发展。目前生产的圣女果、黄秋葵被认证为无公害农产品，樱桃、草莓等被认证为绿色食品A级产品。

典范 樱桃

此款手提盒简洁简约，在保证美观的同时，考虑到准确、快速、批量生产，有利于快速加工、成型、装货和封口。针对消费群体选择合适的包装材料，力求形式和内容的统一。在应用上考虑到储存、运输、销售、携带和使用的安全保护措施。

标识"灞荷"意指灞上荷花，玉洁冰清，寓意所出产的农产品纯天然、无污染，包装简洁大方，充满童趣。

通信地址：陕西省西安市灞桥区狄寨街道办夏塘路中段
联系电话：13309248459　　魏 浮
推荐单位：全国农产品包装标识评价技术西安中心（西安市农产品质量安全检验监测中心）

金华一枝秀米业有限公司

金华一枝秀米业有限公司是国家重点粮食产业化龙头企业,也是浙江省农业科技企业和浙江省农业龙头企业,是"企业+基地+农户+科技"模式的有机加工企业。公司成立于2003年6月,注册资金为1 000万元,注册地在浙江省金华市婺城区蒋堂镇。公司在婺城区蒋堂镇和金华经济技术开发区汤溪镇各建有厂房1座,先进大米生产加工线路各1条,年加工稻谷能力10万多吨。在婺城区建有绿色优质稻米生产基地,在吉林省通化市建有有机、绿色稻米种植基地。

公司主要承担企业所属优质稻米生产基地的产品种植、收购、储藏、加工、销售。2002年至今,基地、加工厂已连续多年通过COFCC和OFDC有机认证,是浙江省首家通过国家有机米加工认证的生产厂家。

公司是国家、省、市粮食行业协会会员单位,省、市粮食行业协会理事单位,获"首届进农村、进社区示范加工企业"称号。产品获评中国好大米、中国粮食行业协会放心米。公司还是金华市粮食局粮食应急代加工单位,承担国家应急加工任务和部分军粮供应。公司粮源主要来自基地种植、农户收购、外省采购和国家粮食拍卖,以服务当地粮农为主。

典范一 一枝秀有机米

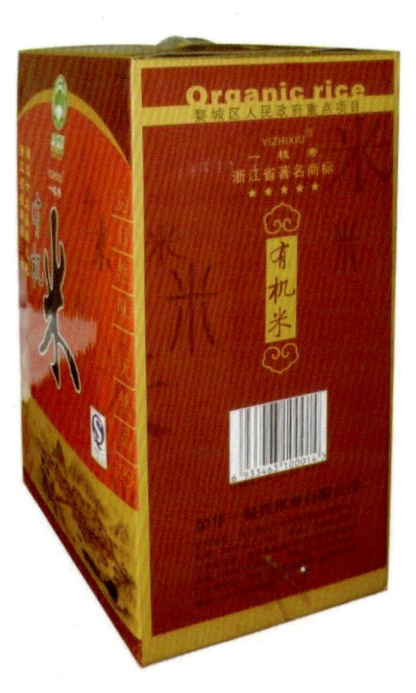

将清代"金华府"古城图作为产品主图,充分展现出金华的历史面貌,将古韵金华以水墨画的形式描绘出来。行书字体"有机米"的设计,不仅在意境上与主图相融合,更将金华的历史文化与一枝秀牌有机大米进行结合。"有机"二字阐明了产品使用有机种植方式,不使用化学合成的化肥农药,不使用转基因技术。产品包装采用了中国红作为背景色,红底黑字,在给人以强烈视觉冲击的同时,突出了大米主体。另外,采用了山楂红、土黄等传统色调,与产品主图相互映衬。

通信地址:浙江省金华市金华开发区经发街1510号
联系电话:15356989627   丰 盈
推荐单位:农业农村部稻米及制品质量监督检验测试中心

典范二　一枝秀生态软香米

将若隐若现、延绵不绝的九峰山与蜿蜒逶迤、层层叠叠的梯田风光作为主图。用类似白描的手法勾勒出白鹭在天上自由飞翔的景象，不仅将金华地区清新秀丽的风景展现出来，更表达出稻米种植环境是一个人与自然和谐共处的美好生态环境。在细节方面，九峰山主山轮廓采用可视化设计，让消费者可以清楚地看见商品内容并做出判断。在色彩的选择上，采用秋季丰收时节的金黄色系进行渲染，由浅入深，层层递进。无过度渲染，保持整体清新，更加突显出水稻丰收的喜悦。

典范三　一枝秀有机大米

以绿色为主基调，整个图案设计以呈现种植基地的良好生态环境为理念。用青山稻田、土房、飞禽作为意象，代表着大自然、人、动物，体现一幅这样的场景：阳光普照，农民在田间耕作，偶然抬头看到天空中一群大雁飞过，不远处的白鹭正在愉快地玩耍。这幅画不仅描绘出稻米种植的环境优良，也寓意着产品天然、安全、健康等特点。包装以白色为底色，给人一种干净、清爽、简约的感觉，也衬托出主图案的自然与美。

毕节市家乡美农业综合开发有限公司

毕节市家乡美农业综合开发有限责任公司成立于 2007 年 9 月，位于毕节市七星关区朱昌镇。公司一直坚持以"科学化、标准化"为核心，建设一流的生产基地及农产品加工厂，充分发挥基地的示范等带头作用，鼓励和吸引周边群众和社会各界参与特色农业综合开发建设，为全区农业产业的发展作出了突出贡献。公司始终坚持在"政府指导、农户参与、公司投资经营"的模式下，走现代农业、科技农业的发展道路，促进农民增收、企业增效，努力推动当地农业产业化不断向前发展。

典范一　精装天麻粉

采用内外组合的包装设计。外包装是红色菱形方盒，彰显喜庆国风范。外包装上的字为著名书法艺术家杨军书写。"和和美美"寓意家乡美以和为贵，对家乡赋予美好的愿景，彰显公司品牌寓意和发展愿景；"积德储福"

将传统文化"厚德载物"的理念通过该产品的包装盒传递出来；盒盖上的福字更是赋予了此包装盒更深的文化内涵；盒底一圈祥云图案，寓意着公司对祖国的美好祝愿。内盒为陶瓷罐，设计精美优雅，让中国瓷器与农产品完美结合。

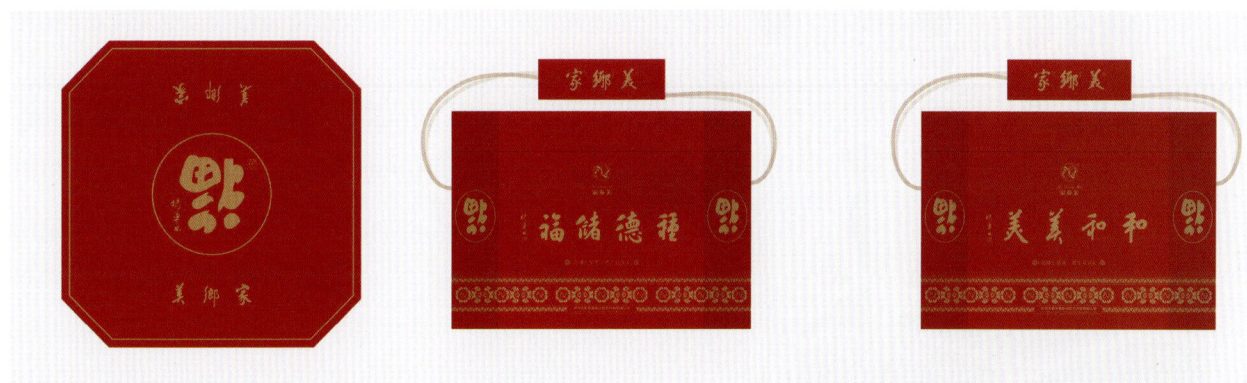

通信地址：贵州省毕节市七星关区市委党校内
联系电话：15685758978　　胡　祥
推荐单位：农业农村部稻米及制品质量监督检验测试中心

典范二　家乡美蜂蜜核桃仁

极具贵州民族风，体现了多彩贵州的缤纷斑斓，整个色调以暖色为主，寓意着金秋时节的丰收。图案解读：人物——明朝时期贵州宣慰府执政者奢香夫人；两片绿叶——一片代表纳雍县高山有机茶，另一片代表金沙县清池贡茶；鱼——威宁县也称阳光之城，拥有高山最大的淡水湖泊草海，盛产鱼虾；银杏叶——大方县雨冲村千年古银杏树；杜鹃花——野生一百里杜鹃花林被誉为世界花园、地球彩带；织金洞——织金县喀斯特地貌溶洞博物馆被称为亚洲最美洞穴；核桃果仁——赫章核桃地理标志农产品，赫章是可乐文化遗址发现地；太阳花——黔西县观音洞遗址在考古界的地位有"北有周口店，南有观音洞"之评，2021年习近平总书记在黔西县化屋基村宣布

脱贫攻坚战取得全面胜利；同心阁——七星关区位于毕节市辖区，是毕节市经济、文化、政治及交通物流中心，中央各民主党派帮助毕节市从试验区建设成示范区，同心、同德、同向、同行。整个包装画面感清晰，囊括了地方文化、人文典故、风景名胜区，让外来的游客对此商品产生浓厚的兴趣。

典范三　家乡美毕节酸菜

包装以绿色为主，整个图案设计以呈现种植基地及生产环境的良好生态为理念。用原野、河流、坛子作为意象，代表着大自然、人和谐共生，给人一种天然、安全、健康的视觉效果。包装以白色为底色，更加突出整个画面清爽，衬托出自然之美。包装材质使用PA油包MPE，体现出贵州无盐酸菜以毕节酸菜为代表的传统工艺，消费者看到包装，就能自然而然地联想到公司所生产的酸菜无任何化学添加及防腐剂使用，整个生产过程均为无菌操作。

湖南瑶珍粮油有限公司

湖南瑶珍粮油有限公司位于永州市江华瑶族自治县，成立于2009年，是一家集有机、绿色、优质水稻种植、粮食精深加工，品牌运营于一体，实施"从田间到餐桌"稻米全产业链的省级标杆龙头企业。公司立足湘江源头优质的生态环境，创建稻米原料基地，现建成优质水稻基地近10万亩，辐射农业人口约8万人。公司建成湖南省首个集稻谷烘干、仓储、加工、打包于一体的全智能化生产线，优质稻米年生产加工能力达8万吨。2021年，湖南瑶珍粮油有限公司成为全国绿色食品稻米行业新标准起草单位之一，在粮食安全保障与行业标准方面具有标杆意义。

如今公司已是湖南省农业产业化龙头企业、国家高新技术企业、全国放心粮油示范工程示范加工企业、湖南省粮食安全宣传教育基地、湖南省调节储备粮承储企业、湖南省疫情应急粮油加工企业、湖南省智能制造示范企业、湖南省工业质量标杆、湖南省工业互联网平台示范项目、湖南省小巨人企业、湖南省工业品牌培育示范企业、湖南省"千企帮千村"突出贡献企业、湖南农业优势特色千亿产业标杆龙头企业、湖南省发展非公有制经济和中小企业先进单位。

典范一 礼盒产品

高端系列产品，定位为平常生活中人们表达敬意或祝贺之情而随之馈赠的物品，因此在设计上以大面积的白色或者红色作为底色，构建起干净的整体视觉，在底色之上在搭配独特的瑶珍品牌超级符号"珍"字插图，配以白鹭、湘江之源、大瑶山、民族等元素，突出产品"和山水共生，与自然共鸣"的概念，为产品带来丰富的意象，形成强大的品牌吸引力。

通信地址：湖南省永州市江华瑶族自治县沱江镇江华经济开发区瑶都大道北段贵德路2号
联系电话：13787672908　　彭斯斯
推荐单位：农业农村部稻米及制品质量监督检验测试中心

典范二 生态珍香米系列

把山清水秀的种植环境与瑰丽壮阔的梯田场景以插画的形式融入品牌超级符号"珍"字当中，进一步突显了稻米绿色、安全、生态、天然的品质。通过原稻、冷泉、野山、溪谷等种植环境与品种的不同，划分产品名称。在色彩的选择上，以生态自然之色与深蓝撞色为背景，通过充满特色瑶族文化的云纹区隔开来，彰显民族特征，让包装具有全新的视觉形象和文化冲击。

典范三 动物珍香米系列

通过包装中心的"珍"符号插画，将白鹭、稻鸭、青蛙等动物元素融入风景秀丽、青山碧水的锦绣画卷中，不仅呈现了大米种植的自然共生生态圈，还寓意着产品的天然、健康、安全等特点。精致、简约、特点突出的包装设计风格配合哑光色系为主基调的色彩，赏心悦目，配合大米真空包装产生的颗粒凹凸感进一步增加视觉美感。

罗定市丰智酒业有限公司

罗定市丰智酒业有限公司公司创建于 2013 年，由 L&W 控股有限公司（澳门）投资全资控股，是一家专业从事酿酒、销售的企业。公司位于罗定市泗纶镇沙底村，居于海拔 700 米高的白马山系脚下，占地 30 亩。这里群山环抱，远离闹市，竹木繁茂，泉水叮咚，气候温润，四季微风，乡土肥美，生物万种，特别适合微生物的聚集、生长和繁殖。其独特的自然地理环境具有酿造白酒得天独厚的自然条件，是酿造美酒琼浆的极佳选址。2019 年公司参与罗定市丝苗米产业园建设，新购进稻谷副产品深加工设备，扩大生产规模，提高产品的技术含量和企业的经济效益，带动产业的发展。

典范一 52%vol 定台玉液珍藏版

包装选材及设计理念是简约主义风格在现代包装设计中的运用。本设计酒瓶为陶瓷质，酒瓶造型为仙女献琼浆玉液，瓶身为鲜艳明亮的浅绿色。优雅的仙女酒瓶包装设计既与有机产品相匹配，又有简而不俗、华而不彰的效果。防止过度包装，遵循节俭和自然环保理念，突出有机产品的品质。

典范二 53%vol 定台玉液窖藏版

包装选材及设计理念是简约主义风格在现代包装设计中的运用。本设计酒瓶为陶瓷质，瓶身底色为浅粉色，酒瓶形状为大肚细腰身，十分可爱。

瓶身上是以罗定山水景色为背景的彩绘，画面上有文塔、长岗坡渡槽等当地名胜，还有景色秀丽的金银湖和丰智公司于 2015 年修建的科研中心，是收藏珍品。

通信地址：广东省云浮市罗定市沿江一路 46 号
联系电话：18023396776　李金玲
推荐单位：农业农村部稻米及制品质量监督检验测试中心

芒市遮放贡米有限责任公司

芒市遮放贡米有限责任公司成立于2004年，按照"公司+基地+科技+农户+合作社"的经营模式，从事优质水稻遮放贡米的科研、种植、加工、销售和副产物的深度开发利用，年产值达亿元。拥有2 000亩有机食品基地、5万亩绿色食品基地、20万亩地理标志产品保护区。建有日加工能力100吨的精米加工生产线2条，年产1 000吨白酒生产线1条，年出栏万头生猪养殖场2个，初步形成了农工贸一体化、种养加一条龙、工业与农业互补互促的循环经济产业链。围绕有机、绿色、生态、食品安全理念不断挖掘"谷魂文化"，全力打造遮放贡米产业。公司经营的遮放贡牌遮放贡米产品获评中国十大大米公共区域品牌、中国十大好吃米饭、云南六大名米、云南名牌农产品等。企业已成为国家级农业产业化经营重点龙头企业、中国绿色食品加工示范企业、中国最美绿色食品生产企业、国家有机食品生产基地。

典范一 遮放贡米古老品种——毫秕

遮放贡米"毫秕"为古老名特稀优物种资源，平均株高2.4米左右，最高株高可达2.8米，被世界纪录协会认定为"世界上株高最高的水稻"。包装外观采用实木雕花制作，点缀稻种谷粒实图，标注"珍奇稻米，谷米之魂"，内用两个形似米粒的精制陶罐装1千克珍稀稻米，彰显昔日贡品的尊贵。

典范二 遮放贡米有机米

有机认证的遮放贡米有机米在遮放贡米原产地核心基地允午种植，基地四面环山，山清水秀，泉水四溢。礼盒包装由八角纸板组合，绿色为底，充分展现基地的生态环境和美丽风光，并融入当地民族文化元素。

典范三 遮放贡米

绿色食品认证的遮放贡米，具有十里不同味的特性。包装采用黄绿主色调，黄色彰显贡品本色，绿色表示遮放贡米独特优美的生态环境。图案利用基地实景照片、傣族塔林等彰显遮放贡米"昔日皇家御宴珍品，今朝百姓餐桌佳肴"的尊贵。醒目的"中国十大好吃米饭"告诉消费者可以放心购买。

通信地址：云南省芒市金孔雀大街48号
联系电话：13987022379　孙全礼
推荐单位：农业农村部稻米及制品质量监督检验测试中心

贵州昊禹米业农产品开发有限公司

贵州昊禹米业农产品开发有限公司成立于 2007 年，占地面积 25 亩，建筑面积 8 200 平方米，注册资金 1 000 万元，总投资 6 000 万元，主要从事大米的生产和经营。公司现有绿色水稻种植基地 1 066 亩、订单基地 2.5 万亩，本着"为耕者谋利、为食者造福"的经营宗旨，全力打造"两品一标"农产品。公司开发生产的昊禹牌平坝香米、竹叶香红米获得了绿色食品认证，"昊禹"鸭稻米等 9 个系列大米是"平坝大米"地理标志产品，拥有良好的市场和忠实的消费群体。经过多年的发展，公司已成长为全国放心粮油生产示范企业、贵州省民族团结创建活动示范企业、贵州省重点扶贫龙头企业、省级重合同守信用企业、贵州省 20 家重点粮食生产企业、贵州省农业产业化重点龙头企业，获无公害农产品产地及产品认定证书、绿色水稻生产基地认证、绿色食品认证、ISO 9001 国际质量体系认证，获评贵州省名牌产品、贵州省行业十大品牌、贵州省著名商标、全国 AAA 级质量信誉跟踪产品，贵州省第四届"农行杯"农村创业创新创意大赛一等奖等。

典范一 "昊禹"鸭稻香米

包装色以红色为主调，配以栩栩如生的金色稻鱼图案及浓墨重彩的楷书"稻鱼香米"和中国结，产品外观方正、内饰明亮，表达了人们对生活的敬重及对美好生活的向往。

典范二 "昊禹"御贡米

外包装上表现传统农耕场景的图案，紧扣了"谁知盘中餐，粒粒皆辛苦"的主题，彰显每一粒米都来之不易的浓厚情感，同时也在向消费者传达"厉行节约、杜绝浪费"的理念。

典范三 "昊禹"稻花鱼

外包装袋全部采用食品级尼龙复 PE 塑料袋膜，通过食品包装安全认证，具有高强度、高韧性，有着优异的热粘及低温热封性、良好的延展性。包装美观、简洁、大方，在包装充氧后自然封闭，成鱼可在袋内存活 24 小时，既方便提高稻花鱼的辨识度，也便于较远距离的物流运输。

通信地址：贵州省安顺市平坝区白云镇元何村 88 号
联系电话：13765368559　　唐友国
推荐单位：农业农村部稻米及制品质量监督检验测试中心

福慧达股份有限公司

福慧达股份有限公司（证券代码：833532）成立于1998年，是一家专业从事供应链管理和服务的企业，是农业产业化国家重点龙头企业。20多年来，致力于果蔬的基地种植、产后商品化处理、储藏保鲜、品牌建设、城市配送、进出口贸易流通等供应链服务和管理服务。

企业以"福慧达"作为专业果蔬供应链管理服务品牌，拥有产品品牌"新乐仕"（系福建省著名商标、厦门市著名商标）与"珠蒂"、销售终端品牌"美啵果"等。企业积极推行规范化管理、品牌化经营，将新乐仕品牌打造成为国内外消费者认可、放心、安全的品牌。新乐仕新鲜水果涵盖多个品项，有新乐仕苹果、芦柑、橘子、红提、蜜柚、脐橙、梨子、香蕉等60多个水果品种，多年柑橘、葡萄出口位列全国果品行业第一，产品远销加拿大、美国、俄罗斯、荷兰、印度尼西亚、泰国、马来西亚、新加坡、菲律宾等30多个国家和地区，在国内北京、上海、深圳、广州、沈阳等各大中城市果蔬批发市场和各大商超都有配送，在部分城市也有团购等配送。

目前，企业自有及合作的生产基地近30 000公顷。企业在福建同安、广西桂林、湖南常德、福建平和等地投建了多家供应链服务中心，旗下拥有20多家全资及控股子公司，打造果蔬从种植、加工到冷藏、配送、销售的全过程供应链管理服务体系，实现从产地到零售终端、从田园到餐桌的一体化服务。

典范一 蜜柑

柑橘类水果主要出口印度尼西亚等东南亚国家和地区，那里华侨华人聚居较多，他们对食用柑橘水果情有独钟。在包装设计上，以企业标准色调福慧达的橘红色和金色为主，同时加上企业充满冲击力和动感的新乐仕品牌商标LOGO，既增加了果品的圆润饱满和新鲜感，也对企业品牌进行了宣传，也寓意喜庆和吉祥，让人们在食用的同时可以寄托和释解思国思家的情绪。

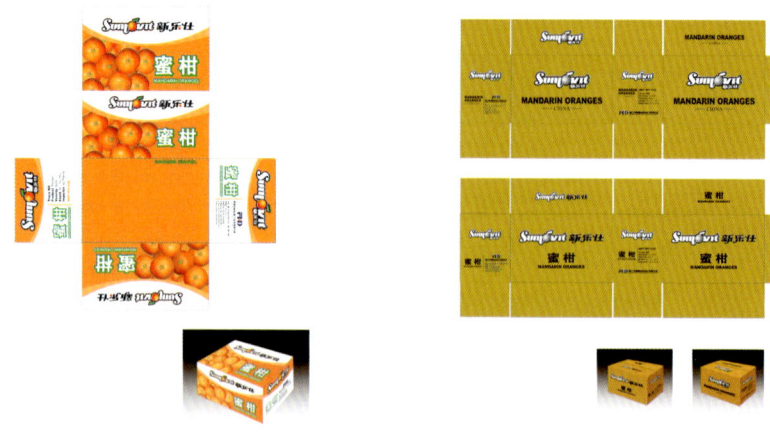

通信地址：福建省厦门市思明区嘉禾路321号汇腾大厦20楼
联系电话：13959247596　　农雄雁
推荐单位：中国果品流通协会

典范二 苹果

　　此苹果系列包装主要以礼盒为主，均为手提。苹果作为礼品，既得体大方又蕴含祝愿平安健康之意。

　　在设计此系列礼盒时，以企业标准色调红色、青色和银色为主，颜色搭配和谐，精美大方又显高档珍贵。方便消费者的手提即走的功能设计，加上企业灵动的新乐仕品牌商标LOGO，达到企业品牌宣传效果。

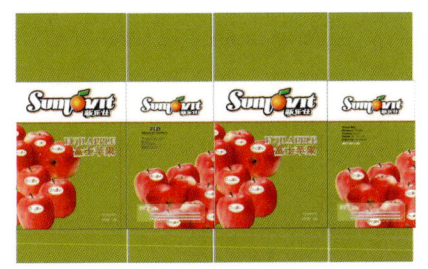

典范三 葡萄

　　此包装针对福建福安产地的葡萄设计。福安葡萄是福建宁德的著名特产。在色彩的应用上，结合企业的标准色调和葡萄色泽特性，应用青色、白色和深紫色，加上企业酱果类品牌商标"珠蒂"的LOGO，加深及突出品牌视觉效果，充分体现葡萄的新鲜程度。"福地生产 安心享用"和"珠蒂葡萄，忘不了你的香醇甜美"告诉消费者，企业在福安生产的珠蒂品牌葡萄，采用良好农业规范、无公害生产技术、病虫害绿色防控等栽培生产，既安全又美味，可以放心享用。

广州市展卉贸易有限公司

广州市展卉贸易有限公司已在国内外 16 个城市建立了分公司，在全球设有 100 多个鲜果基地，并斥资数千万在泰国建立了独资经营的椰子原生态系列生产基地，原产地全球直运，这也是目前泰国唯一使用机械进行椰子加工的工厂。公司还携手专业研发团队开发独立水果品牌，致力挖掘和打造国内外特色水果品牌，充分运用自身产业链优势，全线营销覆盖，创建特色水果产业链。

典范一 小黄鸭椰青

外包装用了小黄鸭头像和大片的醒目黄色，让人过目不忘，印象深刻。黄色的设计给人轻盈、灿烂、辉煌、充满希望的感觉。内包装是用热塑膜加上保鲜膜包裹整个椰子，防止水分流失，保证能让消费者喝上新鲜的椰汁。内包装的主色调是蓝色，寓意着晴朗的天空和纯净的水，代表椰汁的新鲜健康。

典范二 陶山甘蔗

本产品包装设计灵感来自白鹭在甘蔗林欢快嬉戏玩耍的画面，这画面只有良好的生态环境才会有，象征着人类与自然和谐相处，生机勃勃。白鹭是长寿、幸福的象征。白鹭向上奋力振翅，寓意着进取、努力和飞跃。包装用了大量的甘蔗设计元素，贴合产品。颜色以绿色为主，表达产品绿色健康、环保自然、新鲜有活力。手提箱方便携带，可循环利用，符合绿色环保、低碳生活的主题。

通信地址：广东省广州市白云区松洲街道增槎路江南市场商务 C 区 22 号
联系电话：13622884114　　龙朝军
推荐单位：中国果品流通协会

广西寻味鲜生态农业科技发展有限公司

广西寻味鲜生态农业科技发展有限公司成立于 2017 年 10 月，注册资本 1 000 万元。寻味鲜农业公司是百色市芒果产业重要企业、百色市芒果协会副会长单位、百色市电子商务协会会员单位，拥有农业部农产品质量安全中心审定无公害芒果 25 080 吨，拥有广西农业厅认定的广西种植业无公害农产品产地 418 亩，产品获准使用农产品地理标志公共标识，被国家质量监督检验检疫总局批准使用地理标志保护产品专用标志，业务覆盖广西、广东、湖南、重庆、四川、山西、浙江、上海等地，是一家集水果种植、销售、农资供应、金融服务、农业科技研发、产业扶贫开发为一体的大型农业科技公司。

典范一 寻味鲜壮乡铜鼓桂七芒果

包装方式为天地盖。整体色调为壮族服饰蓝色主色调，包装正面为壮族少女身穿壮族服饰采摘芒果的画面，配以巨大的壮乡铜鼓，品牌辨识度非常鲜明。寻味鲜品牌 LOGO 处于左上方位置，加深产品品牌印象。礼盒周边运用了类似壮族壮锦风格的花纹。整体设计体现提倡绿色环保、生态健康的生产经营理念。

通信地址：广西壮族自治区百色市右江区龙景东路春天茗城 11 栋
联系电话：18778695378　　　李亮山
推荐单位：中国果品流通协会

典范二 寻味鲜简约壮乡风百色芒果

包装方式为天地盖。以蓝色壮族服饰风格为主来完成此款包装的设计，主画面由山川、梯田、壮乡少女、背篓、芒果等具有壮乡风的元素构成，配图优雅、内敛。蓝色和绿色搭配，具有亲和力，且不失档次感。

典范三 寻味鲜沃柑

包装方式为天地盖。"沃的世界，因你而精彩"，生动形象的宣传口号符合当下大多人展现个性风格的需要，大红色正好符合过年过节期间红红火火的氛围，能加深消费者品牌印象。整体版面简单大气、简单易记。树枝上沉甸甸的柑橘，也体现了产品属性。包装颜色大胆使用大红色与柑黄色的撞色，具有视觉冲击力。正面使用沃柑的卡通图来展示产品鲜艳的色泽、令人垂涎欲滴的果汁、饱满的果肉，激发消费者的购买欲。

海南果能农业技术开发有限公司

海南果能农业技术开发有限公司是集种植销售为一体的农产品公司，成立于 2017 年，注重品质和品牌理念，已注册豆奶凤梨、豆汁凤梨、熊钻牌凤梨、凤梨熊小宝几个品牌。豆奶凤梨品牌 2020 年被澄迈县当地政府评为"6+2 品牌"称号；凤梨熊品牌因产品品质优秀、品牌差异化特征突出，近两年在国内市场快速形成品牌效应，行业关注度及销售量双增长，具有一定的市场知名度，当选 2020 年新锐果品品牌。

典范一 凤梨熊小宝豆奶凤梨

红色金品包装箱，使用凤梨熊小宝商标，外观主色调红色，和金色 LOGO 相结合，带来热带水果的火热气息也展现出豆奶凤梨种植者的满腔热忱和对品质的执着，希望产品为消费者的红火日子锦上添花。融入凤梨图案元素，提升消费者对产品的辨识度。

使用天地盖纸箱包装，材料坚硬，不易折损。环保无污染，可回收再利用。每一个豆奶凤梨都由网套固定分隔开来，保证有足够的空间及稳定性，最大限度地保证了产品在运输过程中不被磕碰挤压，适用于线上及社区电商等销售渠道。

通信地址：海南省澄迈县大丰镇华东路 251 号豆奶凤梨包装厂
联系电话：13071895218   熊 怀
推荐单位：中国果品流通协会

典范二 熊钻牌豆奶凤梨

蓝色金品包装箱，使用熊钻牌商标，包装设计为蓝色高箱和金色LOGO，主打"创始人本人Q版图像"的品牌LOGO。产品盒有产品追溯码——通过扫描二维码，可以让消费者了解产品的种植、生产、加工全过程。全景展示产品加工厂内景并播放公司接受央视致富经和海南乡村振兴电视频道采访的视频。

此设计基于现代商超的需求，高箱内配中间牛皮纸隔板设计。包装采用全视角呈现，方便各大商超的门店摆台和节省成本的需求，通过美观、人性化的包装设计让消费者对农产品更有兴趣、更有购买欲望。这样包装设计做到既能有效保护豆奶凤梨品质、减少豆奶凤梨的损耗，又便于豆奶凤梨运输、提升豆奶凤梨仓储率，还便于消费者甄选等，主要对接各大连锁商超渠道。

典范三 阳光熊牌豆奶凤梨

橙黄色金品包装箱，使用阳光熊商标。豆奶凤梨果外观黄和果肉为黄色，故包装设计主题也为黄色。侧面印有二维码，扫描进入公众号可了解豆奶凤梨全部种植过程。采用扁箱纸箱+牛皮纸隔板+网套包装结构。外包装采用双层瓦楞牛皮纸箱（BE）材质，按GB/T 6543—2008标准生产，符合环保原则。内包装为可拉伸珍珠棉网套，拉伸结构用料少，缓冲性能强，符合包装轻量化原则。在运输过程中有效保护豆奶凤梨避免磕碰伤，方便转运。成本优势较大，主要供应果品批发市场商户销售渠道。

丹东市果品行业协会

丹东市果品行业协会是由丹东地区从事水果种植、销售相关的专业人士、业界企业家代表自愿参加组成的，是具有独立法人资格的非营利性社会组织学会，成立于2010年，有33个单位会员、240位个人会员。丹东市果品行业协会以农业绿色发展理念为指导思想，以推动丹东地区果品行业的健康发展为中心，在政府主管部门的领导和支持下推进果品行业规范发展和创新管理水平，培育品牌企业，加强果品种植、果品销售、包装设计、物流配送、加工等行业间、企业间的交流与合作，服务于农户和企业，服务于社会，为果农、企业与政府之间架起一条沟通的桥梁和纽带，促进果品行业做强做大、又好又快地持续健康发展。

典范一 丹东红颜草莓

本产品包装设计灵感来自中国年画，设计风格简洁明了，醒目的"莓"字直扣主题。在福娃娃的造型上加入草莓服饰图案，既贴合主题又增添趣味性。可爱的淡粉色系与开箱后果实本身的颜色形成饱和度递进关系。箱体侧面的标语"你今天可爱莓？"与开箱后首先映入眼帘的垫纸上的标语"有莓才可爱"形成问答模式，增强互动性和趣味性。

典范二 丹东艳红桃

本产品包装设计灵感来自中国年画，设计风格简洁明了，醒目的"桃"字直扣主题。在福娃娃的造型上加入桃子服饰图案，既贴合主题又增添趣味性。柔和的棕色系与开箱后果实本身的颜色形成饱和度递进关系。随箱卡片则点明此桃"百里挑一"的属性，"弼桃"——来自孙悟空看守蟠桃园的神话故事，并附李白《庭前晚花开》诗一首，从文学的角度上再次加深产品文化内涵。

通信地址：辽宁省丹东市振兴区胜利街797号
联系电话：15841581111　宋大勇
推荐单位：中国果品流通协会

山东悦多果业有限公司

山东悦多果业有限公司是集种植、种苗、仓储、分选包装、品牌销售于一体的现代化农业全产业链企业。自 2016 年成立以来，公司一直以打造中国苹果行业领军品牌为目标，累计持续投入人民币 1.6 亿元，到目前为止，悦多拥有自有标准化种植园 2 300 亩、全自动包装分选车间 6 000 平方米、国际标准气调保鲜库 1.2 万吨，并且从以色列引入了水肥一体化的滴灌设备，从法国引入了 Maf Roda 全自动苹果智能分选设备，从美国引入了 smartfresh 保鲜技术。公司主营悦多品牌有机苹果，具有独立的进出口经营权，2020 年被中国果品流通协会评为中国新锐果品品牌。公司创建的雀斑美人品牌，荣获中国农产品百强标志性品牌、中国新零售最佳品牌等诸多荣誉。公司被评为省级农业标准化生产基地、苹果生态种植示范基地。公司先后获评粤港澳大湾区菜篮子生产基地、齐鲁放心果品品牌，产品取得了中国有机食品认证、中国绿色食品认证、良好农业 GAP 认证以及出口产品备案等一系列资质。

典范一 雀斑美人

"雀斑美人"包装标识通过色彩、质感的表现和艺术的刻画达到产品的真实效果，让人一眼就能记住。治愈系的小清新设计，让人感觉很温暖。

典范二 风霜蜜

"风霜蜜"包装标识通过色彩、质感的表现和艺术的刻画达到产品的真实效果，体现了产品"历风霜、自然熟、天然蜜"的产品特征。包装上红彤彤的果实也侧面刻画了阳光富士产品的特点。

典范三 悦多苹果

"悦多苹果"包装标识的主题造型采用了直观具象的苹果符号，采用了圆润端正易识别的字体，整体采用象征着生命与健康的绿色和高贵富有内涵的金色，使此款包装很容易让人记住。

通信地址：山东省威海市荣成市成山大道中段 116 号
联系电话：18606306030　宋 楠
推荐单位：中国果品流通协会

烟台市博士达有机果品专业合作社

烟台市博士达有机果品专业合作社于2010年正式成立，2012年2月登记注册，登记注册成员21人。合作社主要经营范围：组织收购、销售成员种植的果品；为社员提供有机果品生产新技术与应用；有机果品的种植、初加工；苗木培育与推广；农业生产经营有关的技术信息服务。

合作社申报注册了BSD有机苹果商标，取得有机产品认证证书、国家级星火计划项目证书，通过ISO 9001质量管理体系认证，获评山东省林业产业龙头企业、山东省精品采摘园、山东省农业旅游示范点、山东省十佳观光果园、山东省著名商标、"到山东最想买的100种特色旅游商品"等。

 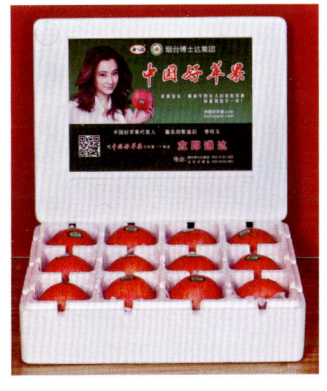

典范一 中国好苹果

采用聚苯乙烯硬质泡沫塑料箱包装，无纺布手提袋，对苹果进行分级包装。手提袋外包装及内包装显眼位置印有产品名称、生产企业、商标、宣传标语以及代言人照片等相关信息，产品单个包装张贴有机产品标签，方便消费者查询。手提袋使产品的携带更为便捷。

典范二 苹安果

包装采用天地盖设计，材质为单层瓦楞纸，上下两层为珍珠棉垫板，单个果实使用珍珠棉卡格相间，方便回收。包装图案设计简洁大方，商标、企业标识、产品标识均清晰可见。珍珠棉能够保护商品，减少运输过程中产生碰撞伤、挤压伤的情况。

典范三 至尊苹安果

包装采用天地盖设计，材质为灰板，上下两层为珍珠棉垫板，单个果实使用珍珠棉卡格相间，方便回收。该产品为高端产品，选用90#~95#规格一级鲜果包装，突出了果实的商品性。采用栖霞苹果为原料，突出产地特性。

通信地址：山东省烟台市栖霞市观里镇乔家村
联系电话：18053588888　　张　平
推荐单位：中国果品流通协会

源头熟了（山东）农业开发有限公司

源头熟了（山东）农业开发有限公司是一家专注于高品质农产品开发运营服务平台。公司以"品控基地＋品控仓＋服务平台"模式，专注于为社区团购、中小电商、直播平台等渠道提供高品质农产品一件代发、基地直发供应，同时为农产品基地和区域提供从包装设计到产品形象打造到品牌培育及营销系统化服务。公司旗下拥有有印系列、有源系列两大品牌，在山东、陕西、山西、四川、云南、福建等地拥有 10 多家深度合作联合品牌产品直供基地，目前已有 60 多家产品分销合作渠道。

典范一 贝贝南瓜

包装为三层天地盖油印盒形，外套水印保护套，不覆膜，起到环保可回收的作用，并在瓦楞纸生产环节加入常温保鲜技术，在运输环节既避免南瓜物流过程中受损，又起到保鲜作用。

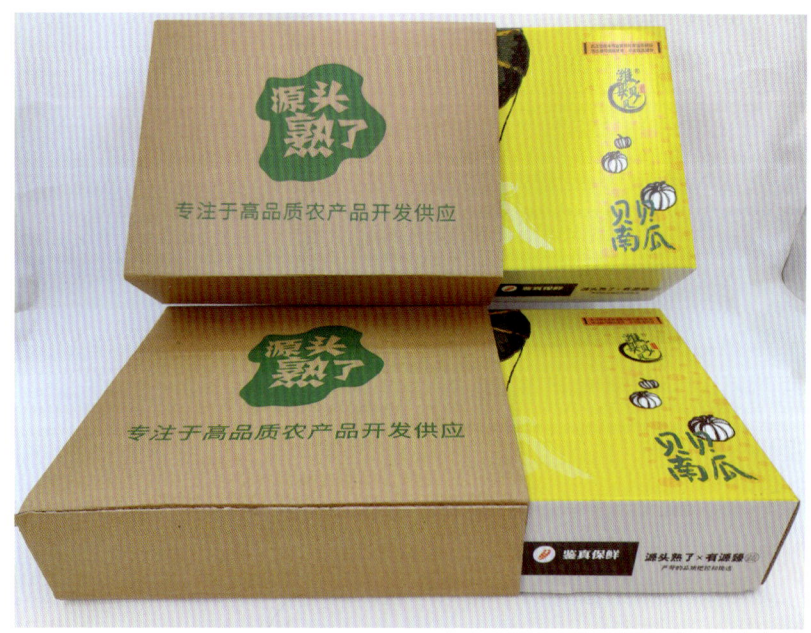

通信地址：山东省寿光市东城区万华财富中心 9 层 907
联系电话：15120042247　王富增
推荐单位：中国果品流通协会

应用篇 / 335

典范二　有源臻果新梨七号

源头熟了常温保鲜纸运箱，采用五层飞机盒样式，内置十字格挡，增加箱体的抗压抗摔性，便于电商及长途运输。在生产工艺上，加入了常温物理保鲜材料，有效防止梨水分过快流失、防止箱体霉菌等菌类滋生，对梨色、香、味、营养的保持起到重要作用。在设计风格上，体现简洁美观，从外到内，给消费者一种干净大气的感觉，透过包装就能感觉到产品的味道。

典范三　有源臻果有机猕猴桃

包装箱采用三层飞机盒+12、24枚珍珠棉以及连体格挡箱体，分为家庭精品、礼盒精品、普通混装3类，让不同消费群体都可吃到美味有机猕猴桃。在包装生产工艺上，采用常温保鲜技术，让消费者能够很快吃到完熟有机猕猴桃。在设计风格上，采用简约牛皮纸样式符合新型消费群体审美标准，小刺猬依然意味着公司对产品选择的挑剔和严苛，从外到内展现出产品的时尚个性。

眉山市佳淳农业发展有限公司

四川省眉山市佳淳农业发展有限公司成立于 2018 年，注册资本 500 万元，资产总额 1 500 万元左右。公司是一家集水果种植管理、产地收购、产地预冷、仓储、预选分级、加工包装、市场批发、销售、冷链配送于一体的专业农产品服务商，主要产品有爱媛 38、春见耙耙柑、不知火丑柑等 15 个品种类的水果。公司产品系列佳淳、吉祥猫、甜丫头已注册商标。公司通过构建跨区域、多产品的产品组合以满足客户多元化需求，凭借品种齐、质量高、信誉好等优势开拓国内市场，目前在江苏、浙江、上海、新疆、山东、广东、湖南等地遍布销售市场。

典范一 佳淳雅致爱媛 38

此款包装为天地盒型。设计感独特，有别于市面常规的水果包装设计。箱体底色以红色为主，配合产品售卖时节的新年氛围。包装正面采用橘子瓣图形装饰，亦似窗户一般，内部布满版画样式的柑橘图案，图案细节丰富，精致耐看。正面白色带有纸质褶皱纹理，佳淳品牌 LOGO 处于中间位置，画面中数字"38"与"爱媛"二字突显产品名称。"38"由金色的肌理组成，档次感十足。产品 B 面的"38"数字切割效果既起到了破版的设计作用，也可以堆叠出的数字"38"，增加趣味性。包装整体干练洒脱、精细雅致，在视觉效果上充满差异化与竞争力。

通信地址：四川省眉山市东坡区三苏镇胜龙村 6 组
联系电话：13506196838　　左孝立
推荐单位：中国果品流通协会

典范二　佳淳甜丫头春见耙耙柑

　　此款包装为天地盒型。甜丫头，即画面正中的卡通女孩形象，画风轻松随意，如水果般自然纯洁。卡通女孩手里拿着的柑橘体现了产品属性。大胆使用紫红色与正黄色的撞色冲突，能让消费者在众多的包装中一眼看到。B 面使用产品的实拍图，鲜艳的色泽、令人垂涎欲滴的果汁、饱满的果肉激发消费者的购买欲。

典范三　佳淳简约国风春见耙耙柑

　　此款包装为天地盒型。此款包装的设计以金丝插画的形式来呈现国潮风。品牌 LOGO 用金色与黑色背景色方块搭配，突出了佳淳品牌由山川、日月、河流、祥云、亭台、仙鹤、灯笼、古币和柑橘等具有中国风的元素构成的配图优雅、内敛。金色与橙色搭配，具有亲和力且不失档次感。右上角春见二字清晰明了，点明产品。B 面延续正面的细节感，全方位展示国风元素。C 面的墨绿底色，也是国风系列的常用色彩，点缀在侧面，安静谦逊，与大面积的橙色形成对比，层次丰富且优美耐看。

新疆丽新农业科技有限公司

新疆丽新农业科技有限公司坐落在新疆阿克苏新和县轻工业园区，是一家集坚果种植、农产品深加工、研发、仓储、新零售、投资于一体的坚果深加工全产业链公司，占地33亩，投资5 000万元，年加工核桃超过1万吨，年销售额超过1亿元。

公司将依托新和县核桃原产地优势，以独特加工工艺为突破口，打通新疆内外两张网，开发线上、线下的全渠道市场，把新和的核桃带到全国，带到全世界。

典范一 丽新喜果薄壳大核桃

包装整体以插画形式呈现，采用与企业相应的科技元素，营造科技未来氛围，体现专业性和趣味性，符合现代年轻人的审美。IP形象"喜小果"体现企业的科技感，手持放大镜的形象与广告语"从源头，挑好果"遥相呼应，在以后的新品类包装延伸上，作为超级视觉符号使用，成为品牌形象宣传的代言人；"援疆号"列车体现了企业属性和使命，要把新疆的优质农产品带到全国各地；"喜果"用版面增强视觉冲击同时也有着美好的寓意。

品牌LOGO整体外观是核桃的形状，体现公司的主打产品，同时又融合沙漠、绿洲、巍峨天山、茫茫戈壁等新疆地域特色以及一棵1 360多年的古核桃树。

通信地址：新疆维吾尔自治区阿克苏地区新和县
联系电话：15658212486　　罗潭蛟
推荐单位：中国果品流通协会

典范二 哇塞心匠薄壳大核桃

用先锋的国潮风格，创建一个个性鲜明的新疆纸皮核桃包装。以拟人化的骆驼作为"哇塞心匠"的IP形象，更具人情味，它怀抱满满当当的礼物向人们展示来自新疆的热情，同时也紧贴品牌口号——来自沙漠的礼物。用辅助图纹直观展示新疆产品的地域文化属性。

品牌 LOGO 以阳光、沙漠、骆驼、棉花为主体形成产品鲜明的地域特色。"哇塞"作为当下年轻人爱用的语气词，代表着年轻的、活力的；"心匠"是新疆的谐音，代表着新疆、匠者、创新传统技艺、传承工匠精神，而"心"代表着用心为消费者挑好品。

典范三 兰博农场一捏就碎薄壳大核桃

以爱马仕橙色为主色调，给人耳目一新的感觉。"一捏就碎"四个大字醒目且有设计感，同时也体现产品185纸皮核桃的最大特点——壳薄。插画也围绕"一捏就碎"主题展开，芊芊玉手把核桃轻松捏碎，更加直观地展现产品特点。"BOOW！"和散发的线条辅助展现碎裂的感觉。包装底部的插画图纹再次展现产品特点——精选好果、壳薄易剥、唇齿留香。

"兰博农场"LOGO 运用欧美的农场风格来表现，欧式盾牌造型与皇冠元素使 LOGO 显得更加尊贵。

云南东方红生物科技有限公司

云南东方红生物科技有限公司是云南省核桃行业的重点企业，在核桃油物理压榨技术上有全球领先工艺。从常规的冷榨工艺，全面升级为行业领先的低温物理双压榨和低温精炼工艺，其精准制油、适度精炼的榨油技术，能强力锁住核桃营养成分。公司拥有63项国家发明专利和34项核桃设备专利、建有1个核桃加工设备工厂、2条自动化核桃油生产线、12个扶贫车间、16个智能工厂。新投产的核桃油生产线采用多级压榨的方式生产核桃油，每年可处理干果100万吨，生产核桃油20万吨。御福年（Yufunian）是云南东方红生物科技有限公司旗下品牌。专注于核桃深加工研究，包含核桃油、核桃乳、核桃干果等系列产品。"御福年"最早见于甲骨文。"御"有奉献之意；"福"有赐福、保佑、万事顺遂、美好祝福之意；"年"，人背负成熟的禾的形象，表意丰收的农作物。御福年秉承"做利国利民之事，提升国民健康"初衷，致力于打造值得信赖的核桃健康食品生态链品牌。

典范一 御福年航天联名系列核桃油

航天梦是强国梦的重要组成部分。浩瀚银河，留下了中国人探索太空的脚步，更闪耀着广大航天人坚定的理想信念、高昂的爱国热情、强烈的责任担当、良好的精神风貌，以及勇气、智慧与健康体魄。产品以中国航天核心为设计要素，展现新时代中国品牌的坚定与自信。御福年为提高国人生活健康品质，同样具有航天人坚定前行的决心。

    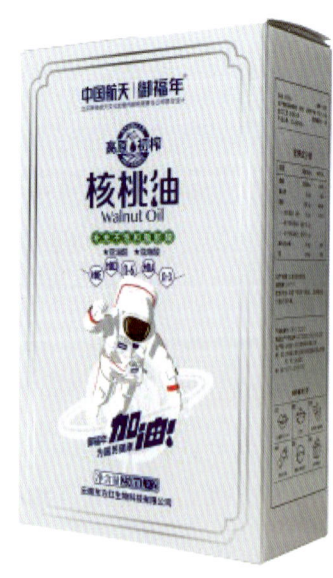

通信地址：云南省大理白族自治州漾濞彝族自治县苍山西镇马厂村工业园区
联系电话：15072406081　　祝靖怡
推荐单位：中国果品流通协会

典范二 御福年古树系列核桃油

在云南漾濞，树龄200年以上的核桃树约6 000多棵，千年古核桃树5棵，最高树龄达1 500余年。本产品以古树与核桃为核心设计元素，凸显御福年核桃油源于核桃古树重要特征，以区域自然、地理、民族、文化等要素作为视觉设计素材，展示御福年产品古树核桃油。

典范三 御福年航天联名礼盒·星途

包装采用核桃星球为视觉元素，3D立体画形式展示星际空间，中间的核桃星球寓意"智慧是星际探索途中的核心"，也表示御福年核桃油为智慧的人类走向星际加油。

临海桔海农业科技开发有限公司

临海桔海农业科技开发有限公司地处东海之滨的浙江省台州市，是一家专业从事柑橘、杨梅等水果的种植、销售的专业农业公司。公司用工业标准化的思维来改造农产品，将非标的农产品通过科技手段实现内部品质和外部品质标准化分选。以"农业+互联网"的创新模式，致力于现代数字农业和专业供应链建设，为消费者提供优质的、新鲜的、标准化的农产品。公司现种植规模达到 1 000 亩，销售业务遍布全国，并逐步尝试向海外市场拓展。

典范一 東海爆橘

产品的包装外观设计简洁大方并具有国际化的气质。包装结构设计，牢固耐用，节省纸张 35% 以上，从而达到节省成本和环保的目的。包装尺寸标准化，使不同产品的底箱可以通用，达到模块化的目的。固定尺寸，可以打板运输，提升装卸车效率。

内部单个橘子独立包装，有效隔绝交叉感染，如有橘子腐烂，不会影响周围橘子。独立套袋包装，有效保持水分，减少重量损失。独立套袋留有换气孔，使橘子能够正常呼吸，保持新鲜度。

通信地址：浙江省临海市涌泉镇马里岙水果特产场
联系电话：18957655181　　冯战胜
推荐单位：中国果品流通协会

典范二 东海爆橘沃柑

产品的包装外观设计采用中国传统元素12生肖进行创作，红色年味气氛浓郁，符合该产品春节前后上市销售的特定时间段的要求，迎合了中国人过年气氛营造和讨吉祥话的心理需求。包装结构设计，牢固耐用，节省纸张35%以上，从而达到节省成本和环保的目的。包装尺寸的标准化，使不同产品的底箱可以通用，达到模块化的目的。固定尺寸，可以打板运输，提升装卸车效率。内部单个沃柑独立包装，有效隔绝交叉感染，如有沃柑腐烂，不会影响周围沃柑。独立套袋包装，有效保持水分，减少失水环节，减少重量损失。独立套袋留有换气孔，使沃柑能够正常呼吸，保持新鲜度。

典范三 集鲜号东魁杨梅

这是一款针对杨梅特性，按快递标准开发的专用包装，由传统真空包装二次开发而来。纸箱外观漂亮、有档次。主要着力点在内部包装上，根据杨梅不耐储运的特点，开发出凹槽颗粒分装并真空固定杨梅，使娇嫩的杨梅在运输过程中保持固定不动，同时泡沫箱内保持真空和低温，延长了杨梅的保存时间。通用尺寸，不需要单独开发泡沫箱和冰壶的模具，从而最大化节省了材料成本和资源。内果托采用可降解材料，环保。

鲜丰水果股份有限公司

鲜丰水果股份有限公司始创于 1997 年，注册资本 3.6 亿元，总部位于杭州市拱墅区三墩路 85 号。历经 20 多年发展，鲜丰水果现已成为一家集新零售、智慧冷链物流和供应链 B2B 的全渠道数字化平台为一体的公司，也是全国规模最大的水果连锁企业之一。公司拥有鲜丰水果、水果码头、阿 K 果园子、杨果铺、鲜果码头五大品牌，目前全国门店数量超过 2 000 家。经过多年深耕，鲜丰水果先后获评农业产业化国家重点龙头企业、中国驰名商标、中国连锁百强企业、中国特许连锁百强企业、中国农产品食材供应链百强企业、浙江省新零售示范企业、浙江省信用管理示范企业、浙江省 AAA 级守合同重信用公示企业、长三角独角兽企业等。

典范一 流心柿饼

产品名称设计以手绘及书法字体相结合的方式、设计感强，展现产品溏心的"流动"质感。包材以环保木片为底盒，体现源自大山馈赠的淳朴、厚重。盒盖采用高透 PET 材质，既减少塑料使用，又能直观展示内部产品。盒体设计使用黑色调，与白雪一样的柿霜相互映衬。盒内配套木质叉一枚，与底盒木片遥相呼应，且方便食用者使用。

典范二 维纳斯黄金苹果

因维纳斯金苹果果色通体金黄、有玫瑰香味，且罗马神话中玫瑰的诞生源自美神维纳斯，故将此款礼盒取名黄玫瑰。礼盒采用手绘与实物相结合的设计风格，实物维纳斯金苹果位于视线正中，四周环绕手绘黄玫瑰，花果相融，体现产品香甜可口的特色。礼盒色调采用黄绿搭配，清新自然。盒面"黄玫瑰"的"瑰"字融入玫瑰花瓣设计，增加产品柔美之感。

典范三 国宝爱春见

国宝爱春见礼盒甄选来自四川的春见，将城市名片国宝熊猫融入礼盒名称，取名国宝爱春见。礼盒采用卡通人物设计，以手绘川剧变脸熊猫为主视觉，将熊猫、川剧变脸等四川特色元素融入主体形象，充分展现产品特色。礼盒色调整体搭配中国红，与国宝形象相得益彰，民族特色文化元素丰富。

通信地址：浙江省杭州市拱墅区三墩路 85 号
联系电话：15158130707　　徐 芳
推荐单位：中国果品流通协会

杭州叶氏兄弟果业集团有限公司

叶氏兄弟果业集团有限公司总部位于杭州，始创于1991年，专业从事果品的种植、采购、加工、批发、配送与零售。截至目前，叶氏兄弟果品超市已遍布浙江、辽宁、福建三个省份几十个城市地区近200家终端，员工总人数超1 400人。经过近30年的稳健发展，已发展成中国久负盛名的大型专业化时尚精品水果超市连锁品牌，集种植、采购、加工、批发、配送、零售及电子商务的平台化于一体。旗下3个大型物流配送中心、3家农业公司、3个果品批发品牌、1个电子商务公司及1个果饮品牌。

典范一　初恋の香阳光玫瑰葡萄

此包装有助于产品的视觉呈现，不仅可以有效传递产品信息，体现阳光玫瑰的高品质，更有利于实现品牌宣传、促进销售，提高产品品牌价值感。包装展现面主要由产品实物图＋产品品名＋辅助文字＋小图标以及企业印章组合成一个完整画面，整体色调以其中一个企业色为主，延续企业风格。底色为纯白色，彰显对品质的追求。版面用了左右式构图法体现，在陈列中，侧面的葡萄图片可以两两拼接成一串，在视觉上更为直观醒目，增强陈列的美观性，一定程度上提高消费者购买欲。包装结构为天地盖＋手提袋，上盖是250克白卡裱B瓦三层板，下盖是250克白卡裱BE瓦四层板，结实耐用。整套包装体系，根据不同等级，以主KV画面延伸出3种规格包装——单串装＋手提袋、3串装、开口箱，以满足不同层级的消费需求。

通信地址：浙江省杭州市余杭区良渚街道博园西路3号
联系电话：15268841353　　李莎莎
推荐单位：中国果品流通协会

典范二 坚果礼包

礼盒结构为天地盖搭配手提拎袋形式。由于坚果的需求旺季为冬季与春节期间,故礼盒以中国红为主色调,尽显节庆氛围,增强礼品属性。礼盒上盖,以手绘各类坚果环绕为主,可增加产品辨识度,结合 UV、凹凸等工艺,让礼盒更有质感。上盖中心部分开窗覆透明玻璃纸,使内部产品的展示更为直观醒目。箱内衬吸塑底托,以固定坚果罐的位置。上盖采用 250 克白卡印 4 色加专红裱 E 瓦二层板,下盖采用 250 克白卡印二色加专红裱 E 瓦三层板,更结实耐用。整套坚果礼盒传递出来的喜庆氛围比较浓郁,贴合消费者的情感表达。

典范三 通用船形纸盒

此包装主要用于中高端产品的陈列。精选 350 克白卡对裱,通体印专色亚金,内外覆哑膜,盒底 LOGO 压纹,凸显品牌名称。整体机折成型。小包装符合人性化定量形式,满足家庭日需,可减少损耗,提高复购率。此通用船形纸盒通过简约的设计彰显产品价值,在陈列中增加产品的美观度,增强消费者的购买欲。

陕西禾和猕猴桃科技开发有限公司

陕西禾和猕猴桃科技开发有限公司投资建设的禾和万亩猕猴桃示范园位于陕西省汉中市张骞故里、秦岭南麓，国家级汉中朱鹮自然保护区穿园而过。2016—2019年与新西兰佳沛公司签约合作，与西北农林科技大学校企合作，进行二批次航天育种选育，被认定为农业科技示范推广基地、国家重点研发计划项目农业先进适用技术社会化服务平台研发与示范示范基地、陕西汉中国家农业科技园区核心区现代果业园区、陕西汉中国家农业科技园区示范单位。

禾和猕猴桃是国家地理标志农产品，通过中国绿色食品A级认证、欧盟良好农业规范GAP认证，"禾和猕猴桃与朱鹮一起成长"连续4年荣获中国杨凌农业高新科技成果博览会后稷特别奖，是国家扶贫农业832平台推荐的扶贫产品，被评为就业扶贫基地、万亩猕猴桃产业扶贫示范基地。

典范 禾和猕猴桃金龙二号黄肉产品

朱鹮礼盒包装材料采用白板纸，质量安全可靠，生态环保，对环境没有污染。包装版面设计采用蓝天、白云与朱鹮、猕猴桃果肉切面图案相结合，简洁大方、朴素自然、个性元素明显。禾和猕猴桃与朱鹮一起成长，特色突出。

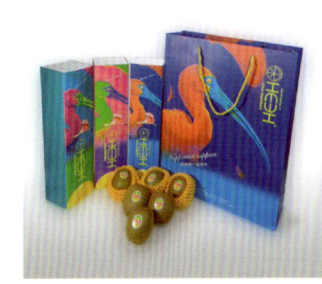
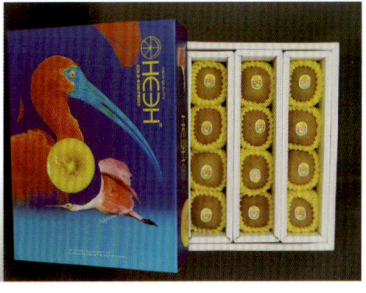

朱鹮板盒包装材料采用白板纸，质量安全可靠，生态环保，对环境没有污染。包装版面设计采用红底色，与朱鹮及猕猴桃果肉切面组合，简洁大方、朴素自然、个性元素明显。

通信地址：陕西省汉中市城固县原公镇禾和现代农业园区
联系电话：13369229280　　宋　飞
推荐单位：中国果品流通协会

陕西华圣果业营销管理有限公司

陕西华圣果业营销管理有限公司在行业内率先通过绿色食品、ISO 9000、HACCP 等认证。华圣苹果获色泽艳丽、质脆肉细、酸甜适口、绿色无公害、耐贮运,是中国知名品牌,多次获评名牌产品、绿色食品、中国名牌农产品、陕西省著名商标等,深受国内外消费者喜爱。

2021年6月17日,华圣苹果随神舟十二号载人航天飞船进入太空,解决了中国航天员太空任务中只能吃冻干水果的现状,代表了国内鲜苹果的最高品质。

典范一 儿童 Q 果

外包装采用阳光清爽的黄绿色系,结合苹果的卡通形象,突显出这是一款孩子们专属苹果。孩子健康,家人快乐,让消费者吃到还散发着来自果园馨香的苹果是公司对儿童 Q 果产品的品牌夙愿。

典范二 陕西优时苹果

为表示苹果的出产地是陕北,选择了一个穿着陕北特色服饰的小男孩形象,小狗的形象则采用了黄色的中华田园犬这一最富有中国特色的犬种。这样的 IP 形象既能直观表现苹果的产地,也能让消费者产生亲切感。用一个放大的苹果来突出画面的主体,用抽象的果园风景配上小河来体现产品是来自果园的鲜美的苹果。

通信地址:陕西省西安市未央区未央湖向阳大道陕西华圣果业营销管理有限公司
联系电话:13572908600　韩　珂
推荐单位:中国果品流通协会

中粮家佳康食品有限公司

中粮家佳康食品有限公司是中粮集团旗下的全产业链肉类业务平台,在全国布建100余个高标准生态养殖基地,配套建设多个屠宰加工厂和肉制品加工厂,从饲养源头开始,对环境、饲料、养殖、繁育及加工进行"安全5道关"严苛管控,致力于打造冠军品质肉类产品,并在全球肉类主产区进行全品类直采。旗下肉食品牌中粮家佳康常年为多支国家队和省级体育单位及运动队供应肉食产品,还是中国航天事业合作伙伴,追求航天"零失误"标准,致力于将安全放心、品质高端、健康营养的肉品传递至千家万户。

典范 中粮家佳康亚麻籽猪冷鲜五花肉

产品包装设计将"亚麻籽猪"和"6倍α-亚麻酸"作为设计重点,用"亚麻籽、大麦科学喂养"加以文字诠释,结合化繁就简的亚麻花象形元素,加强消费者对产品功能的解读,突出"优脂健康"的猪肉消费升级理念。包装方式为气调包装+封套。

产品包装盒采用复合气调保鲜包装技术,经8~12小时充分预冷排酸处理,延长冷鲜肉保鲜期,使肉品色泽更好看、口感更鲜嫩多汁,肉品实现免改刀,打开盒直接下锅,让追求便利的年轻消费群体更加省时省力。产品包装封套采用白卡纸及烫金工艺,突出产品特性。

通信地址:北京市朝阳区朝阳门南大街8号中粮福临门大厦
联系电话:18610774439　武可人
推荐单位:中国肉类协会

中粮工业食品进出口有限公司

中粮工业食品进出口有限公司是中国罐头出口业务的开创者,包括"梅林"商标在内的罐头品牌由中粮集团统一对外出口使用。早在20世纪80年代,"梅林"午餐肉罐头就在中国、欧洲、美洲、中东等地的市场享有盛誉。

2004年开始,"梅林"品牌肉类罐头进入国内市场的销售,以流通、餐饮渠道等B2B业务为主;2016年,按照三同标准推进产品结构升级,将"天坛"品牌高端系列肉类罐头、"珠江桥"品牌鱼类罐头、"梅林"品牌水果罐头带入国内市场;2018年开展电商业务、KA业务以及新零售业务,完成从B2B到B2C以及O2O的战略转型。公司产品质量稳定,深受消费者和终端企业的好评,全国市场份额居肉类品牌前列。

典范 梅林午餐肉

以生动有趣的表情将午餐肉片拟人化,让消费者不仅吃到可口的美味食物,更感受到一种轻松有趣的生活方式。包装方式为真空软包装+纸盒。外盒材料采用纸,彩色印刷;内包材料采用耐高温的食品级铝箔袋,无毒无害,表面光滑,能够更好地抑制细菌及微生物生长,保证食品质量;外观精美,小巧方便携带;设计突出品牌特性,增加产品附加值。

通信地址:北京市朝阳区朝阳门南大街8号15层1507室
联系电话:15101638287 李 迎
推荐单位:中国肉类协会

北京二商肉类食品集团有限公司

北京二商肉类食品集团有限公司是北京市农业产业化重点龙头企业，是北京市政府实施"食品安全放心工程"的主力军，是市政府实施"肉蛋菜放心工程"的重点企业及北京市重点农业产业化龙头企业。二商肉食集团现有员工 8 000 余人，所属企业 20 余家，拥有大红门、月盛斋等老字号品牌及穆香源等知名品牌，构建了畜牧养殖、生猪屠宰加工、清真牛羊肉加工、熟肉制品加工、国际贸易、肉食供应链六大板块齐头并进的完整产业链。二商肉食集团旗下 7 家生猪屠宰厂在 2020 年获得全国生猪屠宰标准化示范厂荣誉称号。

典范一 红门小厨前排块

包装采用一定比例的混合保鲜气体替换包装盒内的空气，使细菌处于休眠或缓慢生长的平衡状态，达到抑制细菌、微生物生长的目的，实现保鲜，使食品感官、口感营养价值都不变化。

典范二 月盛斋黑椒牛排

单片速冻工艺使牛排的烹饪更加便捷，更有利于食客的完美体验。产品包装印刷精美、设计简洁，避免过度包装，符合环保理念。

典范三 穆香源羊肉卷

包装设计突出绿色大草原的天然供应链，包装全面升级，透明区域充分展示产品的形状与色泽，包装背面产品信息全面。

通信地址：北京市通州区潞城镇武兴北路 1 号
联系电话：13815421999　　闵成军
推荐单位：中国肉类协会

天津君亿皓瀚贸易有限公司

　　天津君亿皓瀚贸易有限公司坐落于天津自贸区（中心商务区），是经国家批准的有肉类进口资质的企业，依托天津港，主要经营进口澳大利亚、新西兰、乌拉圭、巴西、阿根廷等国家的优质牛羊肉及其他肉类产品。公司已成功进驻美团、盒马两大电商平台。

典范 君亿牛腱子

　　产品内包装分 2 层包装设计，第一层为食品级塑料抽真空包装，第二层为彩印带有君亿商标标识的可降解级塑料袋，环保无污染。产品外包装为 3 层瓦楞纸外箱。均使用冷链运输，箱温保持在 -12℃。

通信地址：天津市自贸试验区（中心商务区）迎宾大道东侧万隆大厦 -1-630
联系电话：18602682658　　解记永
推荐单位：中国肉类协会

内蒙古塞飞亚农业科技发展股份有限公司

　　内蒙古塞飞亚农业科技发展股份有限公司是一家现代化肉鸭全产业链大型企业，是农业产业化国家重点龙头企业、高新技术企业。塞飞亚草原鸭商标是中国驰名商标，宁城草原鸭商标是中国地理标志证明商标，宁城草原鸭产品列入全国名特优新产品名录。公司拥有国家认定企业技术中心、产品检验检测中心和禽肉加工技术研发分中心。塞飞亚草原鸭品种质量和产品品质位居行业前列，得到国内外广大消费者的一致认可和好评。

典范一　送福鸭

　　红盒＋黄盒为一套包装。红色包装彰显喜庆、红红火火、兴旺发达之意，黄色包装彰显豁达、开放、飞黄腾达之意。两款一套包装均搭配小花纹，增强时尚感。调皮卡通小鸭，一是代表产品属性，二是活泼、调皮、招人喜爱。一家人团圆用餐的图画，温馨时尚。包装美观大方，采用天地盖＋手提袋＋内小袋方式。外盒采用铜版纸裱印纸板，彩色印刷＋烫金＋UV工艺，细腻方正；外配相应画面手提袋，采用高档铜版纸印刷制作；内袋是OPP+PE复合彩印包装袋。整套包装设计立体感强，时尚大方，增加产品附加值，符合品牌定位。

通信地址：内蒙古自治区赤峰市宁城县汐子镇
联系电话：13848961789　　赵秉和
推荐单位：中国肉类协会

典范二 全鸭宴

包装整体以金黄色为主色,彰显富贵典雅、富丽堂皇之意;纵轴中心围绕红色带,冲击力强,明显衬托出"塞飞亚草原鸭"商标品牌和"全鸭宴"产品名称,引导消费者的视觉直奔主题。适当位置辅以蒙古族花纹,以突出民族特色。包装简洁方便结实,采用屋脊盒+内小盒的形式。外箱采用三层瓦楞白板面纸彩印,屋脊盒配重得体,使用方便;内盒采用铜版纸彩印折成;整体彩色印刷覆膜工艺让包装更亮丽,具有防潮性能,使产品附加值增加,符合品牌定位。

典范三 老鸭煲

包装以绿色深浅条纹为主色,诠释产品的绿色健康概念。在突出表现"塞飞亚草原鸭"商标品牌的前提下,以金色圆圈衬托出"老鸭煲"是煲汤产品的属性,加上鸭煲汤照片和三缕绿色蒸汽,勾起人们对绿色鸭煲汤的强烈食欲。"不腥不腻草原鸭,大厨推荐它"广告语和大厨形象图标,进一步诠释了产品特质,请消费者放心饮食。蒙古花纹代表其是民族特色产品。包装方式为彩印镀铝3层复合包装袋+手提扣手,方便快捷,美观大方有档次。采用彩印镀铝3层复合制袋材质和工艺,使包装质量科学严谨,抗拉、抗皱、抗磨、抗扎、抗摔、抗压、防潮、防热、防阳光。制袋扣手处采用5厘米宽烫排制作工艺,一是方便开口,二是增强开口后的拉力,三是形成一个平整面,在平整面处印制产品的制作方法,方便消费者学习和掌握产品制作技法。

呼伦贝尔肉业（集团）股份有限公司

呼伦贝尔肉业（集团）股份有限公司是国家级农牧业产业化重点龙头企业，成立于2013年，是集牛羊繁育、育肥、屠宰、精细分割、加工、肉制品深加工及产品销售为一体的清真食品企业。目前形成养殖基地、屠宰加工及深加工、产品销售三产融合的完整产业链，获评国家级农牧业产业化重点龙头企业、中国十佳企业牛肉品牌（B10企业）、内蒙古自治区农牧产业产业化十佳龙头企业、农业部的全国主食加工示范企业、内蒙古自治区级扶贫办龙头企业。中荣商标被认定中国驰名商标，中荣品牌牛肉是杭州G20峰会指定用肉、"蒙"字标产品。公司是全国第十四届冬运会牛肉指定供应商、中国牛业协会副会长单位、内蒙古自治区龙头企业协会副会长单位。

典范一 中荣黑椒西冷牛排

原料精选西冷牛排，搭配精选秘制的黑胡椒腌料，采用拉伸膜包装，聚酯类材料，无毒环保，便于回收循环使用。

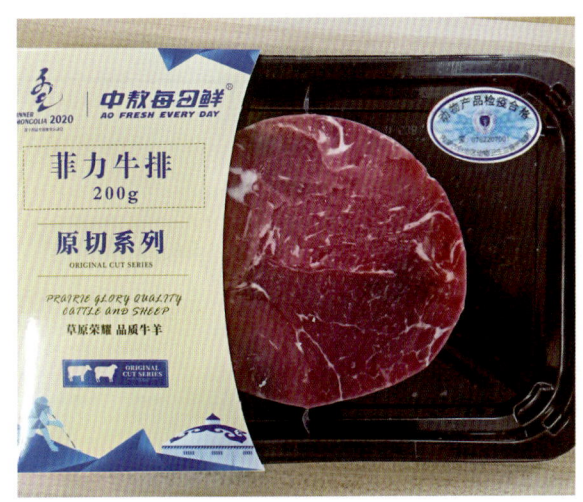

典范二 中敖每日鲜原切菲力牛排

产品精选菲力牛排，经速冻后切片。包装选用希悦尔贴体包装技术，包装紧实，体积小，节省空间。托盒使用PP材质，贴体膜使用PA/PP/EVOH复合材料，材料稳定性高，能延长产品保质期，提高包装材料利用率和产品使用率，减少废弃率。

通信地址：内蒙古自治区呼伦贝尔市阿荣旗那吉镇301国道西工业园区
联系电话：13820485748　　徐振衣
推荐单位：中国肉类协会

内蒙古华凌食品有限公司

内蒙古华凌食品有限公司是华凌牛业集团有限公司下属的全资子公司。本着全产品、全渠道的战略定位，依托集团的产业链优势，立足新疆、内蒙古两大天然资源产区，健全集团肉牛全产业链的架构，实现从饲料种植、肉牛养殖到屠宰加工和牛肉产品深加工的全产业链贯通，在"牧草种植、良种繁育、规模养殖、精细加工、品牌销售"等各个环节实现资源优化配置。公司在全国布局七大生产基地及十大销售网络，生产基地布局分别在新疆、内蒙古、甘肃、辽宁、北京、安徽、河南，销售网络布局分别在东北、华北、华南、华东、华中、西北、西南、东南等，以精准的生产及销售布局定位全国市场，重点打造"华凌牛业"品牌。

典范一 四季牛肉干

内包装分别设计了 4 款不同的手绘包装，分别用花海、草原、沙漠、冰川 4 个场景代表春夏秋冬四季，用四季突显大美新疆地域特色，突出自然原始形态，给人以舒适、自然、安全的生活感受，加深环保理念在大众中的影响。

材质采用纸质，上覆食品级 PP 膜，保障食品安全，节约能源。

通信地址：内蒙古自治区通辽市科尔沁区清河大街西部城乡四楼
联系电话：15004955557　　杨　丽
推荐单位：中国肉类协会

典范二 来自新疆的礼物

画面采用手绘新疆特色人物场景，女孩摘新鲜葡萄，男孩放牛，悠然自得，突出自然生态品牌。设计将自然生态意识融入产品包装之中，给人以舒适、自然、安全的生活氛围及体验。使用绿色作为主色，与品牌 VI 颜色进行巧妙的融合，增加视觉层次感。包装采用双层结构，一层为干果，二层为熟食，干熟一体，让消费者体验到丰富的产品。

典范三 冷鲜/冷冻排酸牛肉

标签画面结构精简，采用纸质；袋子采用食品级 PA、PE 复合膜，以保障食品安全，同时可以更好地突显肉质品质。不同的颜色与品牌色搭配，代表肉的不同部位。公众号二维码和清真标将品牌文化和信息在最简单的包装上进行体现。公众号可查看品牌信息，让消费者吃得放心。

吉林幸汇棋盘农业科技有限公司

吉林幸汇棋盘农业科技有限公司秉承"为国人养一头好猪"的朴素经营理念，历经13年培育"棋盘村雷猪"黑猪，体系内企业覆盖"种植—饲料加工—种猪繁育/育肥—猪肉加工"各个环节，生猪自繁自育，从源头保障品质稳定。种植1.5万亩玉米、中草药、饲草，配备10万吨/年发酵秸秆饲料加工厂，拥有吉林龙潭、河北任丘、内蒙古赤峰、云南文山等多个自繁自育基地。

典范 棋盘村雷猪

棋盘村雷猪旺礼盒以黑色和金色为主色，黑色象征产品"棋盘村黑猪"的毛色，金色象征黑猪的经济价值。包装结构简单大方，采用手提礼盒包装+内盒气调包装方式。材料采用三层瓦楞纸；手提设计，大大提高了产品的携带便利性；纸箱采用彩印+覆膜工艺，让包装主色与产品颜色相互映衬，呈现出饱满的色泽。

雷猪鲜品气调包装采用了彩印封套+肉品透明可见的设计，彩套封套体现了雷猪"住发酵床+吃发酵料"的先进理念与养殖优势，透明的包装把新鲜的肉品直观地展示给消费者，方便消费者了解产品品质。包装方式为气调保鲜包装，成品形状为盒装，适用于在超市小包装零售，以及批发市场中大包装的物流和销售。

雷猪冻品彩袋包装采用了高阻氧热缩包装+彩色自封口包装的设计。内包装采用高阻氧热缩包装，高度真空包装，延长食品保质期；外包装采用彩色自封口包装，干净卫生。外观精美、简洁大方，突出品牌特性，增加产品附加值。

通信地址：吉林省吉林市龙潭区江北乡棋盘村一社
联系电话：17766811614　　张熙然
推荐单位：中国肉类协会

吉林省长春皓月清真肉业股份有限公司

吉林省长春皓月清真肉业股份有限公司始建于1998年，是首批国家级农业产业化重点龙头企业，现已发展成为全国农业龙头百强企业、全国肉类综合十强企业、亚洲最大的牛肉生产和进出口贸易基地。

公司在做精、做强、做大肉牛屠宰加工主业的同时，充分发挥国家政策优势、吉林地域资源优势和清真特色优势，确定了建设循环经济的发展模式，形成了畜牧养殖业、饲料加工业、食品加工业、生化制品业、制革业、有机肥加工业六大主导产业。公司采取"公司加基地带农户"的运营模式，以吉林省长春市为中心辐射带动了210多个乡镇的养牛业，每年转化玉米秸秆750多万吨，农民累计增收20多亿元。

典范一 冰鲜牛肉系列产品

采用七层共挤高阻隔真空收缩袋进行真空包装，具有高阻隔性、高封口强度和优异的低温高收缩、抗刺破、抗冷冻等性能，延长产品保质期，长久保存牛肉原有的口感。

标签采用热转印合成纸，标签背胶黏性符合产品工艺相关要求。

通信地址：吉林省长春市绿园区皓月大路11111号
联系电话：13756293008　　牛千宝
推荐单位：中国肉类协会

典范二 肥牛系列产品

包装采用 PA/PE 食品级材质，真空包装，抑制微生物生长，阻止食品氧化变色，保证牛羊肉片的色香味及原有口感。

托盒采用 PP 食品级材质，安全无毒并且耐高温低温，性能好，不易破损，保护托盒内食品不受外力影响变形。

典范三 皓月臻选牧场

臻选牧场礼品盒共分为上中下三层结构、双开盖。表层选用黑色特种艺术纸，烫古铜金工艺，覆亮膜，粘接处采用树脂耐冷冻胶。中层使用3.0亚光板。里纸黑卡，彰显高端典雅，加EPE植绒保温棉。内盒选用400克白卡纸，表面采用烫金工艺，设计为天窗形式，充分展示产品特质。内盒表面覆有亮膜，充分起到防潮效果。

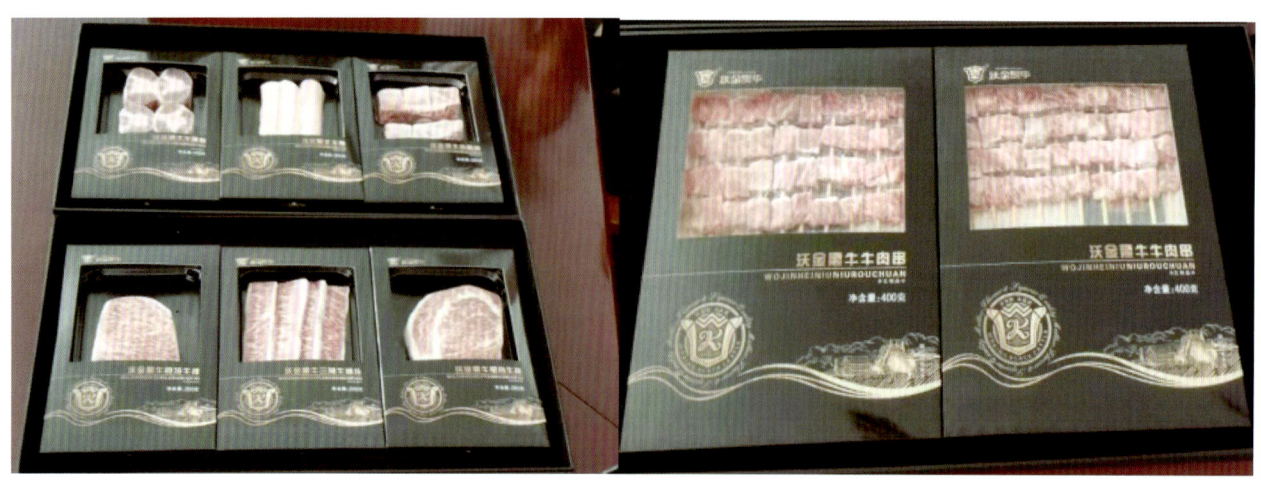

大庄园肉业集团股份有限公司

大庄园肉业集团股份有限公司是一家专业从事牛羊屠宰、肉类加工、自有品牌连锁专卖和国际贸易的现化代食品企业，是国家重点龙头企业。2020年，获中国肉类协会评选的"中国肉类食品行业二十强"称号；2020年，被国家工信部评为国家级"绿色工厂"，获得内蒙古自治区首批"蒙"字标认证。公司在生态源头建厂，目前已在黑龙江肇东市和内蒙古自治区锡林浩特市分别建设两座标准化、规模化及现代化的大型牛羊屠宰及加工一体化的生产基地，配有数字化、智能化的无人值守立体冷库。在销售环节，公司针对B端和C端消费市场构建起涵盖线上线下覆盖全国的全渠道营销网络。公司通过ISO 9001、ISO 22000、BRCGS和IFS的认证，严格遵循"一块好肉三要素"即，好品种、好环境、好工艺，为消费者生产安全、营养和健康的牛羊肉产品。公司以农业供给侧改革为依托，建立了从牧场到餐桌全产业安全健康溯源体系，引领中国肉类行业向规模化、标准化的方向跨越，打造全产业利益共同体，形成核心竞争力。

典范一 追溯羊精品羊排

产品主打"生态、健康、珍稀"理念，以"戴耳标的追溯羊"为概念，"天然散养可追溯"。运用黑色搭配橙色，更显尊贵、青春、健康、活力。品牌代言人照片更加提升企业品牌知名度。

材质选用500克食品级白卡纸，覆膜，盒外增加一层透明薄膜，保护产品包装，防水、防潮、防变形。

典范二 草原羊蝎子（原味）

庄重而高雅的黑色，与白色搭配彰显简约、时尚、健康品质。品牌代言人照片更加提升企业品牌知名度。包装材质为500克食品级白卡纸覆哑膜。盒外增加一层透明薄膜保护产品包装，防水、防潮、防变形。

典范三 雪花上脑牛排

以品牌名称"黑金牛品"展开设计，黑色拥有超强的神秘感，庄重而高雅，金色象征高贵、光荣和辉煌，黑金颜色的搭配，让视觉层次更加丰富。品牌代言人照片更加提升企业品牌知名度。

包装材质选用食品级500克白卡纸覆哑膜，盒外增加一层透明薄膜保护产品包装，防水、防潮、防变形。

通信地址：黑龙江省哈尔滨市道里区群力第四大道399号汇智大厦21层
联系电话：18645093597　　陈　颖
推荐单位：中国肉类协会

元盛食品制造（上海）有限公司

　　元盛食品制造（上海）有限公司成立于1995年，是一家早期以专业养殖、屠宰分割牛羊肉制品为主，后延伸至以牛羊鸡等为主原料，进行油炸、烧烤等调理加工的国际型企业。公司先后被认定为农业产业化国家重点龙头企业、国家级出口食品农产品质量安全示范区、国务院扶贫办万企帮万村精准扶贫行动先进民营企业，获百胜中国2020年度质量管理贡献奖和中国肉类食品行业牛羊十强企业等荣誉。

　　公司于2012年和2013年从新西兰、澳大利亚分两批引进纯种活体和牛，在黑龙江省齐齐哈尔市龙江县等地区进行养殖、繁育和改良，将业务延伸至和牛养殖领域，以特色化养殖对接成熟的肉制品加工业务，形成了完整的产业链经营体系。

典范一　儿童和牛牛排

　　产品整体采用黑金红色调，以黑色为主色，吻合龙江和牛的形象，突出龙江和牛的主题。卡通元素体现了专为儿童研制的产品特性。包装结构简单，采用卡扣＋瓦楞＋白卡纸。单层瓦楞和400克白卡纸，制作简易，可回收和重复利用。

通信地址：上海市松江区九亭镇沪亭路248号
联系电话：13621783957　　钱智巍
推荐单位：中国肉类协会

典范二 和牛西冷牛排

产品整体采用黑金色调，以黑色为主色，吻合龙江和牛的形象，突出龙江和牛的主题。整体设计简约高端，将牛排更直观地展现。包装结构简单，采用卡扣+白卡纸。材料采用400克白卡纸，背面开窗设计，内部和牛牛排清晰可见，方便消费者筛选。

典范三 咔滋米兰式西冷牛排

产品整体以黑色为背景，精心设计的品名字体让产品显得分外新颖。牛排摆放、背景色、品名设计三者相互呼应，体现了咔滋米兰式西冷牛排年轻时尚化的特点。包装结构简单，采用卡扣+白卡纸。材料采用400克白卡纸，制作简易，可回收和重复利用。

上海久利食品有限公司

上海久利食品有限公司专业从事肉类食材深加工，拥有20年的行业经验，专注于肉类食材的调味，目前公司有全球先进的生产加工设备以及先进的包装设备与全自动化流水线，有200余道以粤菜系为主的菜式，并且在不断地研发新菜式。

公司拥有恒珑与恒品珑品牌，恒珑专供线下大流通渠道以及餐饮渠道，而恒品珑则专供线上和新零售、商超渠道。目前公司已和多家著名餐饮公司、连锁餐饮达成了长期供货关系，全国线下零售商接近500家。恒品珑线上销售已经和京东、天猫、微信等著名平台达成战略合作关系，新零售渠道与开市客超市、永辉的超级物种、苏宁的苏鲜生、阿里的盒马鲜生也有长期的供货合约。

典范一 生鲜贴体原切牛排

采用食品级高品质材料，通过国际认证的盒、底膜、覆膜，真正让用户吃得放心。贴体包装特殊的立体感能提升产品的外观价值，真空密封包装可以有效地提升产品的品质，防尘、防氧化，延长商品的保质期。包装方式灵活，可以包装规格内的各种不同形状的商品。

典范二 微波贴体方便熟制品

采用食品级高品质材料，通过国际认证的盒、底膜、覆膜，真正让用户吃得放心。消费者在加热过程中无须撕掉上膜，微波烹饪后可随拿随取，不烫手，杜绝安全隐患。

通信地址：上海市青浦区天一路477号
联系电话：13041697819　　刘菊香
推荐单位：中国肉类协会

河南双汇投资发展股份有限公司

河南双汇投资发展股份有限公司是农业产业化国家重点龙头企业，总部在河南省漯河市。双汇在全国 17 个省市建有 30 个现代化肉类加工基地和配套产业，形成了饲料、养殖、屠宰、肉制品加工、调味品生产、新材料包装、冷链物流、商业外贸等完善的产业链，拥有 100 多万个销售终端，每天有 1 万多吨产品销往全国各地，在全国绝大部分省份可实现朝发夕至。双汇品牌价值 704.32 亿元，连续多年领跑中国肉类行业。双汇控股母公司万洲国际总部在香港。万洲国际拥有中国双汇、美国 Smithfield 等众多备受市场青睐的产品和品牌，产品销往全球 40 多个国家。双汇牌冷鲜肉、双汇王中王在中国家喻户晓，Smithfield 品牌享誉欧美市场。

典范一 双汇王中王（优级火腿肠）

包装以狮子王卡通形象、"双汇王中王"品牌名称及金盾元素为主要表现符号，色彩搭配沉着、图形结构稳固，传递出产品强大的品牌力及过硬品质。辅助图形部分主要描绘了一幅绿色田园风光景象，湛蓝的天空、绿色的原野、金色的光芒……寓意双汇美食源于自然，也将带给广大消费者健康愉悦的消费体验，引领国民品质生活。包装方式为 PVDC 表印肠衣 + 彩印复合膜 + 礼品箱。表印肠衣阻隔性能优越，印刷美观，是常温流通肉制品的优选包材；纸箱采用彩印 + 逆向 UV 工艺，通过特殊处理，使包装底色及主体元素呈现出哑亮结合效果，增强包装识别力及美观性，同时选用 E 楞纸板结构，最大限度减少用材，节约资源。

通信地址：河南省漯河市双汇路 1 号
联系电话：13939580755　　王素阁
推荐单位：中国肉类协会

典范二 双汇辣吗辣（藤椒风味香肠）

产品包装主色调选用介于蓝色与绿色之间的马卡龙绿，清新舒适；品名采用问答式符号化处理，风格特别，具有亲切感，同时又能凸显产品口味特征；引入流量新星杨紫代言辣吗辣品牌，人物形象同产品特质完美契合，打造国民喜爱的辣味香肠典范。包装方式为 PVDC 夹层印刷肠衣 + 彩印复合膜 + 胶印纸箱。首创 PVDC 夹层印刷技术，可实现高精度印刷，使包装外观色泽靓丽；彩印复合膜采用洗铝工艺，包装外观平整、光泽度高，可实现透明开窗；纸箱材料使用三层瓦楞纸板，彩印 + 水性光油上光，环保耐磨损。

典范三 双汇玉米热狗肠

独创玉米热狗肠品名，采用手写体，自然流畅；塑造玉米人卡通 IP 形象，体现产品休闲即食快销品属性，形成品牌记忆符号；产品整体选用橙黄色调，和玉米粒颜色结合在一起，形成该类产品包装代表色，是风靡国内外各大电商平台的网红产品之一。包装方式为彩印拉伸膜 + 胶印纸箱 + 手提袋。彩印复合上膜印刷 + 下膜拉伸技术，可实现高效率、连续化生产，包装材料安全及阻隔性能良好，应用广泛；纸箱材料使用三层瓦楞纸板，彩印 + 水性光油上光，环保耐磨损；手提袋采用彩印 + 逆向 UV 工艺，用料精简环保，应用方便、美观。

河南美是食品有限公司

河南美是食品有限公司是世界肉类组织会员单位和中国肉类协会会长单位，公司自组建以来，牢记"可持续性健康发展"的使命，逐渐发展成为以牛肉制品研发、生产、营销为主体，以国际贸易和电子商务为"两翼"的产业格局。作为中国牛肉饮食文化的探索者与建设者，公司专注于为百姓餐桌提供安全、美味、健康的西餐牛排、中餐半成品、火锅食材、烧烤食材等系列产品，旗下涵盖正是牛排、禾田谷饲、态会涮等品牌。公司先后当选了中国肉类协会会长单位、中国国际商会常务理事单位、上海合作组织元首理事会指定牛排供应商、第十一届全国少数民族运动会牛肉供应商，并成为CCTV合作品牌。2018年，公司成为世界肉类组织成员单位，同年获评十三五期间全国民族特需商品定点生产企业。

典范一　至尊礼盒

产品整体包装设计以红色为主色，搭配烫金工艺和精美的材质，既上档次又表达了产品的属性。红色为企业的品牌色，盒内的设计风格和礼盒保持一致，都是以红色为主，装有刀叉、意面、礼品卡。牛排盒右半边为品牌代言人形象，增加品牌的影响力以及知名度，升华产品的形象价值，同时搭配产品出餐图，引发食欲。包装结构简单大方，采用天地盖＋精品纸盒＋棉质布垫。材料采用精品纸；使用精品纸盒＋棉质布垫固定产品，环保无污染且方便回收利用；礼盒手提袋采用彩印工艺，让包装主色与产品颜色相互映衬，增加产品附加值且符合品牌定位。

通信地址：河南省商丘市民权县产业集聚区兴业路中段
联系电话：13937928085　　陈志军
推荐单位：中国肉类协会

典范二 正是牛排

产品整体包装设计以红色为主色调。右半边为品牌代言人形象，增加品牌的影响力以及知名度，升华产品的形象价值，同时搭配产品出餐图，引发食欲。包装方式为瓦楞纸箱＋彩印纸盒＋PE膜。纸箱材料使用三层瓦楞纸，彩印＋覆膜，防潮易存放；内部采用纸盒＋PE膜的包装形式，环保无污染且方便回收利用，也能更好地保护产品；包装结构简单大方，采用白卡的材质。

典范三 蚝油牛柳

产品整体包装设计以黄色为主色，明亮、温馨。右半边为品牌代言人形象，增加品牌的影响力以及知名度，升华产品的形象价值，同时搭配产品出餐图，引发食欲。包装方式为食品级拉伸膜＋三层瓦楞纸箱。包装结构简单大方，纸箱材料使用三层瓦楞纸，彩印＋覆膜，防潮易存放；产品内置于食品级拉伸膜袋中，背面透明可见。

河南伊蘭肉业有限公司

河南伊蘭肉业有限公司是一家从事专业的牛羊肉批发销售、清真食品生产技术研发、生鲜食材互联网运营的综合性清真食品公司。公司拥有庞大的客户资源及销售团队，经销商多达1 000余家，形成了强大的自营销售网络。

公司十分重视产品质量，重信用、守承诺，推动清真生鲜肉类在河南省以及中国各区域内的市场销售、渠道管理及相关服务发展，取得了骄人业绩。

典范一 伊蘭羊产品

以黄河、羊和伊蘭企业标识为主要设计元素，以绿色为主题颜色，使用草地与羊的剪影，在突出产品内容的同时展现产品绿色、健康的高品质。简约时尚的文字排版，使文字内容美观易读。在包装顶部突出公司企业文化与荣誉，使消费者对产品更加放心。包装结构简单大方，采用天地盖。材料采用三层瓦楞纸；纸箱采用彩印＋覆膜工艺，色彩更加亮丽，增加产品附加值且符合品牌定位。

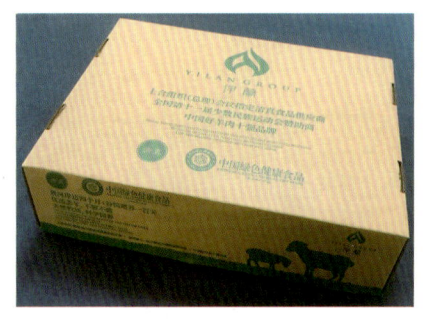

典范二 开封有礼（经堂席）

产品整体包装设计以中国红为底色，以独具开封文化特色的开封府和鼓楼为背景，产品包装突出产品地域品牌，提升产品的形象价值。包装结构简单大方，采用长方体纸箱＋可降解塑料碗。材料采用三层瓦楞纸；箱内产品使用可降解塑料碗密封盛装，环保无污染且方便回收利用；纸箱采用彩印＋覆膜工艺，色彩更加亮丽，增加产品附加值且符合品牌定位。

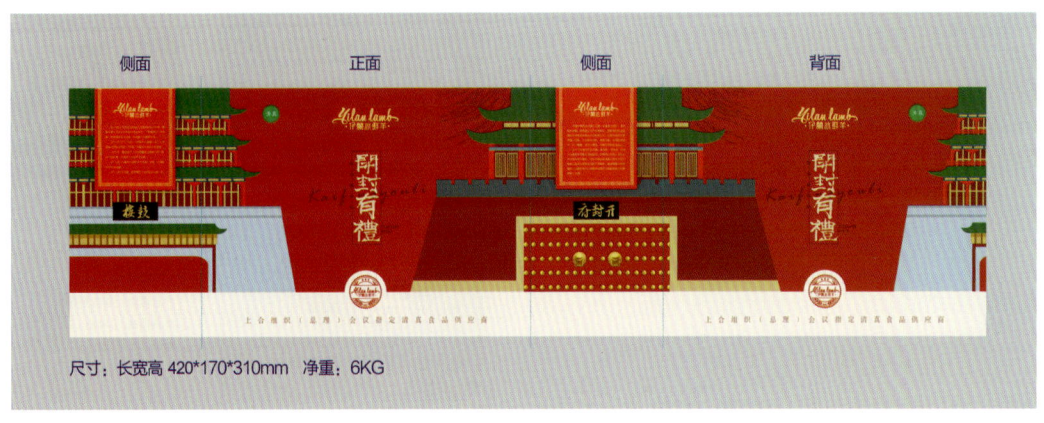

通信地址：河南省开封市杏花营农场伊蘭肉业
联系电话：13301375627　刘佳
推荐单位：中国肉类协会

新乡市雨轩清真食品股份有限公司

新乡市雨轩清真食品股份有限公司是河南省农业产业化省重点龙头企业、羊屠宰标准化示范厂，是一家集肉羊养殖、屠宰、肉类深加工、国际贸易、冷链物流仓储及草畜交易于一体的农业全产业链综合体。公司年设计屠宰 150 万只肉羊，年产调理、冷切和熟食类产品 36 000 吨。产品主要原料一方面来自进口的牛羊肉冻品，另一方面来自河北、山东和河南的活羊采购。2020 年，雨轩股份全年活羊屠宰量占全河南省规模以上企业活羊屠宰总量的 82.31%。主导产品涵盖鲜羊胴体、生鲜羊肉、牛羊肉冷切、调理、熟食制品等四大系列 200 余个品规。销售市场覆盖上海、天津、浙江、河南等近 20 个省市。是国内著名流通领域代理商、大型商超、餐饮、食材连锁及肉类加工企业永辉、盒马鲜生、胖东来、锅圈食汇、海底捞、呷哺呷哺、双汇、邦杰、大溪地等的生产商及原材料供应商。

典范一 战斧羊排、腿排小切

产品整体包装设计以元青花为主色，以天然黄河滩区牧场放牧的羊群形象为图形，整体设计简约明快质朴。广告语：好羊肉鲜要闻，吃的就是这个味。整体包装设计体现了食材源头的天然、绿色、无公害。包装结构简单大方，采用食品级安全材质的贴体包装，环保无污染且方便回收利用。贴体包装主色与产品标识部分黑白颜色相互映衬，增加产品附加值且符合品牌定位。

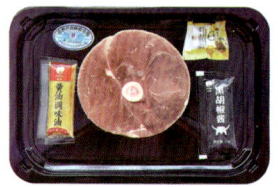

产品信息：
产品名称：腿排切片
产品规格：130g
赠品：黑椒汁10g、黄油调味油10g、柠檬盐1g

产品信息：
产品名称：战斧羊排
产品规格：130g
赠品：黑椒汁10g、黄油调味油10g、柠檬盐1g

通信地址：河南省新乡市原阳县产业集聚区
联系电话：13526803010　　房向南
推荐单位：中国肉类协会

典范二 肥牛切片、羊肉切片

包装下半部以白色为主，上半部为元青花主色或绿色主色，以天然黄河滩区牧场放牧的牛群或羊群形象为图形，整体设计简约明快质朴。整体包装设计体现了食材源头的天然绿色无公害。包装结构简单大方，采用食品级安全材质的贴体包装，环保无污染且方便回收利用。贴体包装包装主色与产品标识部分黑白颜色相互映衬，增加产品附加值且符合品牌定位。

典范三 葛埠口黄河滩羊半只羊

产品整体包装设计以元青花为主色，以天然黄河滩区牧场放牧的羊群形象为图形，整体设计简约明快质朴。广告语：好羊肉鲜要闻，吃的就是这个味。包装结构简单大方，采用三层瓦楞加300g铜版纸。外观简洁大方，增加产品附加值且符合品牌定位。

南京雨润食品有限公司

南京雨润食品有限公司隶属于雨润集团旗下食品板块，是国内大型肉类加工企业之一。公司业务覆盖种植、饲料、育种、养殖、屠宰、精深加工、冷链储运等，形成了冷鲜肉、中式、低温、高温等多个大类上千个品种的全系列产品阵容，拥有九大品牌，三个中国驰名商标和一个中华百年老字号。雨润牌低温肉制品和冷鲜肉销量已连续多年国内第一。

雨润集团始终怀着"反哺社会"之心，不断参与社会公益和慈善事业，累计向各类机构捐赠超过 3.5 亿元，先后获中华慈善奖、民政部十大慈善企业、中华全国工商业联合会抗震救灾先进集体、首届中国光彩事业突出贡献奖等多项殊荣。

典范一 月韵·中秋

"中秋花月夜，情正月更圆"，月下，千里江山，万户人家阖家团圆；"千里江山多契阔，一樽风月且从容"，月上，仙雾缥缈，桂影团团，玉兔望月。圆形画面设计寓意团圆美好，插画部分占据整体画面的三分之一，大片的留白使画面更具呼吸感，层次分明。画面采用烫金、艺术纸压纹的形式提升产品品质，使产品更具礼品属性。

典范二 金轮逐梦

第一层简约整洁，突出雨润LOGO及包装主题；第二层雨润月影手绘插画，万兽朝月，突出逐梦之旅。"峨眉山月半轮秋，影入云泽波远遥。万雄当起逐梦魂，捞月亦可事竟成。"设计的灵感来自中秋拜"月神"的习俗，以动植物为原型表达对月的崇拜以及渴望团圆的美好愿景。金轮逐梦这款包装是人们自古以来对月亮追逐之旅的诠释，亦是表达事在人为和有志者事竟成的信念。

典范三 润月秋宴

此款产品包装设计灵感源自中国十大名画之一——《韩熙载夜宴图》，将一首诗句一幅名画转变成一个产品。从名画联想到包装的视觉内容，从诗句品尝出产品的情感延续。雨润兔，以常伴嫦娥身边的小玉兔为原型，通过产品特征拟人化，增加消费者记忆点——花灯与歌舞，桂花和圆月，觥筹交错，月华众彩，佳期共聚。加强中秋氛围，体现中秋这天的繁华和绚烂，愿得年年共庆中秋佳节。诗中藏画，画中有诗。外包装选取硫酸纱质纸，给人以缥缈之感，同时保护礼盒，加强仪式感。封套强调礼盒质感。整套礼盒有繁有简，突出层次感。内盒选取画面主元素雨润兔，实现中秋礼盒IP化，吸引消费者眼球，增加记忆点。

江苏乾宝食品有限公司

江苏乾宝食品有限公司成立于2017年，位于盐城市亭湖区盐东镇。项目总占地面积2万平方米，总投资1.3亿元，是一座现代化、规模化、园林化、智能化的食品企业，建有年屠宰20万只湖羊车间、智能央厨和冷链物流三大板块，建设屠宰、分割、冷冻速冻车间等加工和配套设施。

乾宝湖羊依托黄海滩涂、盐滩湿地，以青贮天然草料为主食，且采用"九标优养"科学养殖标准养殖，所产肉质无抗生素、无激素、无药残，绿色安全，被国内专家评定为"达到我国优质肉羊水平""符合高档餐饮食材要求"，获得全国十佳羊肉品牌、江苏精品认证品牌、江苏省消费者放心满意产品等荣誉称号，入选2020年首届盐城伴手礼名录。

典范一 乾宝湖羊·五羊献瑞

礼盒采用保温包材质和烫金工艺，采用传统的中国红表达吉祥寓意。保温包携带便捷，可重复循环使用，外观高端大气，符合高档肉品包装定位。

典范二 上善珍羊

"上善珍羊"标识为宫廷配色，具有独特美感，强调湖羊的文化积淀以及旧时宫廷珍馐的地位。标识精确提炼湖羊文化之精髓，通过对图形、图像、色彩的深入考量成功打造品牌视觉锤，夯实了消费者对湖羊的品牌认知，同时传递出品牌的情感美学。

典范三 乾宝湖羊带皮羊后腿

包装方式为食品级托盒+食品级气调膜+卡纸，符合环保要求。透视窗口直观呈现产品品质。包装托盘材质轻、承重大，符合包装轻量化原则。

通信地址：江苏省盐城市亭湖区盐东镇生建村五组
联系电话：18861977277　刘莹
推荐单位：中国肉类协会

南京桂花鸭（集团）有限公司

南京桂花鸭（集团）有限公司创建于1966年，是中式禽类食品专业制造商，在农业产业行业内率先开展养殖、生产加工、物流配送和连锁经营一体化经营，连续多年获得国家级农业产业化重点龙头企业、国家禽肉加工技术研发分中心、省级企业技术中心、江苏老字号等荣誉称号。

集团旗下拥有韩复兴清真食品有限公司、运输科技服务有限公司、鸭知味电子商务有限公司等五家子公司和桂花、韩复兴、金陵、紫金山等多个品牌，建立品牌直营、特许加盟、渠道经销、OEM联销、网络商城等全渠道营销网络，主营盐水鸭、酱鸭及其分割产品系列，包括餐桌卤菜、休闲零食、特产礼品、轻厨食品等四大品类二百余个品种，年加工桂花鸭超700万只。桂花商标被评为中国驰名商标，桂花牌盐水鸭获得省级单项专精特新产品、绿色食品、江苏名牌产品等称号，首批获得使用国家地理标志保护产品专用标志。

典范一 百年桂花盐水鸭

采用民国风格用来反映南京这座城市，强调品牌的文化感、历史感。设计元素上利用抽象桂花来反映品牌。色调上用绿色+金色搭配，在表达新鲜的同时强化品质感。包装结构简单大方，采用竖式牙膏盒+共挤袋。外盒材料采用灰纸板覆膜彩印，绿底民国图案寓意南京满街梧桐及民国文化的城市特点。盒内产品采用热缩工艺的食品级高分子共挤袋包装，极度聚鲜，保持了盐水鸭原汁原味的口感。使用快递盒作为外箱，减少产品物流运输防护成本和资源浪费。

通信地址：江苏省南京市江宁滨江经济技术开发区盛安大道718号
联系电话：18761678288　陈铸文
推荐单位：中国肉类协会

典范二 春江晓景盐水鸭

以牛皮纸色调为主色，以春江水暖、白鸭戏水体现"春江水暖鸭先知"。包装结构简洁典雅，抽屉盒+黄提带+蒸煮袋。外盒材料采用灰纸板覆膜烫金，突显六朝古都之意。盒内产品采用食品级高阻隔蒸煮袋包装，用于延长保鲜。丝带抽扣，金袋提绳，便于携带，充分展现美食文化伴手礼特点。

典范三 桂花农场鸭腿

图案以一家四口日常用餐场景为中心，辅以圆门烘托，加上桂花、白鸭、山水、梯田、红日、祥云点缀，寓意家庭和谐、幸福、圆满，体现年轻人的"轻厨"房，阐释了新的时代美食发展。包装结构简单明了，横式牙膏盒+蒸煮袋。外盒材料采用瓦楞纸板着彩色印刷；盒内产品采用食品级高阻隔蒸煮袋包装，用于延长保鲜，便于储存；辅以干碟、调料，一品多味，满足年轻一代的不同口味需求；以彩标作为产品名称及标示标注区分，一盒多用，实现集约化批量印刷，避免市场变化带来的纸张浪费。

山东得利斯食品股份有限公司

得利斯集团创立于1986年，以生猪全产业链、牛肉进口加工及动物蛋白深加工为主营业务，是一个拥有1家上市公司、62家子公司的大型企业集团。

得利斯是潍坊市第一个中国驰名商标，旗下的冷却肉和低温肉制品被双双评为中国名牌产品，旗下山东得利斯食品股份有限公司成为山东省肉类行业第一家上市公司，荣获山东省省长质量奖和吉林省省长质量奖，连续多年被评为中国肉类行业十强企业，入选山东省民营企业百强并获2020年山东省现代高效农业产业民营企业十强的榜首荣誉。

典范一 得利斯2022年款盛世经典礼盒

将中国故宫文化、密州苏东坡文化和得利斯品牌文化紧密融合，整体色彩以中国红为主，结合世界文化遗产故宫文化、代表长寿与永恒的银杏图案、得利斯"唐风肉肉"IP形象及寓意团圆的苏东坡中秋诗词文化元素，整体礼盒带给消费者幸福团圆、长寿、永恒的美好新年祝愿，同时传播中国传统文化和密州本土传统文化，提升了品牌和产品的文化价值。手提礼盒材料采用三层瓦楞纸+卡纸，采用印刷+覆膜工艺提高包装色彩、亮度，与产品颜色相互衬托，提高产品的附加值。礼盒内产品保护物料采用新型环保珍珠棉垫板，更方便，绿色环保。随礼盒附赠包含春节"对联、福字、迎春、红包"的精美赠品一盒，提高产品的附加值。

典范二 得利斯布拉格火腿

标签根据产品形状设计为类圆形，色彩以黑、金为主，文案部分突出"猪后腿去骨切段，西式低温工艺制作"的产品特点。结合产品手绘图案及"只为一口纯肉香"标志，更加生动展现产品切开后的诱人形象。

内包装为高阻隔真空袋+标签。外包装为保温袋或手提袋。防水耐脏牛津布保温袋，采用珍珠棉内衬，内里覆优质环保铝膜，保温锁鲜，安全环保，可重复使用。手提袋采用印刷+覆膜工艺提高包装色彩、亮度，与产品颜色相互衬托，提高产品的附加值。

通信地址：山东省潍坊市诸城市得利斯技术中心
联系电话：15610581805　刘芳芳
推荐单位：中国肉类协会

华宝食品股份有限公司

华宝食品股份有限公司成立于 2003 年，作为行业龙头企业之一，公司整合合作社养殖、生猪屠宰、宰后深加工、现代冷藏物流等整个猪肉行业价值链体系，以完善的生产工艺和技术，引导国内健康肉制品消费。公司始终坚持"以市场为导向，奉献社会、服务大众"的经营理念，建立起完善的食品安全全程可追溯体系，真正做到"来源可追溯、去向可查证、责任可追究"。在品牌战略实施过程中，鑫鲜商标及"鑫鲜"系列食品获得中国驰名商标、山东省著名商标、无公害农产品、食安山东－放心肉类产品等荣誉。

典范 精制 4 号肉、精肋排、五花肉

以黄褐色牛皮纸原色为底色，正侧方印刷红色产品名称、LOGO、无公害农产品认证标、规格及公司通过的产品认证；包装上方印刷放大版公司 LOGO，左右侧方印刷产品执行标准、贮存条件、生产日期、保质期及公司信息等内容。包装整体简洁、大方，通过包装颜色及内容的设计贴合农产品的"质朴真诚不浮华"特点。包装方式为简洁的天地盖外箱＋内方袋。外箱材料采用双层瓦楞纸；内包装塑料方袋隔绝产品与纸箱接触，可回收利用；纸箱采用彩印＋涂抹防潮层，可回收直接利用。

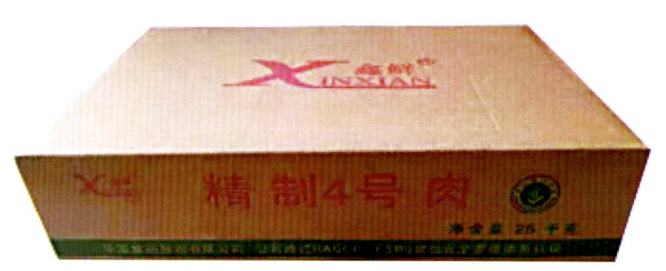

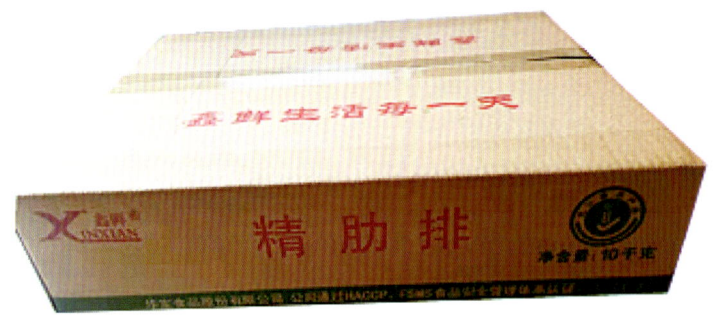

通信地址：山东省潍坊市诸城市相州镇胶王路 1 号
联系电话：15863281872　　孙炳江
推荐单位：中国肉类协会

山东华玺食品科技有限公司

山东华玺食品科技有限公司成立于 2016 年，注册资本 1 001 万元，主要从事肉制品加工销售及农产品研发。

公司坚持"做安全食品，走健康之路"的经营理念，秉承"传承精华、引航创新"的企业精神，始终坚持以科技创新为支点，以安全生产标准化为保障，不断加大自主创新能力，从原料控制、产品加工，到仓储管理、销售服务，建立起一套完整的产品质量管理体系，全方位保障食品安全与精良品质。

同时，公司聘请中国烹饪大师、国家特一级面点师、"中国御厨"郑连安先生与公司共同研发了扬州狮子头、小酥肉、大排等系列肉制品，在保持淮扬菜选料严谨、制作精细、追求本味的传统格调基础上，经过大胆创新，研发出口感嫩脆、肥而不腻、入口即化、回味无穷、南北皆宜、具有淮扬特色的速冻调理食品。

典范 猪排、猪肉小酥肉、纯肉肠

以白色为底色，绿色为底边色，正侧方印刷红色产品名称+LOGO，包装整体简洁、大方，展现公司产品的安全、健康。包装方式为简洁的双口四连刀纸箱+内包袋。纸箱材料采用双层瓦楞纸，塑料内包袋隔绝产品与纸箱接触，可回收利用；纸箱采用彩印，简洁、大方，展现产品实物。

通信地址：山东省潍坊市诸城市相州镇胶王路 1 号
联系电话：15863281872　　孙炳江
推荐单位：中国肉类协会

江西国鸿集团股份有限公司

江西国鸿集团股份有限公司是集生猪养殖、屠宰、肉食品加工、冷链配送、连锁销售、生态种植、乡村旅游、团膳餐饮等为一体的大型综合性国家现代农业产业化龙头企业。成立30多年来，公司在各级党委、政府的关心支持下，集团矢志不渝立足生猪养殖这一主业，不断拓展产业链。

典范一 国鸿酱卤

产品整体包装以红色为主，以国鸿集团主导产业"生猪养殖"代表的卡通猪形象为图案，包装简单大方。材料采用三层瓦楞纸，环保无污染、方便回收利用；纸箱采用彩印+覆膜工艺，外观精美，突出品牌特性。

典范二 国鸿腊肉、香肠

产品以代表中国传统文化的红色为主题色，外包装上印有"腊味"两字，体现出浓浓的年味。内包装以实物图为包装图案，让产品内容一目了然。包装采用纸质材料，环保无污染，手提袋设计便于携带，外观简洁大方，突出产品特性。

通信地址：江西省南昌县蒋巷镇中大道888号
联系电话：13970900968　樊章璋
推荐单位：中国肉类协会

四川枫叶牧场食品有限公司

四川枫叶牧场食品有限公司为铁骑力士集团旗下食品产业，以集团猪、鸡、鸭三大产业链为保障，全力打造中国高端食品领导品牌。目前在四川、黑龙江、福建等地建有20余家食品精深加工企业。旗下拥有优食谷、枫叶牧场、土门赵鸭子、道台府、黑味美等多个食品品牌，生鲜食品、佐餐熟食、休闲零食等数十个产品畅销全国，并出口美国、加拿大、日本、澳大利亚及东南亚等国家和地区。

典范 优食谷川味腊肉、川味香肠（黑猪）

产品整体包装设计以黑色作为主色，以自主知识产权的川藏黑猪作为底纹图形，突显产品特色，升华产品的形象价值。包装结构简单大方，采用防潮、防水包装，最大限度确保产品品质。材料采用新型绿色环保包装材料，环保无污染。外包装采用彩印+覆膜工艺让包装主色与产品颜色相互映衬，增加产品附加值且符合品牌定位。外观精美、简洁大方，突出品牌特性，增加产品附加值。

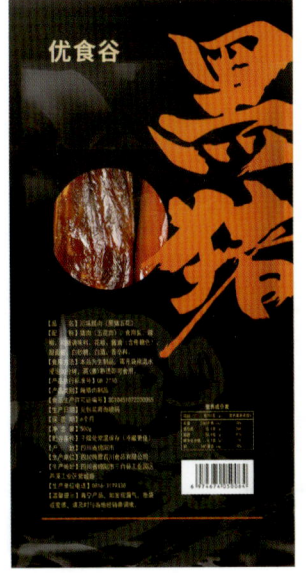

通信地址：四川省绵阳市涪城区御营广场2单元5楼
联系电话：15196282715　罗　欢
推荐单位：中国肉类协会

福建省力诚食品有限公司

福建省力诚食品有限公司是一家集肉制品研发、生产、销售于一体的大型休闲肉制品企业。公司自2006年创办至今，拥有3家现代化工厂，建筑面积达30万平方米，已在山东等地布局智能化工厂，均衡调配全国产能布局，更好更及时满足市场需求，实现更快物流配送、更均衡的产能分布、更强大的供应链能力。10多年来，公司通过在人才、研发、设备和管理领域的持续投入与精耕，快速成长为中国火腿肠行业的标杆企业。

典范一 手撕蟹柳

围绕着产品属性进行设计，整体风格简约、大方。阴阳袋设计，便于消费者直接看到内容物。包装材质为OPP，硬度好、透明度高、环保，能突出产品真实形态，拉近产品与消费者的距离。

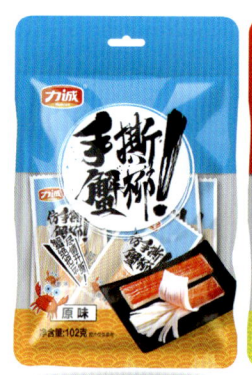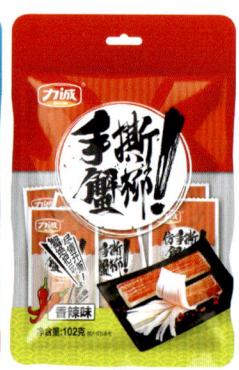

典范二 匠烤好蛋

围绕产品生产工艺的特点进行设计，IP形象突出"匠烤"的属性。整体风格颜色简约明亮，浅黄色与鸡蛋的颜色相呼应。包装材质为PVC，透明度好，陈列方便。桶可以重复使用，更为环保。

通信地址：福建省晋江市经济开发区（五里园）灵智路8号
联系电话：13459548536　曾进城
推荐单位：中国肉类协会

厦门银祥肉业有限公司

　　厦门银祥肉业有限公司成立于 2003 年，注册资金 1.84 亿元，公司主营业务为生猪定点屠宰、白条分割加工、鲜冻品销售、冻品贸易、冷链仓储。公司拥有丹麦 SFK 进口生产线和山东济宁兴隆屠宰加工生产各一条，拥有独立分割车间配备丹麦进口 SFK 分割加工生产线，年生猪屠宰加工能力达 400 万头。厦门银祥肉业有限公司 2017 年被推选为世界肉类组织金牌会员，被中国肉类协会推选为中国肉类食品行业强势企业、畜禽屠宰最具价值企业。2021 年获得全国生猪屠宰标准化示范厂称号。公司自有仓储冷库 2 万吨，冷链条件先进，具备专业冷链管理能力。整个生产过程推行了国际上通用的确保食品安全与卫生的 ISO 22000 食品安全管理体系、ISO 14001 环境管理体系、可追溯体系、两化融合管理体系，可提供高品质热鲜肉、冷鲜肉和气调包装冷鲜肉、气调包装冷冻肉。

典范一　银祥放心肉

　　产品整体包装设计以表示健康、安全的绿色为主色。以穿着绿色衣裳、白色背带裤，配红色蝴蝶结，手托一盘热情腾腾的猪肉，右手竖起大拇指的卡通猪形象为图形，搭配 3 个红色图形为辅助，整体形象给人以绿色、健康、安全的感受，体现"银祥放心肉"的主题，升华产品的形象价值。包装结构简单大方，中间采用透明展示，让消费者能够清楚看到包装内的新鲜猪肉。材质采用 PA15/PE65，环保酯溶油墨印刷，无溶剂复合。

通信地址：福建省厦门市同安区西柯镇美禾六路 99 号
联系电话：18359288606　　李亚芬
推荐单位：中国肉类协会

典范二 鲜猪肉气调盒标签

标签上部分为设计图案,底部喷码产品信息内容。以红色和绿色搭配进行设计,红色寓意"鲜猪肉",搭配绿色草坪及猪的剪影,文字信息内容排版以竖版呈现,整体给人以简洁大方、绿色健康安全的印象。贴于气调盒表面。采用95热敏合成纸 + 四色印刷。

典范三 土猪肉礼品保温袋

保温袋整体颜色为深蓝色,以红色压边,正面为金黄色圆形"银祥土猪肉"文字LOGO。LOGO右上角搭配印章图形标记。整体配合节日氛围,给人以团圆、温馨、家的感受。包装方式为保温手提袋 + 气调盒(内部产品以气调盒产品填入)。保温袋材料使用牛津布 + 保温棉,彩印 + 覆膜;用保温棉替代常规的泡沫托盘,环保,防震抗撞,能更好地保护产品。

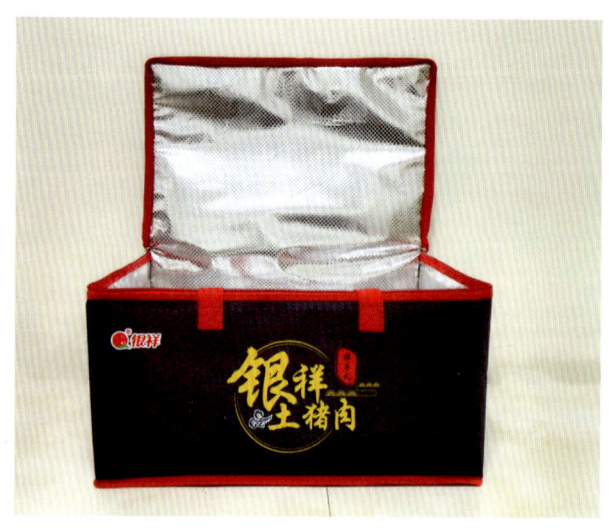

福建圣农食品有限公司

福建圣农食品有限公司是福建圣农集团下属控股子公司，圣农集团是集自主育种、孵化、饲料加工、种肉鸡养殖、肉鸡加工、食品深加工、余料转化、产品销售、冷链物流于一体，横跨农牧产业、食品、冷链物流、投资、能源/环保、配套产业、兽药疫苗七大产业的全封闭白羽肉鸡全产业链集团。福建圣农食品公司利用现代化食品深加工生产线，采用完备的品质管理、化验、检验设备及技术，专业生产并销售各种灌肠类、油炸类、蒸烤类、调理类等100多种产品，产品畅销国内大型商超、餐饮连锁店等渠道。

典范一 圣农空气炸锅系列——秘制川辣脆皮炸鸡

基于品牌消费群体的年轻化，以及考虑到炸鸡产品的西式休闲和便捷感，包装风格整体简洁大方、用色大胆，迎合目标受众的审美，并直接将"空气炸锅"图标放在正面来强调适用的烹饪方式，突出了本品和竞品最大的差异化卖点。采用大面积开窗的设计，满足消费者购买食品类产品时希望能直接看到产品本身的刚性需求，也增加了食材的食欲感与新鲜感。包装颜色辅以明亮的大色块，加强了视觉冲击力，吸引消费者视线；另外，品牌标识的突出表现，也增强了品牌VI的识别度和消费者的记忆度。包装材质采用尼龙复合PE，抗冷冻，耐穿刺，满足 –18℃的贮存条件。彩印+部分区域覆膜的工艺，让包装主色与产品颜色相互映衬，外观简洁大气，增加产品附加值的同时更加符合品牌定位。

通信地址：上海市闵行区号文路72弄5号（宝龙广场）T7座3层
联系电话：15921152298　　梁 雪
推荐单位：中国肉类协会

典范二　圣农微波叮叮系列——两对香香翅

基于品牌消费群体的年轻化，包装画面采用手绘的表现手法，将产品与微波炉相结合，直观表现了产品"微波即食"的属性，加以可爱的表情包符号，增加了画面的趣味性。

采用热对流循环微波袋，耐高温150℃，耐低温-20℃，包装边缘有微型出气孔，加热时可自动破孔排气，消费者在食用产品时无须解冻，直接放入微波炉加热即可。为迎合当下用户的消费习惯——更适合懒人的烹饪方式，包装满足了无须解冻、无须开火、无须刷碗、快速即时的需求，彻底解放双手，充分体现产品的速食属性和便利功能。

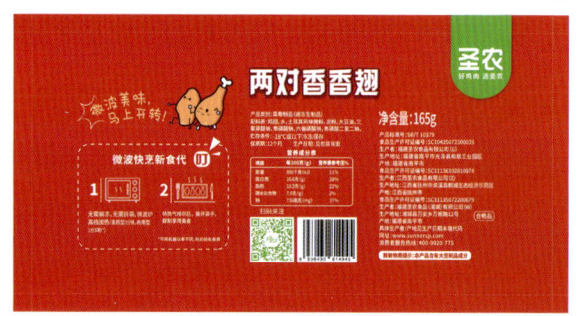

典范三　圣农空气炸锅系列——嘟嘟翅

包装画面采用实物拍摄的图片呈现，来体现产品的卖点"大"，增加了产品食欲感。结合不同口味，对应使用大色块设计，整体视觉效果非常有识别度。另外，品牌标识的突出表现，也增强了品牌VI的识别度和消费者的记忆度。包装材质采用尼龙复合乳白PE，印刷效果突出，抗冷冻，耐穿刺，满足-18℃的贮存条件。彩印+部分区域覆膜的工艺，让包装主色与产品图相互映衬，外观简洁大气，增加产品附加值的同时更加符合品牌定位。

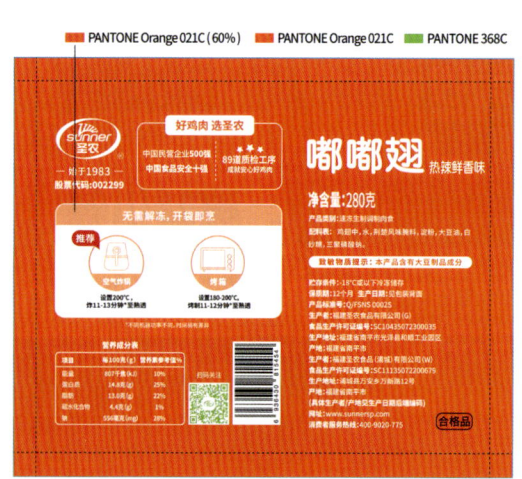

福建容和盛食品集团有限公司

福建容和盛食品集团有限公司位于革命老区闽西龙岩,于 2005 年 4 月成立,主要从事生猪屠宰、加工、冷链流通和销售等相关业务。拥有世界先进的荷兰"施托克"生猪屠宰线、韩国"好烤克"分割线和美国"开利"冷却排酸系统等成套设备,采用心脑同步电击晕、连续式脱毛、快速预冷、低温排酸等先进的生产工艺,实行从加工、运输到终端销售全程冷链控制,配置先进的质量跟踪追溯系统,实现从源头到餐桌全过程的食品安全监控。公司是国家农业产业化重点龙头企业、第一批省级生猪屠宰标准化厂、中央储备冻猪肉承储企业、全国性疫情防控重点保障物资骨干生产企业,已获得 ISO 质量管理、食品安全和环境等管理体系认证证书,取得出口食品生产企业备案证明,先后被认定为国家猪肉加工技术研发专业分中心、国家"放心肉"服务体系建设试点单位、国家肉品质量可追溯体系建设试点单位,并获中国肉类食品行业先进企业、中国质量诚信企业、质量管理先进企业、福建省名牌农产品、福建省著名商标等荣誉称号。

典范 猪产品气调包装

容和盛的气调产品包装获得了国家外观设计专利证书。

对消费者来说,气调包装能够抑制猪肉的氧化酸败和细菌的生长,保持猪肉的鲜美度,提升口感,提高了便利性,同时根除了猪肉因冷冻储藏后再解冻造成口感变差、营养下降之"顽疾"。对超市或电商平台来说,气调包装有利于延长猪肉产品的保鲜期、货架期,减少损耗,配合条码功能的使用,也更加方便进行管理和售卖,并做到食品安全的可跟踪可追溯性。由于气调包装的猪肉在出厂前已经采用预包装模式,在运输、仓储和售卖过程中,隔绝了与外界的联系和细菌的接触,这样大大避免了猪肉的二次污染问题,更加保证食品的安全性。

通信地址:福建省龙岩市新罗区登高东路 688 号
联系电话:18039880055   赖友辉
推荐单位:中国肉类协会

新疆天莱香牛食品有限责任公司

新疆天莱香牛食品有限责任公司是国家级农业产业化重点龙头企业，是国家级核心育种场，是国家扶贫攻坚的先进集体，也是一家实现全产业有机认证的企业。公司注册资本 21 428 万元，资产总额近 15 亿元。

集团公司打造了农牧业有机循环经济全产业链，拥有了 3 个产业园区：农牧业园区拥有国家植物种植有机认证优质有机饲草料种植基地 3 万亩；牧业养殖园区拥有 750 亩的纯种安格斯繁育基地，可存栏优质母牛 10 000 头，1 000 亩通过国家肉牛养殖有机认证的有机肉牛育肥基地，年出栏有机肉牛达 60 000 头；加工产业园区占地规模为 406 亩地，生产规模为年屠宰加工肉牛 6 万头、肉羊 10 万头。

典范一 安格斯有机眼肉贴体牛排

采用 PE 可降解材质托盒，由全自动包装真空贴体机压模而成，一方面利于冷鲜肉的储存与保质，另一方面有利于彰显有机排酸牛肉的特点，触感弹性可通过直接按压进行感受。

典范二 安格斯有机 A1 牛柳

采用高阻隔和透气的食品级真空热缩膜，根据牛肉自然型分割定制规格相符的袋子，杜绝浪费，在提倡环保的同时，最大限度地呈现牛肉各部位自然型的形状与状态。稳定的高阻隔层，高比例的收缩率，好的封口性能，让产品包装能够有效提高产品的保质期。

典范三 有机精选小黄瓜条

产品外袋采用阴阳镀铝袋可以有效阻隔光源污染，减少农产品的氧化与变质，产品透窗的形状是新疆褐牛的剪影，以产品本身色彩结合透窗造型，形成独特的视觉冲击效果。简单的手绘线条是对牛造型的另一种诠释，产品包装的背面也是采用相同风格的牛肉分布示意图与正面手绘线条的设计风格相呼应。大胆采用橘色，彰显产品高档的质感。

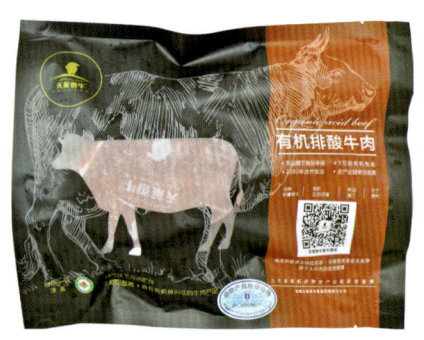

通信地址：新疆维吾尔自治区博州博乐市博精公路 50 号
联系电话：18016804287　　　任浩文
推荐单位：中国肉类协会